DeepSeek
赋能高效
数据分析

李盛龙 ◎ 著

中国水利水电出版社
www.waterpub.com.cn
·北京·

内 容 提 要

数据分析的难点在于数据的清洗加工和数据分析的逻辑思维。

数据分析不是会使用 Excel 函数公式，会制作图表，会使用 Power BI 就能完成的，而是需要结合具体业务不断去训练数据分析的逻辑思维，并将其灵活运用到数据分析实战中。

DeepSeek 是一个既能训练数据分析逻辑思维，又能提升数据处理和数据分析效率的工具。本书旨在帮助读者快速了解和使用 DeepSeek，从根据简单的文字描述自动生成可视化报告，到完成各种表格数据处理分析直至制作分析报告，全面提升数据分析效率。

本书适合从事数据分析的各类人员阅读，也可作为大专院校经济类本科生、研究生和 MBA 学员的教材或参考书。

图书在版编目（CIP）数据

DeepSeek 赋能高效数据分析 / 李盛龙著. -- 北京：中国水利水电出版社, 2025.6. -- ISBN 978-7-5226-3486-9

I. TP274

中国国家版本馆 CIP 数据核字第 20255DH690 号

书　　名	DeepSeek 赋能高效数据分析 DeepSeek FUNENG GAOXIAO SHUJU FENXI
作　　者	李盛龙　著
出版发行	中国水利水电出版社 （北京市海淀区玉渊潭南路 1 号 D 座　100038） 网址：www.waterpub.com.cn E-mail：zhiboshangshu@163.com 电话：（010）62572966-2205/2266/2201（营销中心）
经　　售	北京科水图书销售有限公司 电话：（010）68545874、63202643 全国各地新华书店和相关出版物销售网点
排　　版	北京智博尚书文化传媒有限公司
印　　刷	河北文福旺印刷有限公司
规　　格	170mm×240mm　16 开本　14.25 印张　326 千字
版　　次	2025 年 6 月第 1 版　2025 年 6 月第 1 次印刷
印　　数	0001—3000 册
定　　价	79.80 元

凡购买我社图书，如有缺页、倒页、脱页的，本社营销中心负责调换

版权所有·侵权必究

前言 PREFACE

　　说起数据分析，最难的不是汇总计算，不是 Excel 函数公式，不是 Power BI，不是绘制图表，不是 VBA，更不是文字总结。那么，数据分析最难的是什么呢？

　　在最初的数据采集阶段，就面临着一系列问题：采集的数据合格吗？数据能直接用来分析吗？数据有没有问题？怎样才能快速发现数据存在的问题并纠正？对错误百出的数据进行分析，那么辛辛苦苦得出的分析结果是没有任何价值的。

　　当数据整理好后，又面临一系列新的问题：怎样分析数据？从什么角度分析数据？怎样分析数据既有宽度又有深度？数据分析的目的是什么？数据分析的结果能反映出问题吗？等等。如果这些问题不弄清楚，数据分析就难以体现其意义和价值，最后可能只会形成简单的汇总统计表。谈到汇总统计表，这类表格在工作中比比皆是。很多人都是将原始数据制作成汇总统计表，并直接基于这份汇总统计表进行分析。

　　数据分析最难的是数据整理加工和分析逻辑思维，这些不是会使用 Excel 函数公式和会制作图表就能解决的，而分析数据的逻辑思维需要结合具体业务不断去训练，才能一点一点掌握，并灵活运用到数据分析实战中。

　　DeepSeek 是一个既能训练数据分析逻辑思维，又能提升数据处理和数据分析效率的工具。既然 DeepSeek 是一个工具，我们就要把它当成工具看待。它不能替代我们，我们自己仍是主人，是这个工具的主人。因此，我们可以把它当成一个亲密助手，让它为我们出谋划策，实现数据处理和数据分析效率的倍增。

本书共 8 章，从应用角度出发，结合实际案例，系统介绍了利用 DeepSeek 帮助我们快速处理数据和分析数据的方法和技巧，从根据简单的文字描述自动生成可视化报告，到完成各种表格数据处理分析直至制作分析报告，都进行了详细的阐述，并就 DeepSeek 的优点和缺点在相关案例操练中予以了必要的说明。本书的目的是让我们快速了解和使用 DeepSeek，让 DeepSeek 真正能帮助到我们。

总而言之，要认清这样一个事实：DeepSeek 不是万能的，它并不能替代我们去完成所有工作，它只是一个"你问我答"形式的助手。你有问它才有答，你问什么它才会答什么，你问得含含糊糊，它的回答可能也会不着边际。

李盛龙

目录 CONTENTS

前言

第1章 DeepSeek基本使用方法与技巧 ············ 001

1.1 DeepSeek使用方法 ·· 001
    1.1.1 仅以文字描述进行对话·· 002
    1.1.2 以文件 + 文字描述进行对话 ·· 007
1.2 利用DeepSeek快速联网获取帮助信息 ······················· 009
    1.2.1 获取有关数据分析工具的使用技能和技巧···················· 010
    1.2.2 获取有关数据分析指标的帮助信息······························ 011

第2章 利用DeepSeek把文字描述生成数据分析可视化报告 ······································· 016

2.1 简单文字描述的数据基本分析与可视化报告制作 ········ 016
2.2 简报描述文字的数据基本分析与可视化报告制作 ········ 021
2.3 图片文字信息的提炼与分析 ······································· 026

第3章 DeepSeek辅助简单汇总表的数据基本分析 ·· 029

3.1 基于一个简单统计表的数据基本分析ꞏꞏꞏꞏꞏꞏꞏꞏꞏꞏꞏꞏꞏꞏꞏꞏꞏꞏꞏꞏꞏꞏꞏ 029
    3.1.1 不提供任何需求信息下DeepSeek自动分析ꞏꞏꞏꞏꞏꞏꞏꞏꞏꞏꞏꞏꞏꞏ 029

3.1.2　提供具体需求信息下DeepSeek深度分析框架……………031
3.1.3　提供具体需求信息下DeepSeek数据分析与挖掘…………032

3.2　基于多个简单统计表的数据基本分析……………………036
3.2.1　不提供具体需求信息下DeepSeek自动汇总与分析………036
3.2.2　提供具体需求信息下DeepSeek自动制作分析报告………037

3.3　基于多个工作表的数据基本分析……………………………041
3.3.1　不提供具体需求信息下DeepSeek自动汇总与分析………041
3.3.2　提供具体需求信息下DeepSeek深度分析与报告制作……044

第4章　DeepSeek辅助基础表单的数据基本分析……………047

4.1　基于一个规范基础表单的数据基本分析……………………047
4.1.1　从基础表单中提炼数据初步分析框架与逻辑流程…………047
4.1.2　寻找快速高效的数据分析工具和方法………………………049

4.2　基于多个规范基础表单的数据基本分析……………………052
4.2.1　不提供具体需求信息下DeepSeek自动汇总与总体分析…053
4.2.2　几个基础表单数据高效合并汇总工具的筛选与选择………056
4.2.3　结合Excel函数公式与数据透视表快速制作分析报告……059
4.2.4　进一步挖掘和分析数据………………………………………062

第5章　DeepSeek辅助不规范表单的数据基本分析…………065

5.1　利用DeepSeek快速检查表格结构与整理加工………………065
5.1.1　数据不规范的主要场景………………………………………065
5.1.2　合并单元格标题行的整理加工………………………………066
5.1.3　多维度数据混合列的整理加工………………………………074
5.1.4　数据完整性加工整理…………………………………………078

5.2　利用DeepSeek快速检查表格数据……………………………083
5.2.1　数据格式检查与转换整理……………………………………083
5.2.2　产品分类错误检查……………………………………………088
5.2.3　重复数据检查…………………………………………………091

目 录

5.3 利用DeepSeek快速检查表格逻辑关系 ·················· 092
 5.3.1 一个表内的数据逻辑关系检查················· 092
 5.3.2 多个表格数据检查························· 094

5.4 利用DeepSeek快速分析不规范表格 ·················· 097
 5.4.1 一个合并单元格标题统计表的数据分析·········· 098
 5.4.2 多个合并单元格标题统计表的数据分析·········· 116
 5.4.3 系统导出的一个不规范表单的数据分析·········· 128
 5.4.4 系统导出的多个不规范表单的数据分析·········· 131

第6章 DeepSeek辅助不同来源的数据基本分析 ·················· 136

6.1 利用DeepSeek对多个Excel工作簿分析 ·················· 136
 6.1.1 每个工作簿只有一个工作表的情况·············· 136
 6.1.2 每个工作簿有多个工作表的情况················ 143

6.2 利用DeepSeek对其他来源数据分析 ·················· 150
 6.2.1 文本文件数据分析························ 150
 6.2.2 PDF文件数据分析························ 153
 6.2.3 网页数据统计分析························ 155

第7章 DeepSeek辅助设计Excel函数公式 ··· 159

7.1 利用DeepSeek快速获取常用通用计算公式 ············ 159
 7.1.1 根据入职日期计算工龄······················· 159
 7.1.2 根据身份证号码计算实际年龄·················· 160
 7.1.3 根据工龄计算年休假天数····················· 162
 7.1.4 函数公式的基本原理和计算逻辑················ 164

7.2 利用DeepSeek结合具体表格快速设计公式 ············ 167
 7.2.1 根据职位和工龄计算工龄工资·················· 167
 7.2.2 复杂条件的数据查找························ 171
 7.2.3 跨表统计汇总计算·························· 177

7.3 利用DeepSeek学习相关函数公式基础知识 ············ 180
 7.3.1 公式的基本概念及运算规则···················· 180
 7.3.2 函数的基本概念、基本语法和使用总结············ 182

- 7.3.3 函数的使用方法、使用场景和注意事项 …………… 183
- 7.3.4 简化函数公式的相关小技巧 …………… 184
- 7.3.5 条件表达式的基本知识与综合应用 …………… 184

第8章　DeepSeek辅助制作分析报告 …………… 190

8.1 利用DeepSeek设计数据分析逻辑架构 …………… 190
- 8.1.1 确定数据分析的维度 …………… 190
- 8.1.2 设计分析流程架构 …………… 194

8.2 利用DeepSeek快速制作分析报告文档 …………… 200
- 8.2.1 快速制作分析报告大纲 …………… 200
- 8.2.2 快速制作分析报告Word文档 …………… 202
- 8.2.3 快速制作分析报告PPT文档 …………… 202

附录

- 附录1 …………… 206
- 附录2 …………… 212
- 附录3 …………… 214
- 附录4 …………… 217

第 1 章　DeepSeek 基本使用方法与技巧

本章主要介绍 DeepSeek 基本使用方法与技巧，以使读者对 DeepSeek 有初步的认识，能简单应用 DeepSeek，学会与 DeepSeek 对话。

1.1　DeepSeek 使用方法

DeepSeek 使用方法很简单，打开 DeepSeek 网页版或者手机 App，就可以与 DeepSeek 进行对话。

与 DeepSeek 对话的方式有两种：

（1）直接输入文字描述的提示词，等待 DeepSeek 回答。

（2）先上传文件，让 DeepSeek 进行分析，再输入提示词提问，或者上传文件后无须 DeepSeek 先分析，而是直接输入我们的需求提示词，让 DeepSeek 按照我们的要求来回答。

为了介绍方便，本书主要使用 DeepSeek 网页版。打开网页，就会出现图 1-1 所示的界面，然后单击"开始对话"按钮，打开 DeepSeek 的使用界面，如图 1-2 所示，就可以开始使用 DeepSeek 了。

图 1-1　DeepSeek 的网页界面

DeepSeek 赋能高效数据分析

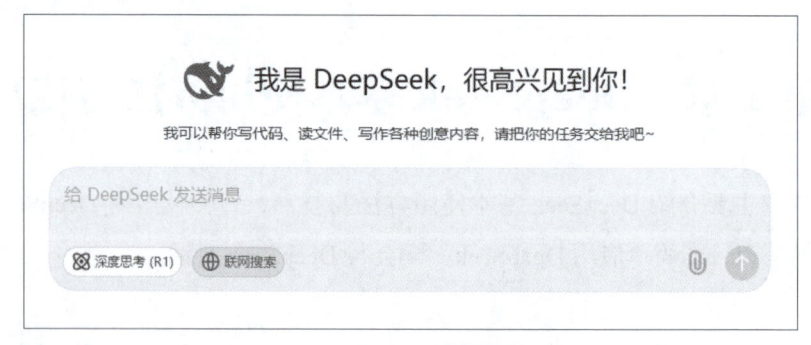

图 1-2 DeepSeek 的使用界面

DeepSeek 有三大模型：基础模型、深度思考模型和联网搜索模型。

▶ 基础模型（V3，默认）：适用于日常对话、知识问答、文案创作等，其特点是响应速度快、知识面广，大多数日常场景下首选这个模型。

▶ 深度思考模型（R1）：适用于复杂逻辑推理、代码开发、数学问题等，其特点是逻辑性强、思维链完整，但响应速度慢，有时候甚至停止响应。当需要进行深度分析时，尤其是对数据进行分析时，可以使用这个模型。

▶ 联网搜索模型：适用于查询最新信息、实时数据等，与其他 AI 工具（例如 Kimi、豆包等）功能相同，但不建议与深度思考（R1）模型同时使用。

1.1.1 仅以文字描述进行对话

与 DeepSeek 进行对话的方法之一，是仅输入要解决的问题或者要获取帮助的文字描述的提示词，然后等待 DeekSeek 回答。如果 DeekSeek 回答的信息不满足要求，我们可以继续输入提示词，以获取 DeepSeek 的进一步回答，直至满足我们的基本需求为止。

> **注意：**
> 为了获取 DeepSeek 更深入的分析，这里选择"深度思考（R1）"模型。
> 例如，输入下面的提示词，如图 1-3 所示。

公司今年上半年销售收入 76540 万元，比去年同期增长 27.46%，今年上半年毛利为 9843 万元，比去年同期下降 9.33%，请结合这几个数字，对公司两年来的经营情况进行初步分析。

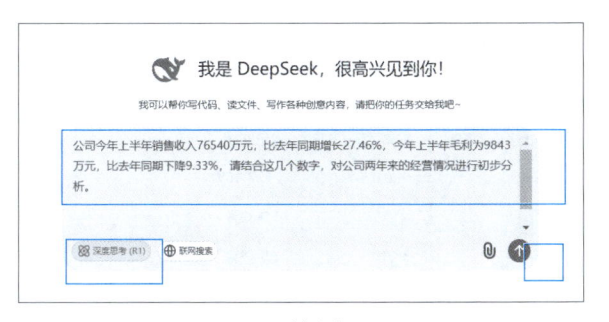

图1-3 输入提示词

输入提示词后，单击右下角的发送按钮，DeekSeek就开始深度思考，然后给出分析结果和建议。

图1-4是DeekSeek的深度思考过程，要特别重视这个思考过程，它输出的不仅是一段文字说明，更是对我们提出问题的逻辑思考和逻辑推理。

这个思考过程对相关数字的计算、数字之间的逻辑、数字的变化、造成这些变化的可能原因、可能产生的风险等，都进行了详细说明。仔细阅读这个思考过程，跟随DeepSeek学会分析问题，学会逻辑思考，学会通过简单的数字发现背后可能存在的秘密。

图1-5是DeekSeek输出的结果，是DeepSeek基于上述思考过程给出的一些结论和建议，这些结论和建议可以帮助我们了解这些经营数字变化背后的可能原因，以及今后的改进方向。

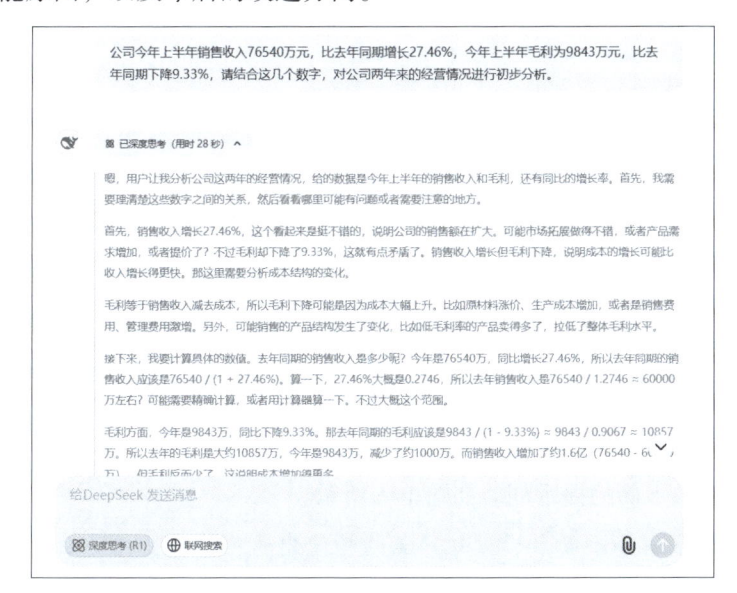

图1-4 DeepSeek的深度思考过程

根据提供的财务数据，对公司近两年的经营情况可进行以下初步分析：

一、核心数据对比

指标	今年上半年（万元）	去年同期（万元）	同比变化
销售收入	76,540	≈60,000*	+27.46%
毛利	9,843	≈10,857*	-9.33%
毛利率	12.86%	18.10%	-5.24pp

注：去年同期收入 =76,540/(1+27.46%)≈60,000；毛利 =9,843/(1-9.33%)≈10,857。

二、经营情况分析

1. **收入增长显著，但盈利质量下降**
   - 收入同比增长**27.46%**，显示公司市场拓展或销量提升效果显著，可能受益于市场需求扩大或营销策略成功。
   - **毛利下降9.33%**，且毛利率从18.10%骤降至12.86%，表明成本增速远超收入增速，盈利能力承压。

2. **成本压力凸显**
   - 收入增长1.65亿元（76,540-60,000），但毛利减少1,014万元（10,857-9,843），隐含**成本增加约1.75亿元**。
   - 可能原因：
     - **原材料价格大幅上涨**；
     - **生产效率下降或产能利用率不足**；
     - **市场竞争导致降价促销**（以价换量）；
     - **低毛利产品占比提升**（结构性影响）。

3. **潜在风险与挑战**
   - 若成本控制未改善，收入增长可能难以转化为利润，长期影响股东回报和现金流。
   - 需警惕价格战或行业竞争加剧对盈利空间的进一步挤压。

三、建议方向

1. **成本结构优化**：分析原材料、人工、制造费用的具体增长点，探索供应链优化或技术升级。
2. **定价策略调整**：评估产品定价是否合理，或通过高附加值产品提升毛利率。
3. **经营效率提升**：加强库存管理、减少浪费，提高资产周转率。
4. **市场策略复盘**：明确收入增长是否依赖短期促销，需平衡规模与盈利的可持续性。

结论

公司处于**规模扩张与盈利质量博弈**阶段。尽管收入增长亮眼，但成本失控或定价策略偏差导致利润空间收缩。未来需聚焦**成本管控与产品结构优化**，以实现收入与利润的同步健康发展。

图 1-5　DeepSeek 输出的结果

在 DeepSeek 第一次回答的基础上，我们可以继续向 DeepSeek 提出我们感兴趣的问题，例如，DeepSeek 在第一次回答中提出了成本结构优化的建议方向，那么成本结构优化有哪些内容呢？

继续输入下面的提示词，如图 1-6 所示。

请简要介绍关于成本管控与产品结构优化的一些可能措施及建议，以实现降本增效。

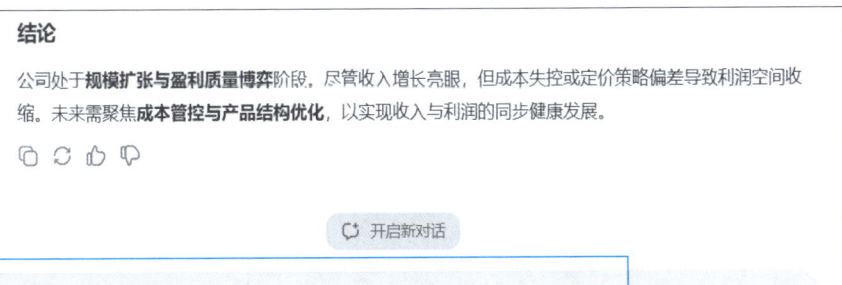

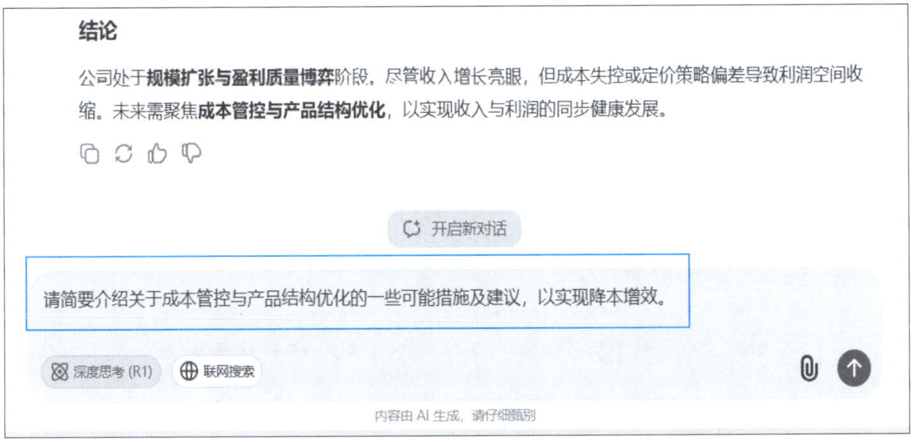

第 1 章　DeepSeek 基本使用方法与技巧

图 1-6　继续输入提示词

单击发送按钮后，DeepSeek 给出的深度思考过程和改进建议分别如图 1-7 和图 1-8 所示。

图 1-7　DeepSeek 针对新问题（成本管控与产品结构优化）的深度思考过程

以下是关于成本管控与产品结构优化的关键措施及建议，结合企业实际需求，分两类展开：

一、成本管控核心措施

1. 供应链优化

- **集中采购**：通过规模化采购降低原材料成本，与核心供应商签订长期协议或锁定价格，对冲市场波动风险。
- **供应链协同**：推动供应商提前参与产品设计（如**VAVE价值分析**），优化原材料规格或替代方案，减少冗余成本。
- **物流成本压缩**：优化仓储布局，减少中转环节；引入智能调度系统降低运输费用。

2. 生产环节降本

- **精益生产**：通过消除七大浪费（如库存积压、等待时间）提升效率，推行自动化设备或数字化管理（如MES系统）。
- **能耗管理**：引入节能设备，监控高能耗环节（如电费占比较高的产线），制定阶梯式节能目标。
- **质量成本控制**：减少返工和废品率（例如推行**六西格玛**），降低隐性损失。

3. 费用精细化管理

- **预算刚性约束**：对销售、管理费用实行零基预算，砍除非增值开支（如冗余差旅、低效营销）。
- **数字化工具应用**：通过ERP系统追踪费用流向，识别异常支出并预警。

二、产品结构优化策略

1. 聚焦高毛利产品

- **ABC分类法**：按毛利率/贡献度将产品分为A（高毛利）、B（中毛利）、C（低毛利）类，优先倾斜资源（如产能、营销）至A类产品。
- **淘汰低效产品**：对长期亏损或毛利率低于平均线的产品，评估市场需求后逐步减产或退出。

2. 差异化产品组合

- **高附加值产品开发**：针对高端客户需求推出定制化、技术升级产品，提升定价权（例如增加智能功能、绿色认证）。
- **捆绑销售策略**：将高毛利与低毛利产品组合打包销售（如耗材+设备），平衡整体毛利率。

3. 需求导向的动态调整

- **数据驱动决策**：实时监控各品类毛利率、周转率、客户反馈，及时调整生产计划（如减少滞销SKU）。
- **客户分层管理**：优先服务对高毛利产品需求强的优质客户，降低低价值订单占比。

三、协同增效建议

1. 建立成本-利润联动机制：

  ○ 设定产品毛利率红线（如低于15%需专项审批），将成本管控指标纳入部门考核。

2. 技术升级反哺降本：

  ○ 通过工艺改进（如模块化设计）降低材料用量，或回收副产品创造额外收入。

3. 全员参与文化：

  ○ 推行"成本节约奖励计划"，鼓励一线员工提出改进建议（如京东"积木式创新"模式）。

执行关键点

- **短期见效**：优先砍掉显性浪费（如库存积压、低效广告），快速释放现金流。
- **长期布局**：通过产品创新和技术升级构建成本优势护城河，避免陷入价格战。
- **动态迭代**：每季度复盘成本结构与产品矩阵，结合市场变化调整策略。

通过上述措施，企业可在控制成本的同时提升高价值业务占比，逐步实现**"增量又增利"**的良性循环。

图 1-8　DeepSeek 给出的关于成本管控与产品结构优化的改进建议

总之，我们可以就很多问题继续与 DeepSeek 深入交流下去，这个交流过程是很有价值的，不仅仅是一些针对我们所提出的具体问题的解答，还会有更多的意想不到的收获。

1.1.2 以文件 + 文字描述进行对话

除了前面介绍的纯文字描述的提示词外，我们还可以上传一个或多个文件（包括 Excel 工作簿、Word 文档、PDF 文档、文本文件、图片文件等），让 DeepSeek 根据上传的文件数据进行分析和思考，给出我们需要的答案。

例如，图 1-9 是一个保存在 Excel 中的产品两年销售统计表，现在想对这个统计表做一个基本分析。

	A	B	C	D	E	F	G
1							
2		产品两年销售统计表					
3		产品	去年		今年		
4			销售量	销售额	销售量	销售额	
5		产品1	3207	811371	829	241239	
6		产品2	2426	339640	857	119980	
7		产品3	1952	737856	3387	1303995	
8		产品4	1677	484653	2272	679328	
9		产品5	2439	407313	1117	185422	
10		产品6	1487	168031	609	70035	
11		产品7	639	31311	1157	82147	
12		产品8	680	201960	2310	540540	
13		合计	14507	3182135	12538	3222686	
14							

图 1-9　产品两年销售统计表

选择"深度思考（R1）"模型（注意，只有选择"深度思考（R1）"模型才能上传文件），单击"上传附件"按钮，从文件夹选择文件并上传，然后输入下面的提示词，如图 1-10 所示。

请对这个产品两年销售统计表进行基本分析：

1. 两年总体销售增长情况如何？
2. 哪些产品销售同比出现异常变化（异常增长或异常下降）？
3. 哪些产品销售额对两年销售总额的影响最大？
4. 今后可以采取哪些措施，以改进销售？

DeepSeek 赋能高效数据分析

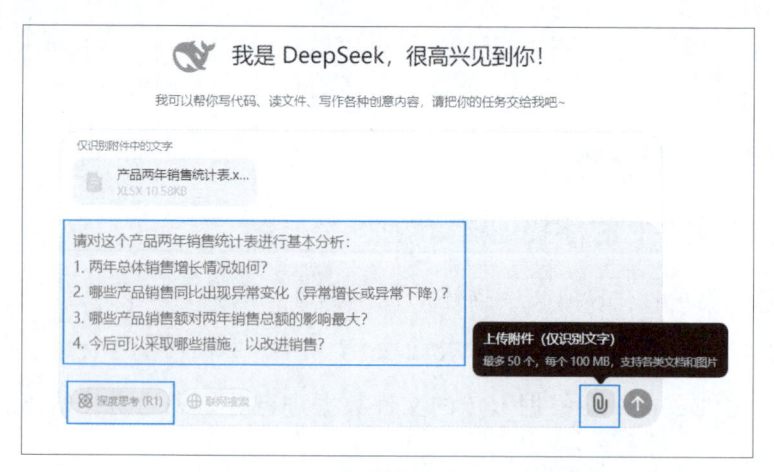

图 1-10　上传文件，输入提示词

单击发送按钮，就得到 DeepSeek 对这个表格的深度思考过程，以及相应的分析结果和改进建议，分别如图 1-11 和图 1-12 所示。

仔细阅读深度思考过程，我们可以了解 DeepSeek 分析这个表格的基本逻辑；而仔细阅读分析结果和改进建议，我们可以改善销售策略。

当然，如果对某个分析结果或建议感兴趣，我们可以继续提问以获取更多的答案。

图 1-11　DeepSeek 的深度思考过程

008

> **1. 两年总体销售增长情况**
> - **销售额**：今年总额为 3,222,686，去年为 3,182,135，同比增长 **1.27%**，略有增长。
> - **销售量**：今年总销量为 12,538，去年为 14,507，同比 **下降 13.57%**。
>   **结论**：销售额微增但销量显著下降，可能因高单价产品（如产品3、8）销量增长拉高总销售额，而多数产品销量下降导致总量减少。
>
> **2. 销售同比异常变化的产品**
>
> **异常增长：**
> - **产品3**：销量增长 **73.6%**（1952 → 3387），销售额增长 **76.7%**（737,856 → 1,303,995）。
> - **产品8**：销量增长 **240%**（680 → 2310），销售额增长 **167%**（201,960 → 540,540）。
> - **产品7**：销量增长 **81%**（639 → 1157），但基数较低。
>
> **异常下降：**
> - **产品1**：销量下降 **74%**（3207 → 829），销售额下降 **70%**（811,371 → 241,239）。
> - **产品5**：销量下降 **54%**（2439 → 1117），销售额下降 **54%**（407,313 → 185,422）。
>
> **3. 对两年销售总额影响最大的产品**
> - **产品3**：两年总销售额 **2,041,851**，占比 **31.9%**（总销售额 6,404,821）。
> - **产品4**：两年总销售额 **1,163,981**，占比 **18.2%**。
> - **产品1**：两年总销售额 **1,052,610**，占比 **16.4%**。
>   **结论**：产品3是核心贡献者，其次是产品4和产品1。
>
> **4. 改进销售的建议**
> 1. 优化高贡献产品：
>   - 加大对产品3、8的推广力度，巩固增长势头。
>   - 调查产品1销量骤降原因（如质量问题、市场竞争），针对性调整策略。
> 2. 平衡销量与单价：
>   - 对销量下降但单价高的产品（如产品1、5），优化促销策略或捆绑销售。
> 3. 清理低效产品：
>   - 产品6、7销售额占比低，可考虑精简或重新定位。
> 4. 提升整体销量：
>   - 通过折扣、会员体系等刺激购买，缓解总销量下滑趋势。
> 5. 数据分析驱动决策：
>   - 深入分析异常波动原因（如产品3增长是否可持续，产品8成本控制效果）。
>
> **注**：建议结合市场调研与成本分析，制定具体执行方案。

图 1-12　DeepSeek 给出的分析结果和改进建议

1.2　利用 DeepSeek 快速联网获取帮助信息

对于大多数人而言，可能需要利用 DeepSeek 从网络获取需要的更多的帮助信息，以提升办公效率，例如快速制作分析框架和大纲，快速制作汇报计划安排，快速获取数据分析方法和工具帮助，等等。这些信息的获取，可以使用"深度思考（R1）"模型，也可以使用"联网搜索"模型，或者同时选择两个模型。

1.2.1 获取有关数据分析工具的使用技能和技巧

例如，要了解 Excel 中用于数据排序的 SORT 函数使用方法和经典实例，就可以选择"联网搜索"模型，并输入下面的提示词，如图 1-13 所示。

请介绍 Excel 中用于数据排序的 SORT 函数使用方法和经典实例。

图 1-13　准备获取 SORT 函数使用方法和经典实例

那么，DeepSeek 就会对 SORT 函数进行比较详细的介绍，包括基本语法、经典使用实例、注意事项和进阶技巧等，如图 1-14 至图 1-16 所示。

仔细阅读 DeepSeek 给出的 SORT 函数基本语法及经典使用实例，并在 Excel 中进行练习，就可以很快掌握 SORT 函数的使用技能。

另外，参考 DeepSeek 给出的 SORT 函数使用进阶基本技巧，还可以提升 SORT 函数综合运用能力。

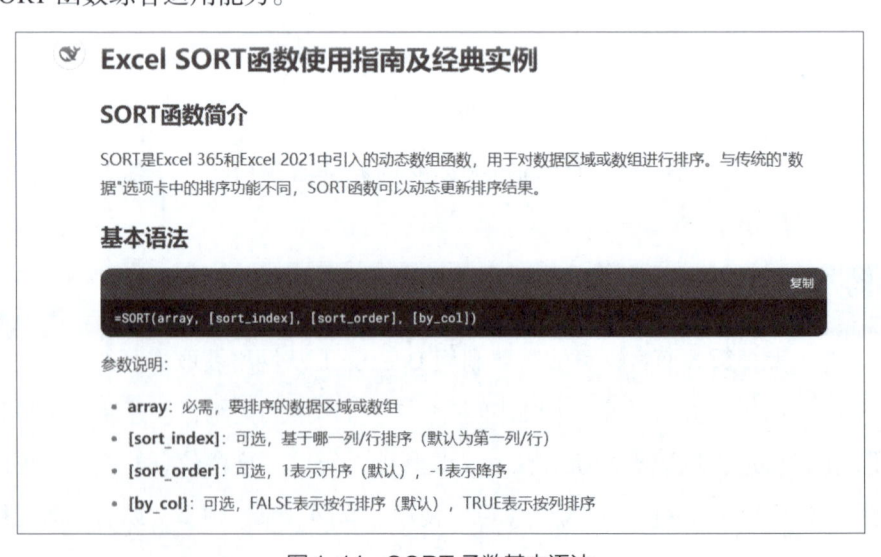

图 1-14　SORT 函数基本语法

图 1-15 SORT 函数经典使用实例

图 1-16 SORT 函数使用注意事项和进阶技巧

1.2.2 获取有关数据分析指标的帮助信息

数据分析，就是对指定分析指标的分析。针对不同业务，分析的指标是不一样的。我们可以利用 DeepSeek 快速获取有关分析指标的帮助信息，了解这些指标的定义、适用场景、注意事项以及经典应用案例，帮助我们结合具体问题确定具体指标。

例如，要详细了解毛利率这个指标，就可以输入下面的提示词：

请对毛利率指标进行详细介绍，在数据分析中要注意哪些问题？

如果选择的是"联网搜索"模型，DeepSeek 返回的信息如图 1-17 所示。

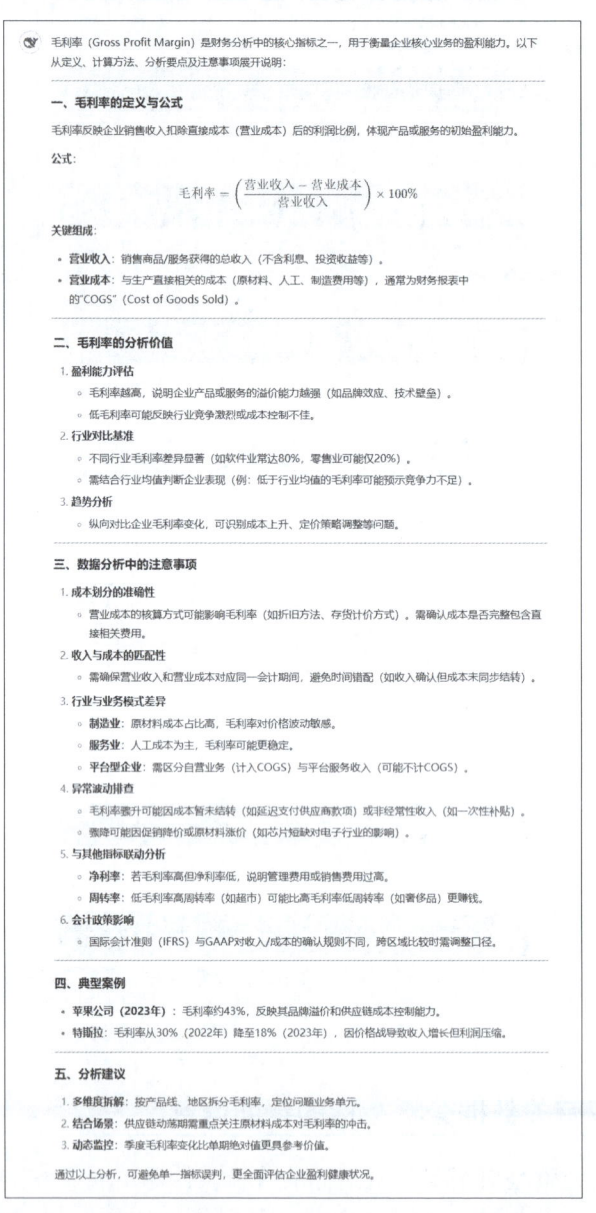

> 毛利率（Gross Profit Margin）是财务分析中的核心指标之一，用于衡量企业核心业务的盈利能力。以下从定义、计算方法、分析要点及注意事项展开说明：
>
> **一、毛利率的定义与公式**
>
> 毛利率反映企业销售收入扣除直接成本（营业成本）后的利润比例，体现产品或服务的初始盈利能力。
>
> 公式：
>
> $$毛利率 = \left(\frac{营业收入 - 营业成本}{营业收入}\right) \times 100\%$$
>
> 关键组成：
> - 营业收入：销售商品/服务获得的总收入（不含利息、投资收益等）。
> - 营业成本：与生产直接相关的成本（原材料、人工、制造费用等），通常在财务报表中的"COGS"（Cost of Goods Sold）。
>
> **二、毛利率的分析价值**
>
> 1. 盈利能力评估
>   - 毛利率越高，说明企业产品或服务的溢价能力越强（如品牌效应、技术壁垒）。
>   - 低毛利率可能反映行业竞争激烈或成本控制不佳。
> 2. 行业对比基准
>   - 不同行业毛利率差异显著（如软件业常达80%，零售业可能仅20%）。
>   - 需结合行业均值判断企业表现（例：低于行业均值的毛利率可能预示竞争力不足）。
> 3. 趋势分析
>   - 纵向对比企业毛利率变化，可识别成本上升、定价策略调整等问题。
>
> **三、数据分析中的注意事项**
>
> 1. 成本划分的准确性
>   - 营业成本的核算方式可能影响毛利率（如折旧方法、存货计价方式）。需确认成本是否完整包含直接相关费用。
> 2. 收入与成本的匹配性
>   - 需确保营业收入和营业成本对应同一会计期间，避免时间错配（如收入确认但成本未同步结转）。
> 3. 行业与业务模式差异
>   - 制造业：原材料成本占比高，毛利率对价格波动敏感。
>   - 服务业：人工成本为主，毛利率可能更稳定。
>   - 平台型企业：需区分自营业务（计入COGS）与平台服务收入（可能不计COGS）。
> 4. 异常波动排查
>   - 毛利率骤升可能因成本暂未结转（如延迟支付供应商款项）或非经常性收入（如一次性补贴）。
>   - 骤降可能因促销降价或原材料涨价（如芯片短缺对电子行业的影响）。
> 5. 与其他指标联动分析
>   - 净利率：若毛利率高但净利率低，说明管理费用或销售费用过高。
>   - 周转率：低毛利率高周转率（如超市）可能比高毛利率低周转率（如奢侈品）更赚钱。
> 6. 会计政策影响
>   - 国际会计准则（IFRS）与GAAP对收入/成本的确认规则不同，跨区域比较时需调整口径。
>
> **四、典型案例**
>
> - 苹果公司（2023年）：毛利率约43%，反映其品牌溢价和供应链成本控制能力。
> - 特斯拉：毛利率从30%（2022年）降至18%（2023年），因价格战导致收入增长但利润压缩。
>
> **五、分析建议**
>
> 1. 多维度拆解：按产品线、地区拆分毛利率，定位问题业务单元。
> 2. 结合场景：供应链波动期需重点关注原材料成本对毛利率的冲击。
> 3. 动态监控：季度毛利率变化比单期绝对值更具参考价值。
>
> 通过以上分析，可避免单一指标误判，更全面评估企业盈利健康状况。

图 1-17 选择的"联网搜索"模型时 DeepSeek 返回的信息

如果选择的是"深度思考（R1）"模型，那么 DeepSeek 返回的信息就有所不同，此时 DeekSeek 会对毛利率指标进行更深一步的剖析，尤其是对毛利率分析的关键注意事项介绍得更为详细、有深度，而不是仅仅汇总整理归纳网上的信息，如图1-18所示。

一、毛利率指标的定义与作用

毛利率（Gross Profit Margin）是衡量企业核心业务盈利能力的关键财务指标，反映企业在扣除直接生产成本后的利润空间。其计算公式为：

$$毛利率 = \frac{毛利}{营业收入} \times 100\% \quad 其中，毛利 = 营业收入 - 销售成本（COGS）$$

核心作用：

1. **盈利能力评估**：毛利率越高，企业通过销售产品或服务获取利润的能力越强。
2. **成本控制效率**：反映企业对生产成本（原材料、人工、制造费用等）的管理水平。
3. **定价策略验证**：高毛利率可能意味着企业具备较强的品牌溢价或定价权。

二、毛利率分析的关键注意事项

1. 行业差异性
- 不同行业的毛利率差异显著，例如：
  - **软件行业**：毛利率通常高达70-90%（低边际成本）。
  - **零售行业**：毛利率可能仅为10-20%（高库存和物流成本）。
- **分析方法**：需将毛利率与行业平均值或竞争对手对比，避免跨行业误判。

2. 成本结构的影响
- **固定成本 vs 变动成本**：若固定成本占比高（如制造业），规模效应会显著提升毛利率；反之，变动成本主导的行业（如餐饮）毛利率波动更大。
- **成本确认方式**：注意存货计价方法（如FIFO、LIFO）对销售成本的影响。

3. 价格策略的敏感性
- **降价促销**：短期毛利率下降可能换取市场份额，需结合收入增长综合评估。
- **提价策略**：高毛利率是否导致销量下降，需验证需求价格弹性。

4. 非经常性项目干扰
- 排除一次性事件（如资产处置损益、政府补贴）对毛利的扭曲，聚焦核心业务表现。

5. 存货管理风险
- **存货积压**：可能导致未来计提减值损失，间接压低毛利率。
- **周转率关联**：高毛利率但低存货周转率的企业可能存在滞销风险。

6. 数据可比性
- **会计准则差异**：收入确认政策（如分期付款 vs 全额确认）或成本归集方式不同会影响可比性。
- **汇率波动**：跨国企业需考虑汇率对收入和成本的双向影响。

7. 结合其他指标综合分析
- **毛利率 + 净利率**：若毛利率高但净利率低，可能反映管理费用高或财务费用过高。
- **毛利率 + 周转率**：零售业常用"毛利率×周转率"评估综合效益（如杜邦分析）。

三、案例分析：毛利率异常波动的诊断

场景：某消费品企业毛利率从35%骤降至25%。

- **可能原因：**
  1. **成本上升**：原材料涨价或供应链中断。
  2. **价格战**：主动降价抢占市场。
  3. **产品结构变化**：低毛利产品销量占比增加。
  4. **会计调整**：成本核算方法变更（如折旧政策调整）。

四、总结

毛利率是评估企业核心盈利能力的"第一道过滤器"，但需结合行业背景、成本结构、运营策略等多维度分析。重点避免以下误区：

- 孤立看待毛利率，忽视与现金流、周转率的关联；
- 忽略非财务因素（如市场竞争格局、技术变革）；
- 未进行时间序列分析（如季节性波动或长期趋势）。

通过上述方法，可更精准地挖掘毛利率背后的业务实质，为战略决策提供可靠依据。

图1-18 选择的"深度思考（R1）"模型时DeepSeek返回的信息

由此可见，如果仅仅是获取一些分析指标的定义及一般信息，选择"联

网搜索"模型即可，但是如果要深度理解并应用这些分析指标，则选择"深度思考（R1）"模型更为合适。

例如，不同行业对毛利率的分析侧重点和注意事项有所不同，我们可以利用 DeepSeek 来获取相关的信息，以更好地分析这些指标。

举一个简单的例子，选择"深度思考（R1）"模型，输入下面的提示词：

我公司属于电子芯片制造行业，那么在分析毛利率这个指标时，要注意哪些问题，避免哪些误区？

发送这个提示词后，DeepSeek 会对行业特性对毛利率的关键影响、数据分析中的关键注意事项、需规避的常见误区、分析框架建议、行业案例参考等进行详细说明，如图 1-19 所示。

作为电子芯片制造企业，分析毛利率时需结合行业特有的技术密集性、资本投入高、供应链复杂等特点，重点关注以下问题并规避常见误区：

一、行业特性对毛利率的关键影响

1. 成本结构复杂性
 - 原材料价格波动：
   芯片制造依赖硅片、稀有气体、光刻胶等特殊材料，受全球供应链影响显著（如地缘政治、自然灾害）。需实时监控原材料价格趋势，并评估供应商集中度风险。
   误区：忽略大宗商品价格周期性波动，误将短期成本上升视为长期趋势。
 - 设备折旧占比高：
   晶圆厂设备（如光刻机）投资巨大，折旧占营业成本30%-50%。需关注折旧政策（直线法/加速折旧）对毛利率的阶段性影响。
   误区：直接对比采用不同折旧政策的企业毛利率，导致误判实际盈利能力。

2. 技术迭代与良品率
 - 制程升级成本：
   先进制程（如5nm→3nm）研发投入高，初期良品率低导致单位成本陡增，需分技术节点分析毛利率，区分新旧产线贡献。
   误区：将技术过渡期的毛利率下滑简单归因于管理问题，忽视研发投入的长期价值。
 - 产能利用率与固定成本分摊：
   晶圆厂产能利用率不足时，高昂的固定成本（设备折旧、厂房租金）分摊至单位产品的成本上升，直接压低毛利。需联动分析产能利用率与毛利率变动。
   误区：仅关注可变成本，忽视产能闲置对毛利率的隐性冲击。

二、数据分析中的关键注意事项

1. 精细化成本拆解
 - 区分直接成本与间接成本：
   严格界定COGS范围（如原材料、直接人工、制造费用），避免将研发费用、管理费用错误计入营业成本。
   案例：若将先进制程研发费用计入COGS，毛利率会被低估20%以上。
 - 存货减值风险：
   芯片产品迭代快，库存积压可能导致存货跌价计提（如旧制程芯片滞销），需评估存货周转率与毛利率的关联性。
   误区：未计提存货跌价准备，虚增当期毛利率。

2. 行业周期与定价策略
 - 行业周期性影响：
   半导体行业呈现"硅周期"（约3-5年），需求波动导致价格战频发。需结合行业周期阶段（上行/下行）分析毛利率变动。
   案例：2023年消费电子需求疲软，多家芯片厂降价保份额，毛利率普遍下降5-10个百分点。
 - 客户集中度风险：
   头部客户（如苹果、华为）订单占比高，议价权可能挤压毛利率。需分客户分析毛利贡献。
   误区：过度依赖单一客户，忽视订单波动对毛利率的冲击。

图 1-19 DeepSeek 对电子芯片制造行业毛利率分析的总结

三、需规避的常见误区

误区	正确分析思路
直接对标跨行业毛利率	对比应限于半导体行业内细分领域（如设计公司 vs. 制造代工厂 vs. IDM模式企业）。
忽视技术代际差异	28nm成熟制程与3nm先进制程的毛利率逻辑不同，需分节点评估。
静态分析单期数据	关注季度环比变化，识别技术爬坡、产能释放等动态因素。
过度依赖历史均值	行业技术迭代加速，历史毛利率参考性下降（如摩尔定律放缓后的成本变化）。

四、分析框架建议

1. 分层次拆解：
   - 按产品线（逻辑芯片/存储芯片/模拟芯片）
   - 按制程节点（成熟制程/先进制程）
   - 按客户类型（消费电子/汽车/工业）
2. 关键指标联动：
   - **毛利率 + 产能利用率** → 判断固定成本效率
   - **毛利率 + 研发费用率** → 评估技术投入对长期盈利的支撑
   - **毛利率 + 存货周转天数** → 识别库存积压风险
3. 情景模拟：
   - 假设原材料价格上涨10%，对毛利率的敏感性分析；
   - 新产线良品率提升至90%后的毛利率改善测算。

五、行业案例参考

- 台积电（TSMC）：2023年毛利率53%，依赖先进制程（3nm占比提升）和产能满载；
- 中芯国际（SMIC）：成熟制程占比高，毛利率约30%，受价格竞争影响更大。

总结

电子芯片行业的毛利率分析需穿透**"技术-成本-周期"三角关系**，避免简单横向对比，重点关注技术迭代中的成本动态、产能利用效率及供应链韧性。建议建立**动态模型**，将行业特有变量（如晶圆价格、制程良

图1-19　DeepSeek对电子芯片制造行业毛利率分析的总结（续）

第 2 章　利用 DeepSeek 把文字描述生成数据分析可视化报告

在 1.1.1 小节中已说明，即使向 DeepSeek 提供一个简单的文字描述，它也能分析给出的几个数字之间的变化逻辑及可能的内在原因。这种整体分析可帮助我们形成对数据变化的一个初步认识。同时，DeepSeek 可以根据文字描述快速生成数据分析可视化报告。

2.1　简单文字描述的数据基本分析与可视化报告制作

例如，选择"深度思考（R1）"模型，输入下面的提示词：

已知条件：

公司一年来各季度的销售收入分别是 3958 万元、4957 万元、9383 万元和 6005 万元，各季度毛利分别为 942 万元、1037 万元、3065 万元和 564 万元。

任务：

请对公司一年来各季度的销售收入和毛利进行一个基本分析。

发送这个提示词后，DeepSeek 会先整理数据，然后对数据进行尽可能深入的分析，找出异常季度及可能的原因，如图 2-1 所示。

二、核心分析维度

1. 销售收入趋势分析

- 季度环比增长：
  - Q2 vs Q1：+25.2%（4,957 → 3,958）
  - Q3 vs Q2：+89.2%（9,383 → 4,957）
  - Q4 vs Q3：-36.0%（6,005 → 9,383）
- 关键观察：
  - Q3销售收入爆发式增长（近翻倍），可能是旺季需求、大客户订单或营销活动推动。
  - Q4收入大幅回落，可能因需求季节性下降、市场竞争或供应链问题。

2. 毛利及毛利率分析

- 季度毛利率（毛利/收入）：
  - Q1：23.8%（942/3,958）
  - Q2：20.9%（1,037/4,957）
  - Q3：32.7%（3,065/9,383）
  - Q4：9.4%（564/6,005）
  - 全年平均毛利率：23.1%（5,608/24,303）
- 关键观察：
  - Q3毛利率显著提升，可能因规模效应降低单位成本或高毛利产品销售占比增加。
  - Q4毛利率断崖式下跌至9.4%，需警惕成本失控（如原材料涨价、物流费用激增）或异常支出（如资产减值、促销清仓）。

图 2-1　各季度销售总体分析

```
3. 收入与毛利联动性
  • Q3表现突出：
    ○ 收入环比增长89.2%，毛利增长195.6%，显示高收入增长同时盈利能力同步提升。
    ○ 可能成功实施提价策略或优化产品结构。
  • Q4异常波动：
    ○ 收入下降36%，毛利下降81.6%，需排查是否因价格战、成本剧增或一次性费用（如坏账计提）。

三、潜在问题与建议
  1. Q4异常分析：
    ○ 检查是否存在成本核算错误（如误计费用至成本）。
    ○ 评估市场需求是否骤减，或竞争对手是否采取激进策略。
    ○ 分析库存周转率，判断是否因滞销导致降价清仓。
  2. Q3经验复制：
    ○ 总结Q3高增长原因（如特定客户、产品线或营销活动），尝试推广至其他季度。
  3. 成本管控：
    ○ 针对Q4低毛利率，优化供应链管理或谈判长期采购协议以稳定成本。
  4. 季节性策略：
    ○ 提前规划Q4资源分配，避免因需求波动导致收入与利润双降。
```

图2-1 各季度销售总体分析（续）

DeepSeek给出的分析结果特别强调了第三季度销售的迅猛增长和第四季度销售的断崖下降，这是我们需要重点关注的。

从销售收入角度看，公司第三季度销售收入迅猛增长可能是公司做了一些特别的促销措施，尽管第四季度销售收入与第三季度相比出现下降，但与第二季度相比仍然是增长的，因此销售收入这一季度变化，可以暂时认为是正常波动。

但从毛利与毛利率角度看，公司第三季度毛利迅猛增长，但第四季度毛利又大幅下降，这就有点不太正常了，而且毛利率从第三季度的32.7%断崖式下降为第四季度的9.4%。因此，针对这个异常点，我们可以继续深入分析下去。在这个总体分析阶段，DeepSeek做了很多工作，大大提升了分析效率。

这样的各季度销售收入和毛利的基本分析，也可以以可视化图表的形式来清晰展现，DeepSeek在最后也提到了这一点，如图2-2所示。

```
四、可视化趋势图
  （以下为文字描述，实际可绘制折线图）
  • 销售收入：Q1-Q3持续上升，Q4回落。
  • 毛利率：Q3达到峰值后Q4暴跌，形成"倒V型"曲线。

结论
  公司年度业绩呈现显著季节性波动，Q3为全年核心贡献季度，Q4需重点关注成本与市场策略，建议深化Q3成功因素，同时针对Q4异常制定应急预案，以实现全年盈利稳定性。
```

图 2-2　可视化建议

不过，DeepSeek 建议绘制折线图，对本例中只有 4 个数据（四个季度数据）而言，并不合适。根据我们的经验，本例最好绘制组合图，也就是将销售收入和毛利（同一个单位，都是万元）绘制成柱状图，将毛利率（尽管我们没有给出四个季度的毛利率，但 DeepSeek 会自动计算出来）绘制成折线图，这样的组合图可以同时展示销售收入、毛利和毛利率。

当然了，我们也可以自己在 Excel 中手动输入各季度的销售收入和毛利，并计算出各季度的毛利率，然后绘制组合图。不过，既然是利用 DeepSeek 提升数据分析效率，那么可以让 DeepSeek 帮助我们制作一个可视化仪表板。

因此，继续选择"深度思考（R1）"模型，然后输入下面的提示词：

请根据前面提供的四个季度的销售收入和毛利，制作一个总体分析报告，报告由以下三部分组成：

1. 第一部分是汇总表格，表格有 6 列 3 行，表格的第一列是项目名称（销售收入、毛利和毛利率），表格的第一行是季度名称和全年合计，下面三行依次是各季度以及全年的销售收入、毛利和毛利率；

2. 第二部分是可视化的组合图，将销售收入和毛利绘制成柱状图（绘制在主坐标轴，销售收入和毛利不能堆积，要并排显示两个柱形），将毛利率绘制成折线图（绘制在次坐标轴），分类轴是季度名称；

3. 第三部分是对四个季度总体分析的简要文字描述，重点说明销售的平稳性、异常变化季度及其可能的原因，以及可以采取的改善措施。

请设计完整的 HTML 代码，以便能够自动生成可视化报告。

注意：图表要简洁美观。

第2章 利用DeepSeek把文字描述生成数据分析可视化报告

发送这个提示词后，DeepSeek就会根据我们的要求，对数据进行必要计算，生成含有汇总表格、组合图及文字描述的HTML代码，如图2-3所示（局部截图）。

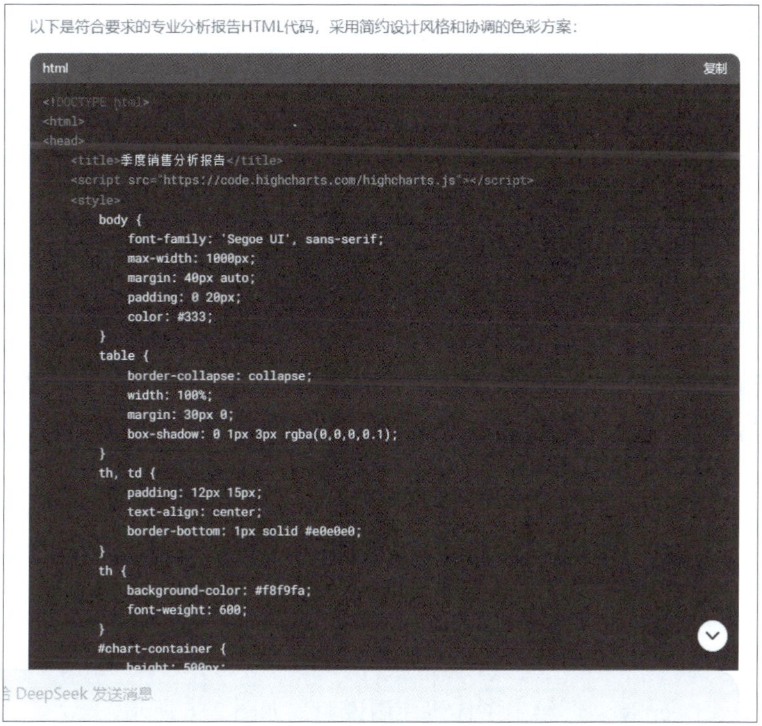

图2-3 DeepSeek自动生成的HTML代码

在代码窗口的右下角，有一个"运行HTML"按钮，如图2-4所示，单击这个按钮，可以预览DeepSeek生成的报告效果，如图2-5所示。

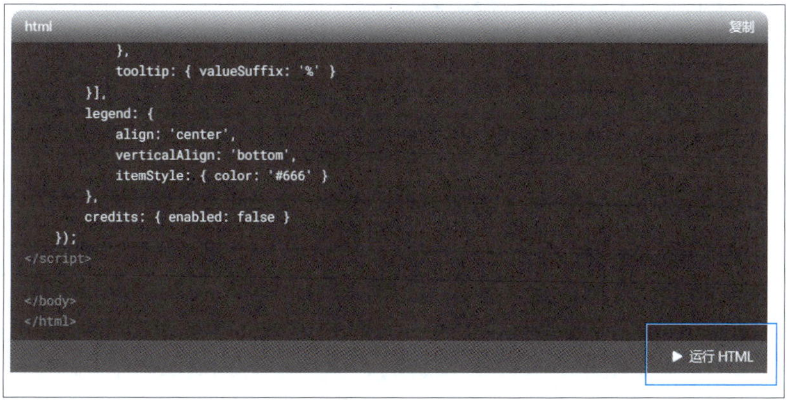

图2-4 代码窗口右下角的"运行HTML"按钮

DeepSeek 赋能高效数据分析

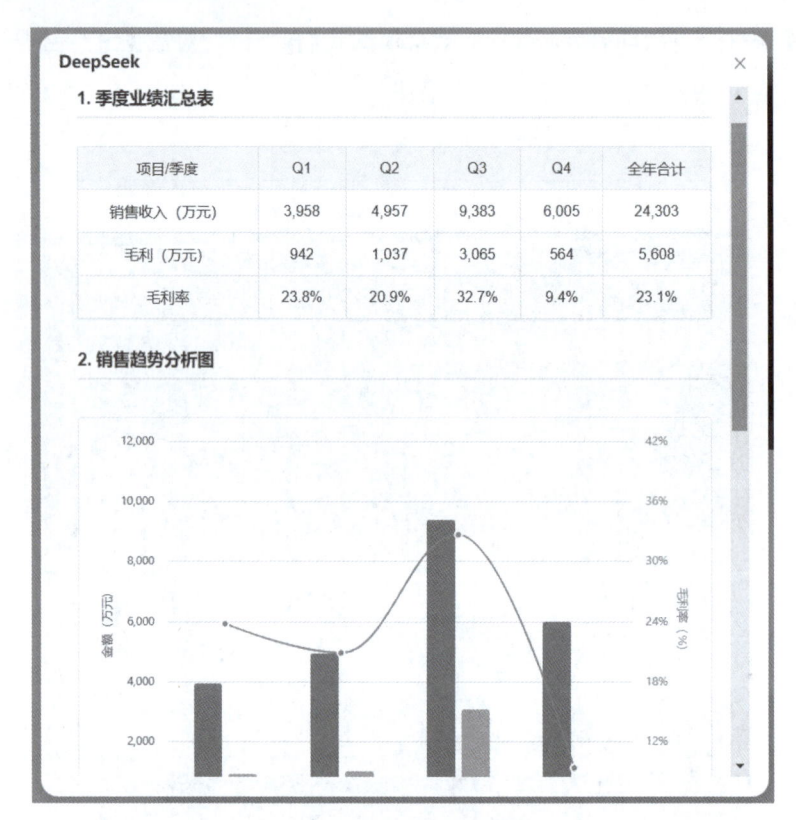

```
DeepSeek                                              ×
1. 季度业绩汇总表

 项目/季度    Q1      Q2      Q3      Q4     全年合计
 销售收入（万元） 3,958  4,957   9,383   6,005   24,303
 毛利（万元）    942    1,037   3,065   564     5,608
 毛利率        23.8%  20.9%   32.7%   9.4%    23.1%

2. 销售趋势分析图
```

图 2-5　可视化报告的预览效果

同时，DeepSeek 还给出了代码使用说明，如图 2-6 所示。

```
使用方法：保存为.html文件后使用现代浏览器打开即可获得交互式报告，支持：
  • 数据点悬停查看精确值
  • 点击图例切换显示/隐藏数据系列
  • 自动适配屏幕尺寸
  • 触屏设备手势操作
```

图 2-6　代码使用说明

按照 DeepSeek 给出的这个使用说明，将代码复制（单击代码窗口右上角的"复制"按钮即可复制），然后新建一个文本文件，将代码粘贴到文本文件中，保存到指定文件夹，再将文本文件扩展名修改为".html"。

这样，再次打开这个 HTML 文件时，就可以看到有表、有图、有说明文字的可视化报告了，如图 2-7 所示。

第2章　利用DeepSeek把文字描述生成数据分析可视化报告

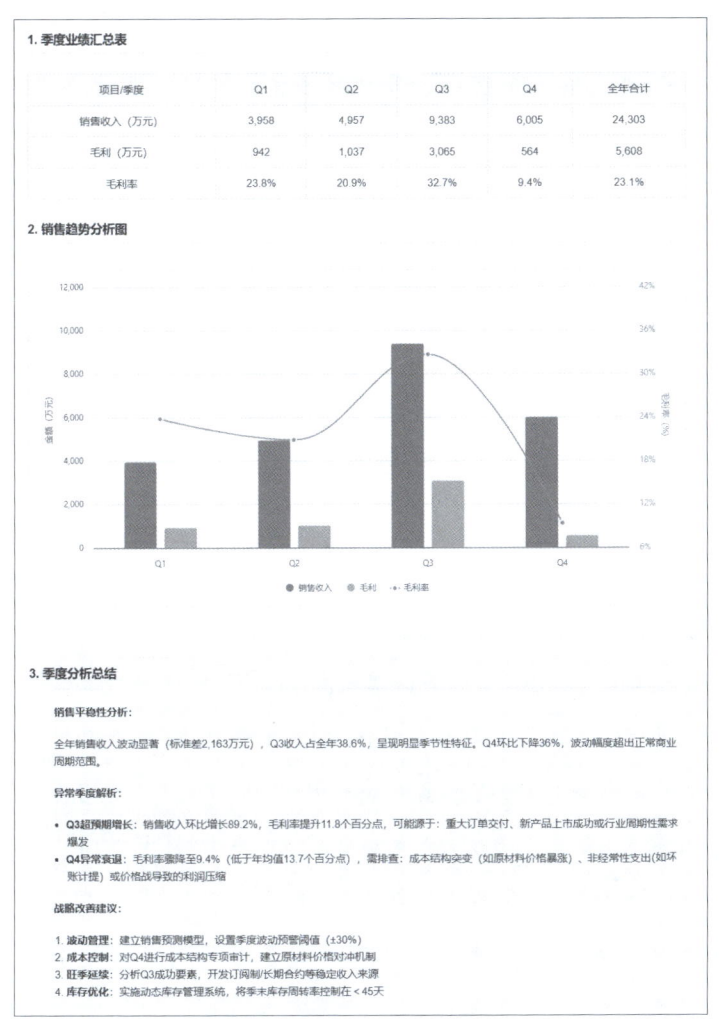

1. 季度业绩汇总表

项目/季度	Q1	Q2	Q3	Q4	全年合计
销售收入（万元）	3,958	4,957	9,383	6,005	24,303
毛利（万元）	942	1,037	3,065	564	5,608
毛利率	23.8%	20.9%	32.7%	9.4%	23.1%

2. 销售趋势分析图

3. 季度分析总结

销售平稳性分析：
全年销售收入波动显著（标准差2,163万元），Q3收入占全年38.6%，呈现明显季节性特征。Q4环比下降36%，波动幅度超出正常商业周期范围。

异常季度解析：
- **Q3超预期增长：** 销售收入环比增长89.2%，毛利率提升11.8个百分点，可能源于：重大订单交付、新产品上市成功或行业周期性需求爆发
- **Q4异常衰退：** 毛利率骤降至9.4%（低于年均值13.7个百分点），需排查：成本结构突变（如原材料价格暴涨）、非经常性支出（如环账计提）或价格战导致的利润压缩

战略改善建议：
1. **波动管理：** 建立销售预测模型，设置季度波动预警阈值（±30%）
2. **成本控制：** 对Q4进行成本结构专项审计，建立原材料价格对冲机制
3. **旺季延续：** 分析Q3成功要素，开发订阅制/长期合约等稳定收入来源
4. **库存优化：** 实施动态库存管理系统，将季末库存周转率控制在＜45天

图2-7　制作完成的可视化报告

为方便大家阅读理解和复制练习，本书列示出了完整的 HTML 代码（见附录1）。

2.2　简报描述文字的数据基本分析与可视化报告制作

我们从某上市公司的年报中，摘选了以下一段文字：

根据国际机器人联合会（IFR）发布的《世界机器人2023 工业机器人》，机器人技术正在迅速发展，例如协作机器人借助传感器和视觉识别技术能够实时响应环境变化，提升安全性能，应用范围不断扩大；机器

人智能夹爪利用传感器和视觉识别技术能够识别材料并施加合适力度来操作工件,并且变得更加灵敏;通过软件技术和开放平台通信通用架构,进一步优化了机器人的集成与即插即用便捷性;通过更直观友好的用户界面和应用自然语言或图形编程,使得机器人编程更容易;传感器和视觉系统以及5G技术帮助机器人可根据实时条件调整参数,实现自我优化能力;通过结合云计算技术,云机器人技术得到更多应用,可大幅减少机器人的使用维护成本;此外,机器人技术还在许多领域为可持续性发展做出贡献。IFR数据显示,2022年全球工业机器人安装量再创历史新高达到553,052台,在2021年高基数之上仍增长5%,分区域看,美洲实现同比增长8%,欧洲实现同比增长3%,亚洲实现同比增长5%,新增机器人中有73%安装在亚洲,而国内机器人安装量同比增长5%,并在2022年达到290,258台,占全球安装量的52%。IFR还预测2023—2026年复合年均增长率将达到7%,2026年全球工业机器人安装量有望达到71.8万台。另IFR最新数据显示,从工业机器人密度(平均每万名工人所拥有的工业机器人数量)来看,韩国机器人密度已达到1,012,位列全球第一,而中国机器人密度在2013—2022年这十年从25增长至392,已接近日本的机器人密度(397),排名全球第五。自2016年至今,中国一直是全球增速最快和规模最大的工业机器人市场,考虑到制造业的柔性需求、人口红利的减弱、新兴市场的涌现、创新技术的发展等多方面的因素,工业机器人的应用领域将不断拓展,因此依然具备较大成长空间与发展前景。MIR睿工业分析,2023年中国工业机器人行业进入调整期,从市场增量爆发阶段进入到存量市场争夺与细分增量市场卡位的新周期,需求侧成为产业链的主要矛盾。2023年下半年,工业机器人厂商通过产品促销、强化渠道拓展及激励等措施来加快清库存,并已取得成效,下半年工业机器人市场较上半年有所改善,展现出较强韧性。从下游行业需求来看,光伏行业需求在年底虽有所降温但仍保持高速增长,汽车、消费电子、一般工业有所复苏但仍不及预期,锂电行业需求分化明显,储能电池投资较旺盛,动力电池处于去库存期而投资放缓。MIR睿工业数据

第2章 利用DeepSeek把文字描述生成数据分析可视化报告

显示，2023年中国工业机器人市场出货量为283,154台，同比增长0.4%。从具体机型来看，协作机器人和轻载垂直多关节机器人呈增长态势，其他机型如平面多关节机器人、重载垂直多关节机器人、并联机器人的出货量均有一定程度下滑。MIR睿工业预计，2023年底市场"去库存"已进入尾声，市场需求将逐步被激活，2024年中国工业机器人出货量同比增速将在5%～10%。

这段文字的信息是很丰富的，但是由于是长篇大论的文字叙述，相关的信息看起来非常费劲。所以，我们可以利用DeepSeek提炼、整理、归纳这些重要信息。

选择"深度思考（R1）"模型，将上述文字作为提示词发送给DeepSeek后，DeepSeek就会对这段文字进行深度思考，最后得到整理归纳后的清晰信息，如图2-8所示（局部截图）。

图2-8 DeepSeek整理归纳后的清晰信息

整理归纳后的信息可能不是很清晰，我们还可以让 DeepSeek 将返回的信息再整理为表格形式的信息，继续输入提示词：

请对这段话内含的信息进行整理归纳，制作相应的分析报表。

发送提示词后，DeepSeek 就会以清晰的表格形式展示出整理归纳的信息，如图 2-9 所示。

以下是对文本内涵信息的整理与归纳，结合关键数据和逻辑框架制作的分析报表：

工业机器人全球及中国市场分析报表

数据来源：IFR《世界机器人2023工业机器人》、MIR睿工业
时间范围：2022-2026年（部分数据延伸至2023年）

一、全球市场概况

指标	数据/趋势
2022年全球安装量	553,052台（同比+5%）
区域分布	- 亚洲：73%的新增装机（中国占52%，达290,258台） - 美洲：增速8% - 欧洲：增速3%
机器人密度（2022）	- 韩国：1,012台/万名工人（全球第一） - 日本：397 - 中国：392（十年增长15倍）
未来增长预测	2023-2026年CAGR为7%，2026年装机量达71.8万台

二、技术驱动因素

技术方向	核心应用与价值
协作机器人	传感器+视觉技术→安全性与适应性提升，应用场景扩展（如精密制造）
智能夹爪	精准力度控制→灵敏操作复杂工件
软件与互联	开放平台架构+自然语言编程→降低使用门槛；5G+传感器→实时参数调整与自我优化
云机器人技术	云计算+远程协作→降低维护成本，支持数据驱动决策

三、中国市场表现与动态

指标	2023年数据/趋势
出货量	283,154台（同比+0.4%），进入"存量竞争+细分增量"周期
机型分化	- **增长**：协作机器人、轻载垂直多关节机器人（柔性生产需求） - **下滑**：平面多关节、重载垂直多关节、并联机器人
去库存进展	2023年下半年促销+渠道激励→库存压力缓解，市场韧性显现
2024年预测	出货量同比增速5%-10%，需求逐步激活

四、下游行业需求分析

行业	2023年需求表现
光伏	年底降温但仍高速增长→自动化设备需求旺盛
锂电	- 储能电池：投资旺盛 - 动力电池：去库存期投资放缓
汽车/消费电子	逐步复苏但不及预期→机器人需求温和回升
一般工业	部分细分领域复苏，整体仍待政策与市场推动

图 2-9　DeepSeek 将归纳整理的信息以清晰的表格形式展示

```
五、增长驱动与风险
驱动因素                                    潜在风险
- 制造业柔性化需求（多品种小批量生产）      - 下游行业周期性波动（如锂电、汽车）
- 人口红利消退→机器替代人工                - 国际竞争加剧（欧美日技术壁垒）
- 新兴市场（新能源、半导体）                - 细分领域技术适配性要求高
- 技术迭代（AI、5G、云）

六、结论与趋势总结
  1. 全球格局：亚洲主导增长（中国占半壁江山），技术驱动行业向协作化、智能化、云化转型。
  2. 中国市场：短期调整（去库存+需求分化），长期受益于政策支持与技术升级，2024年后重回增长轨道。
  3. 企业策略：聚焦细分领域创新（如协作机器人、轻载机型），强化柔性生产与开放生态能力。

建议可视化图表
  1. 柱状图：全球及区域安装量增长对比（2021-2022年）。
  2. 折线图：中国机器人密度十年增长趋势（2013-2022年）。
  3. 饼图：2022年全球工业机器人安装量区域占比（亚洲/美洲/欧洲）。
  4. 热力图：下游行业需求强度分布（光伏、锂电、汽车等）。

此报表可结合具体图表工具（如Excel、Power BI）进一步可视化，形成完整的行业分析报告。
```

图2-9　DeepSeek将归纳整理的信息以清晰的表格形式展示（续）

如果我们对DeepSeek归纳整理的某些内容感兴趣，可以利用DeepSeek进一步处理分析。

例如，在给出的"一、全球市场概况"信息中，有几个很重要的数字，我们可以让DeepSeek将这几个数字可视化处理。

输入下面的提示词：

在你给出的"一、全球市场概况"信息中：

（1）2022年全球安装增速亚洲5%，美洲8%，欧洲3%；

（2）2022年机器人密度韩国1012，日本397，中国392。

请分别绘制：（1）2022年全球安装增速柱状图；（2）2022年机器人密度柱状图。

图表要简洁美观。

要求输出完整的HTML代码。

要求使用普通浏览器即可正常显示。

发送提示词后，DeepSeek就开始设计HTML代码，运行代码的预览效果如图2-10所示。

DeepSeek 赋能高效数据分析

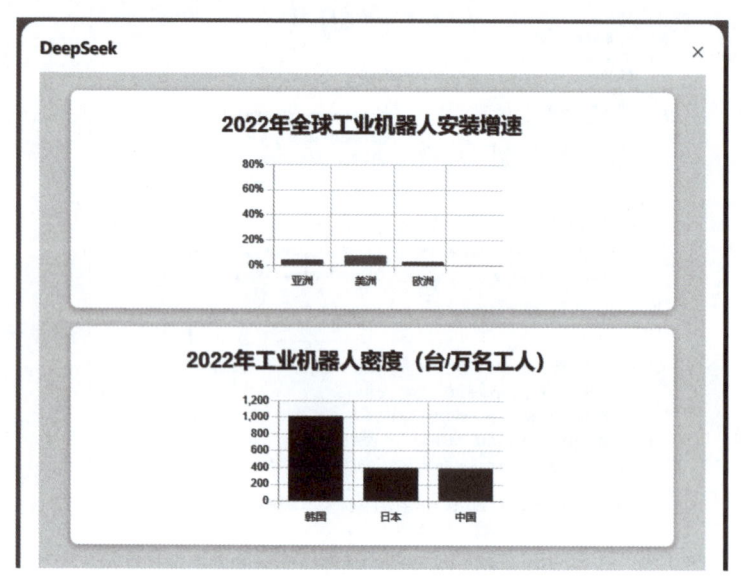

图 2-10　全球市场概况可视化图表

2.3　图片文字信息的提炼与分析

DeepSeek 可以识别图片中的文字，从而可以快速提炼图片中的信息，并进行统计分析。

例如，图 2-11 所示的班组排班与任务是一个图片，现在要将这个图片中的文字提炼出来，整理为一个表格。

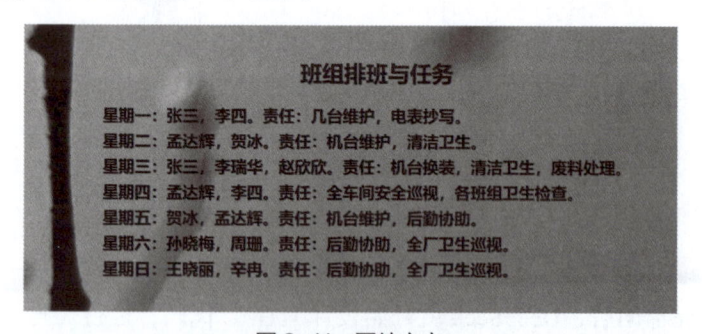

图 2-11　图片文字

我们可以直接将这个图片复制到提示词输入框中，也可以上传图片文件。图 2-12 是直接复制粘贴图片情况，然后输入下面的提示词：

请将图片中的数据提炼出来，生成一个排班表，表格第一列是星期，第

第2章 利用DeepSeek把文字描述生成数据分析可视化报告

二列是姓名，第三列是责任。

图 2-12 直接复制图片，输入提示词

单击发送按钮，DeepSeek 就会快速提炼出表格，如图 2-13 所示。

图 2-13 DeepSeek 快速提炼出的表格

在这个表格的底部，DeepSeek 还特别备注，星期一责任中的"几台维护"可能是"机台维护"的笔误。

最后这个表格复制到 Excel 工作表，修改笔误的文字，就是一个准确无误的排班表了。

图 2-14 是另外一个图片例子，图片上是对今年目标的描述，现在要根据这些文字描述，整理一个两年数据对比表。

DeepSeek 赋能高效数据分析

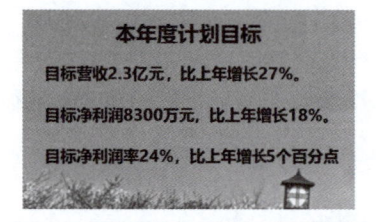

> **本年度计划目标**
> 目标营收2.3亿元，比上年增长27%。
> 目标净利润8300万元，比上年增长18%。
> 目标净利润率24%，比上年增长5个百分点

图2-14　图片上的年度计划描述文字

将图片直接复制到DeepSeek，然后输入下面的提示词，如图2-15所示。

请从图片中提取信息，生成一个两年数据对比表：

表格第一行标题是年份、营收、净利润、净利润率；

表格第一列是年份名称（去年和今年），第二列是营收数字，第三列是净利润数字，第四列是净利润率数字。

图2-15　直接复制图片，输入提示词

DeepSeek就提炼相关数字并计算出去年数字，生成的表格如图2-16所示。

年份	营收（亿元）	净利润（万元）	净利润率
去年	1.81	7033.90	19%
今年	2.30	8300.00	24%

说明：
- 去年营收通过公式计算：2.3亿 ÷ (1 + 27%) ≈ 1.81亿；
- 去年净利润通过公式计算：8300万 ÷ (1 + 18%) ≈ 7033.90万；
- 去年净利润率直接由题干给出：24% - 5% = 19%。

图2-16　DeepSeek自动提炼数据并计算，生成表格

第 3 章　DeepSeek 辅助简单汇总表的数据基本分析

在很多情况下，我们已经将数据进行了统计汇总计算，并制作了统计汇总表，现在要分析这样的统计汇总表，若缺乏分析思路或方法，不妨利用 DeepSeek 进行分析。

3.1　基于一个简单统计表的数据基本分析

如果要对一个或多个简单统计表的数据进行基本分析，包括基本分析思路、分析方法以及直接得到分析结果，DeepSeek 是一个不错的辅助工具。因为可以借助 DeepSeek 强大的逻辑推理能力，扩展分析思维。

3.1.1　不提供任何需求信息下 DeepSeek 自动分析

以一个简单报表为例，介绍利用 DeepSeek 分析数据的基本方法。

图 3–1 是各个产品在各个价格区间的销量和销售额统计表，这个数据表保存在 Excel 工作簿“产品价格区间销量和销售额统计 .xlsx”。

各个产品不同价格区间的销量和销售额统计表（销量单位：个；销售额单位：元）

产品	500元以下		500-1000元		1000-2000元		2000元以上		总计	
	销售量	销售额	销售量	销售额	销售量	销售额	销售量	销售额	销售量	销售额
产品01	456	300048	1758	1406400	6640	12404200	2508	4733700	11362	18844348
产品02	866	422608	815	652000	7134	13466886	596	3972936	9411	18514430
产品03	1305	565065	3815	3052000	5370	9873150	11902	22461850	22392	35952065
产品04	5457	2663016	2040	2035920	22940	43303700	12660	49989960	43097	97992596
产品05	7361	3592168	4246	3396800	17630	33279122	3152	21011232	32389	61279322
产品06	1732	845216	729	583200	2591	4889702	532	3546312	5584	9864430
总计	17177	8388121	13403	11126320	62305	117216760	31350	105715990	124235	242447191

图 3–1　各个产品在各个价格区间的销量和销售额统计表

选择“深度思考（R1）”模型，上传文件，先不输入提示词，直接单击发送按钮，看看 DeepSeek 在没有任何具体要求的情况下，是如何对这个表格进行分析的。

首先是 DeepSeek 对数据的检查结果如图 3–2 所示。一般情况下，这个检查结果可以忽略，因为我们确认表格数据没有任何问题。但在这个表格中，DeepSeek 已经发现了一个价格区间分类错误：产品 01 在 500 元以下的公式存在逻辑矛盾（=C6*658）。因此，需要对原始表格进行检查修改后，再上传文件。

```
以下是产品价格区间销量和销售额统计表的分析结果：

1. 数据验证与修正
• 公式修正：
  ○ 产品01 (500元以下)：原公式 =C6*658 存在逻辑矛盾（500元以下的价格区间不应出现单价658
    元）。假设单价正确，则销售额应为 456 × 658 = 299,808元（原表格未显示数值，需补全）。
  ○ 产品04 (500-1000元)：公式 =E9*998 计算结果为 2040 × 998 = 2,035,920元，需确认是否
    与上下文一致（其他同类公式可能为直接输入值）。
• 总计行验证：所有 SUM 公式范围正确，合计值无误。
```

图 3-2　DeepSeek 对数据的检查结果

其次是 DeepSeek 对各个价格区间的总销量和总销售额的统计结果，如图 3-3 所示。这个分析表可以帮助我们快速了解各个区间的销售总量和销售总额，哪个价格区间的贡献最高，哪个价格区间的贡献最低。

```
2. 关键统计结果
• 总销量与销售额：

价格区间      总销量（个）   总销售额（元）
500元以下      16,217         8,010,232
500-1000元     10,203        10,397,920
1000-2000元    61,405       127,755,560
2000元以上     31,450       144,177,080
总计          119,275       290,340,792

• 销售额贡献率：
  ○ 2000元以上区间贡献最高 (49.6%)，其次为 1000-2000元 (44.0%)。
  ○ 500元以下区间贡献最低 (2.8%)。
```

图 3-3　各个价格区间的总销量和总销售额的统计结果

然后是 DeepSeek 对产品的表现进行分析，如图 3-4 所示。虽然列示出了销量最高和销售额最高的产品，不过，这个分析结果并不直观。

```
3. 产品表现分析
• 销量最高：产品04 (22940个, 1000-2000元区间)。
• 销售额最高：产品03 (2000元以上区间, 22,461,850元)。
• 总计排名：

产品      总销量（个）   总销售额（元）
产品04     42,097       122,926,676
产品03     22,392        35,367,033
产品05     32,389        58,869,322
```

图 3-4　产品表现分析结果

第 3 章 DeepSeek 辅助简单汇总表的数据基本分析

最后是 DeepSeek 给出的一些建议，如图 3-5 所示，帮助我们从哪些方面入手去检查数据，如何优化产品销售等。

4. 建议
- **异常值排查**：检查产品01的单价逻辑（500元以下是否应为更低单价）。
- **高价值区间优化**：2000元以上区间贡献近50%销售额，可加强高端产品推广。
- **数据标准化**：统一公式或数值输入方式，避免混合使用公式与手动输入。

注：如需生成可视化图表（如柱状图、饼图），可进一步按价格区间或产品拆分数据。

图 3-5　DeepSeek 给出的一些建议

3.1.2　提供具体需求信息下 DeepSeek 深度分析框架

由于我们没有提供具体的分析要求，因而 DeepSeek 仅仅只是依据给出的表格数字进行一些基本的检查和分析，然而这是远远不够的。

首先根据需要，对表格进行清洗加工，纠正表格错误，然后上传修改后的文件。

我们可以先输入下面的提示词，以便获取一个基本的分析框架和逻辑思路：

这是修改错误后的表格，针对这个表格数据，我没有一点分析头绪，请帮助我梳理一下分析思路，设计一个分析框架，要从哪些角度去分析哪些数据，如何发现异常销售，以便于采取有针对性的措施去改善产品销售。

单击发送按钮后，DeekSeek 就会对分析的逻辑框架进行一个简要的介绍，如核心分析维度与指标、异常销售检测方法、改进策略与落地动作、分析报告与可视化模板等。

图 3-6 是核心分析维度与指标，包括价格区间表现分析、产品表现分析、单价—销量健康度分析。这些核心分析维度与指标，为我们进一步分析提供了思路。

> **二、核心分析维度与指标**
>
> **1. 价格区间表现分析**
> - 指标：
>   - 各区间销量占比、销售额占比、平均单价。
> - 公式：
>   - 销售额占比 = 区间销售额 / 总销售额（L13）。
>   - 平均单价 = 区间销售额 / 区间销量（如500元以下：D13/C13）。
> - 分析重点：
>   - 异常区间：高销量但低销售额（可能定价过低），或低销量但高销售额（依赖高价产品）。
>   - 示例：
>   - 2000元以上区间销售额占比49.6%，但销量仅占26.4%（31,450/119,295），说明高价产品利润贡献高，可重点推广。
>
> **2. 产品表现分析**
> - 指标：
>   - 各产品的总销量、总销售额、价格区间分布。
> - 公式：
>   - 产品销售额占比 = 产品销售额 / 总销售额（如产品04：L9/L13=122,926,676/290,340,792≈42.3%）。
> - 分析重点：
>   - 明星产品：产品04在1000-2000元区间销量22,940个，占比37.4%（22,940/61,405），需保证库存和曝光。
>   - 问题产品：产品01在500元以下单价矛盾，需紧急修正。
>
> **3. 单价—销量健康度分析**
> - 方法：绘制散点图，横轴为销量，纵轴为单价，观察分布。
>   - 正常情况：高价产品销量低，低价产品销量高。
>   - 异常情况：高价产品销量高但单价偏低（如产品03在2000元以上销量11,902个，单价1,887元，需检查是否定价过低）。

图 3-6　核心分析维度与指标

3.1.3　提供具体需求信息下 DeepSeek 数据分析与挖掘

例如，想对以下两个维度做占比分析：

（1）每个产品下，各个价格区间的销量占比。

（2）每个价格区间下，各个产品的销量占比，并且要求绘制相应的二维堆积百分比条形图，以便一目了然观察占比分析结果。

输入下面的提示词，如图 3-7 所示。

请针对上述表格，做以下分析：

1. 每个产品下，各个价格区间的销量占比分析，要求生成一个占比分析表，并以此占比分析表绘制堆积百分比条形图，分类轴是产品，数值轴是占比，系列是各个价格区间；占比分析表和条形图排列一行。

第 3 章　DeepSeek 辅助简单汇总表的数据基本分析

2. 每个价格区间下，各个产品的销量占比分析，要求生成一个占比分析表，并以此占比分析表绘制堆积百分比条形图，分类轴是价格区间，数值轴是占比，系列是各个产品；占比分析表和条形图排列一行。

占比分析表和图表都要求简洁美观，阅读性好。

请设计完整无误、能够在普通浏览器运行的 HTML 代码。

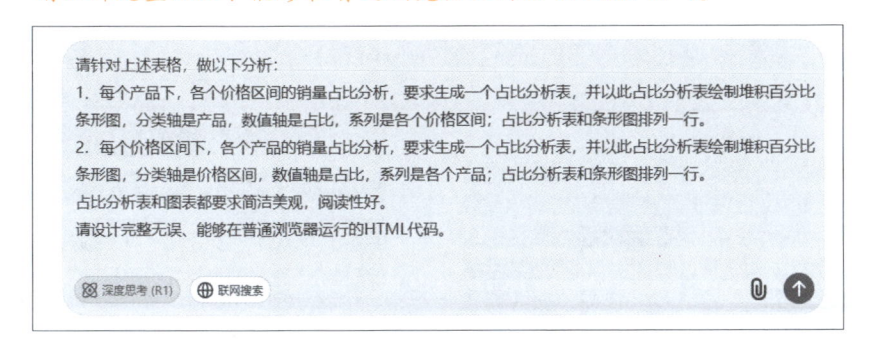

图 3-7　输入具体的提示词

发送上述提示词后，DeepSeek 就开始自动设计并输出完整的 HTML 代码，如图 3-8 所示（代码较长，这里仅仅做局部截图展示）。这个代码准确无误地完成了我们指定的任务：两个占比分析表和两个占比分析条形图。

图 3-8　DeepSeek 设计的 HTML 代码

单击代码窗口右上角的"复制"按钮，然后新建一个文本文件，将这个代码粘贴进去，再将文本文件另存为".html"格式文件，最后双击这个文件，就得到了两个占比分析表和占比分析图，如图3-9所示。

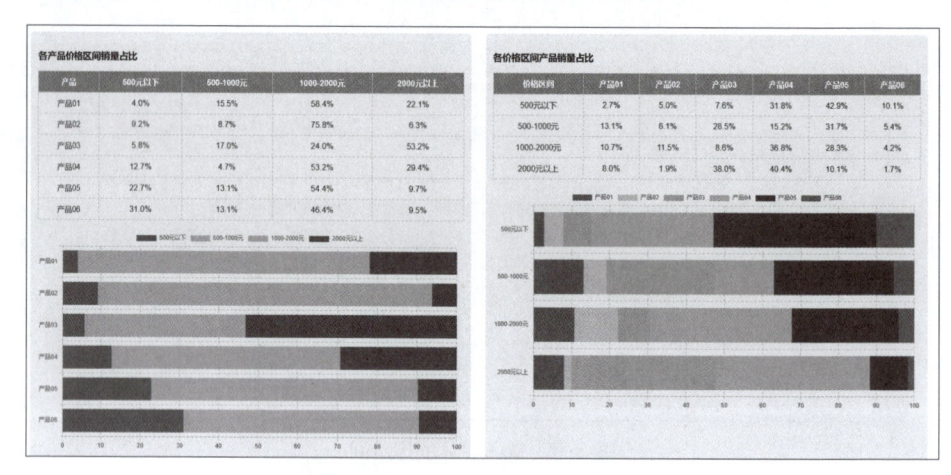

图3-9 两个占比分析表和占比分析图

DeepSeek也给出了"单价—销量健康度分析"，如果对这个分析感兴趣，就可以继续输入下面的提示词，如图3-10所示。

请绘制XY散点图，X横轴为销量，Y纵轴为单价，观察单价—销量健康度分布。

图表要简洁美观，阅读性好。

请设计完整无误、能够在普通浏览器运行的HTML代码。

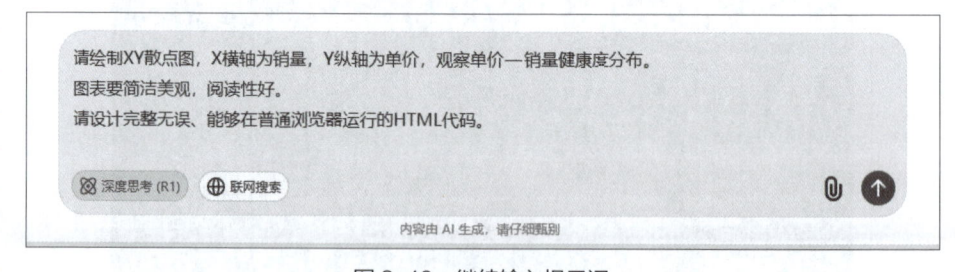

图3-10 继续输入提示词

发送提示词后，DeepSeek就开始自动设计并输出要求的HTML代码。代码运行结果如图3-12所示（代码较长，这里仅仅做局部截图）。

第 3 章　DeepSeek 辅助简单汇总表的数据基本分析

```html
<!DOCTYPE html>
<html>
<head>
    <title>单价-销量健康度分析</title>
    <script src="https://cdn.jsdelivr.net/npm/chart.js"></script>
    <style>
        .container {
            width: 1000px;
            height: 600px;
            margin: 20px auto;
            padding: 20px;
            background: #f8f9fa;
            border-radius: 8px;
            box-shadow: 0 2px 4px rgba(0,0,0,0.1);
            font-family: Arial, sans-serif;
        }
        #scatterChart {
            width: 100%!important;
            height: 500px!important;
            background: white;
            border-radius: 6px;
        }
    </style>
</head>
<body>
    <div class="container">
        <h3>单价-销量健康度分布散点图</h3>
        <canvas id="scatterChart"></canvas>
    </div>
    <script>
```

图 3-11　DeepSeek 设计的单价—销量健康度分析的 HTML 代码

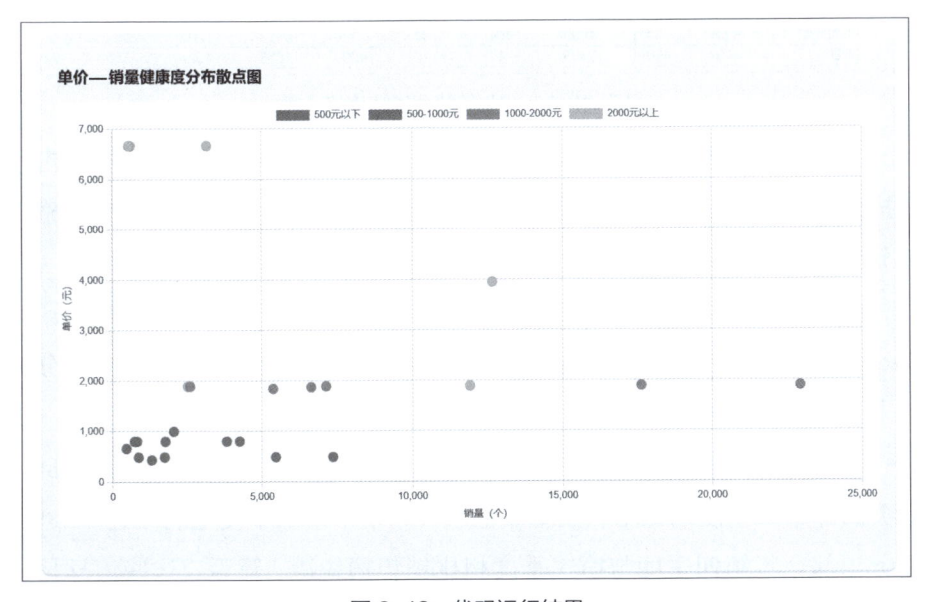

图 3-12　代码运行结果

035

3.2 基于多个简单统计表的数据基本分析

前面我们介绍的是基于一个比较简单的统计表利用 DeepSeek 辅助数据分析。如果数据来源是多个统计表，我们也可以利用 DeepSeek 分析数据。

3.2.1 不提供具体需求信息下 DeepSeek 自动汇总与分析

图 3-13 是各个业务部两年销售统计表，现在想让 DeepSeek 分析这两个表格。

这两个表格保存在 Excel 工作簿"业务部两年销售统计表分析 .xlsx"。

	A	B	C	D	E	F	G	H	I	J	K	L
1		表1: 去年各个业务部销售统计										
2												
3		业务部	1季度		2季度		3季度		4季度		全年	
4			销售额	毛利	销售额	毛利	销售额	毛利	销售额	毛利	销售额	毛利
5		业务一部	3700	1425	2688	724	3330	1109	3964	1453	13682	4711
6		业务二部	1694	209	2142	117	2894	859	3549	696	10279	1881
7		业务三部	873	222	3343	715	1272	516	1300	395	6788	1848
8		业务四部	2543	883	1940	419	3265	1034	3581	869	11329	3205
9		业务五部	1314	366	1894	625	2601	961	1465	484	7274	2436
10		业务六部	3503	965	2009	728	1713	386	3097	768	10322	2847
11		合计	12627	4070	13016	3228	13075	4265	16956	4365	55674	15928
12												
13		表2: 今年各个业务部销售统计										
14												
15		业务部	1季度		2季度		3季度		4季度		全年	
16			销售额	毛利	销售额	毛利	销售额	毛利	销售额	毛利	销售额	毛利
17		业务一部	4386	1240	4077	1379	4194	927	2238	742	14895	4288
18		业务二部	2498	1077	1544	306	4184	1426	1048	426	9274	3235
19		业务三部	1818	445	2782	843	2835	1006	852	282	8287	2576
20		业务四部	2053	843	1564	513	1864	740	4582	1508	10063	3604
21		业务五部	3213	1062	1609	212	2332	471	1722	461	8876	2206
22		业务六部	2668	842	4809	1964	1103	320	4413	1208	12993	4334
23		合计	15636	4509	15385	5217	16512	4890	14855	4627	62388	19243

图 3-13 各个业务部两年销售统计表

选择"深度思考（R1）"模型，上传文件，先不输入提示词，直接单击发送按钮，看看 DeepSeek 在没有任何具体要求的情况下，是如何对这个表格进行分析的。DeepSeek 自动分析结果如图 3-14 所示。

在这个例子中，尽管我们没有向 DeepSeek 发出任何具体要求，但 DeepSeek 仍然给出了较有深度的分析结果，仔细阅读这些以文字描述的分析结果，就会对业务部两年的销售有个整体认识。

例如：销售总额同比增长了 12.1%；毛利总额同比显著提升 20.8%；业务四部第四季度同比增长明显；业务六部今年第二季度毛利率达 40.8%；业务二部今年第四季度与第三季度相比销售额锐减；等等。这些信息是非常重要的，它们帮助我们判断是否需要做进一步深入分析。

第 3 章 DeepSeek 辅助简单汇总表的数据基本分析

分析报告：业务部两年销售数据对比

整体趋势

1. **销售额增长**
   - 去年总销售额：**55,674** → 今年总销售额：**62,388**（**+12.1%**）。
   - 各季度对比：
     - 去年第四季度表现最佳（16,956），但今年第四季度略有下降（14,855），可能受市场或季节性因素影响。
     - 今年第三季度销售额最高（16,512），显示年中业务增长强劲。

2. **毛利提升显著**
   - 去年总毛利：**15,928** → 今年总毛利：**19,243**（**+20.8%**）。
   - 毛利增速高于销售额，表明成本控制优化或高毛利产品占比提升。

业务部表现亮点

1. **业务四部**
   - 今年第四季度销售额**4,582**（去年：3,581），毛利**1,508**（去年：869），增长显著，可能因年底促销或大客户合作。

2. **业务六部**
   - 今年第二季度销售额**4,809**，毛利**1,964**（毛利率达40.8%），为全年峰值，但第三季度销售额骤降至1,103，需排查原因（如供应链问题或客户流失）。

3. **业务二部**
   - 今年第三季度销售额**4,184**，毛利**1,426**（占比34.1%），但第四季度销售额锐减至1,048，波动较大，需关注业务稳定性。

潜在问题与建议

1. **季度波动分析**
   - 多个部门（如业务二部、六部）季度销售额波动明显，建议排查季节性因素、客户集中度或内部资源分配问题。

2. **第四季度表现下滑**
   - 今年第四季度销售额较去年下降（16,956 → 14,855），需优化年底销售策略，例如加强促销或库存清理。

3. **高毛利部门经验推广**
   - 业务四部、六部毛利增长显著，可总结其成本控制或产品组合策略，复制至其他部门。

总结

公司整体销售与盈利能力持续提升，但需关注季度波动及部门差异。建议进一步细化数据（如产品类别、客户结构）以制定精准策略，同时加强第四季度营销力度，确保全年增长平稳。

图 3-14　DeepSeek 自动分析结果

3.2.2　提供具体需求信息下 DeepSeek 自动制作分析报告

针对以上 DeepSeek 自动分析结果，结合我们实际数据分析的具体需求，我们可以进一步利用 DeepSeek，一步一步分析数据，并将数据分析结果可视化，或者利用 DeepSeek 寻找数据分析建模的工具及其使用方法，以及建模的主要方法技巧和步骤。

由于这个表格信息较多，我们不建议生成一个大的报告，可以分内容来制作分析报告。

例如，我们继续输入下面的提示词，如图 3-15 所示，利用 DeepSeek 帮助我们设计 HTML 代码，自动生成可视化分析报告。

请对业务部两年销售数据进行分析，制作一个总体统计分析报告。报告有以下要求：

1. 报告的第一部分是对业务部两年销售的总体分析，以文字简要描述。

2. 报告的第二部分是制作各个业务部的销售额同比分析报表，分析报表的第一列是各个业务部名称和合计，有两行标题，第一行标题是各个季度名称和全年总计，第二行标题是去年数、今年数、同比增减额、同比增长率，每个季度下有四列数据。

3. 报告的第三部分是制作各个业务部的毛利同比分析报表，分析报表的第一列是各个业务部名称和合计，有两行标题，第一行标题是各个季度名称和全年总计，第二行标题是去年数、今年数、同比增减额、同比增长率，每个季度下有四列数据。

4. 报告的第四部分是分别制作两年销售总额组合图和毛利总额组合图，分类轴是季度，各个业务部的去年数和今年数绘制为堆积柱状图，同比增长率绘制为折线图，销售总额组合图和毛利组合图排列在一行。

请设计完整可行、简洁高效、报表美观、阅读性好的 HTML 代码，能够用普通浏览器打开运行。

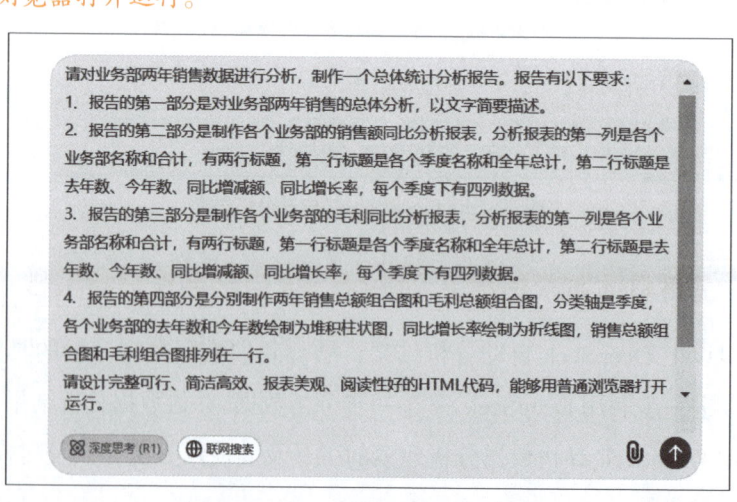

图 3-15　输入详细具体需求的提示词

第 3 章　DeepSeek 辅助简单汇总表的数据基本分析

发送这个提示词后，DeepSeek 会自动设计代码，然后可以单击代码窗口右下角的"运行 HTML"按钮，观察运行效果，如果不满足要求（例如格式不对、排列有问题、丢失数据、图表不显示等），可以继续输入必要的描述问题的提示词，让 DeepSeek 继续修改完善，直至满意为止。

图 3-16 就是 DeepSeek 制作的业务部两年销售分析报告。

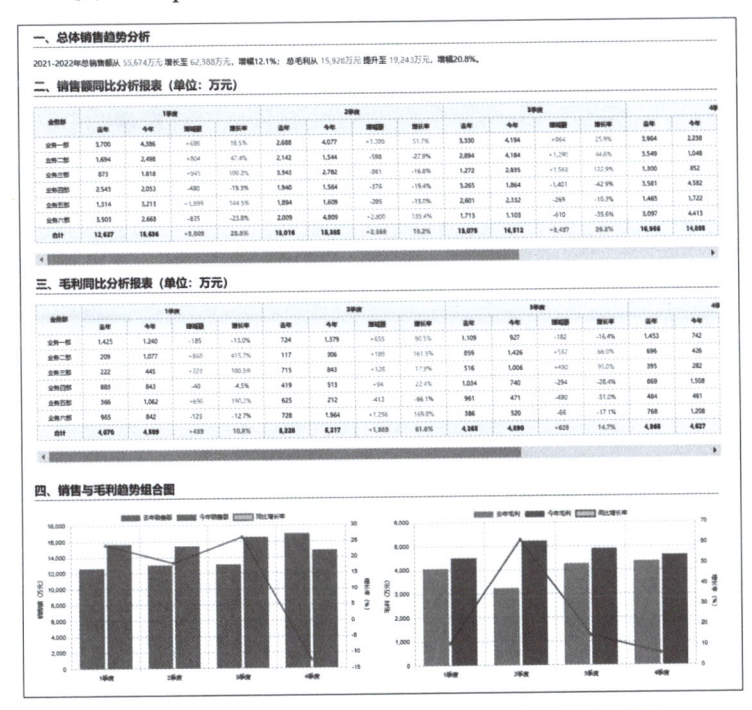

图 3-16　DeepSeek 制作的业务部两年销售同比分析报告

我们还可以继续制作两年毛利率分析报告。输入下面的提示词，如图 3-17 所示。

请制作各个业务部两年各季度的毛利率分析报表，分析报表的第一列是全部部门名称以及总计，报表有两行标题，第一行标题是各个季度名称和全年总计，第二行标题是去年毛利率、今年毛利率、同比增长 pp 数，每个季度下有三列数据。

另外再制作一个所有部门的总毛利率同比分析柱状图，分类轴是季度和全年，数值轴是毛利率，去年毛利率和今年毛利率分别是两个柱形，要在每个柱形上显示毛利率数字标签。

最后是对两年毛利率的深度分析，简要描述两年毛利率的分析结果。

DeepSeek 赋能高效数据分析

请设计完整可行、简洁高效、报表美观、阅读性好的 HTML 代码，能够用普通浏览器打开运行。

> 请制作各个业务部两年各季度的毛利率分析报表，分析报表的第一列是全部部门名称以及总计，报表有两行标题，第一行标题是各个季度名称和全年总计，第二行标题是去年毛利率、今年毛利率、同比增长pp数，每个季度下有三列数据。
> 另外再制作一个所有部门的总毛利率同比分析柱状图，分类轴是季度和全年，数值轴是毛利率，去年毛利率和今年毛利率分别是两个柱形，要在每个柱形上显示毛利率数字标签。
> 最后是对两年毛利率的深度分析，简要描述两年毛利率的分析结果。
> 请设计完整可行、简洁高效、报表美观、阅读性好的HTML代码，能够用普通浏览器打开运行。

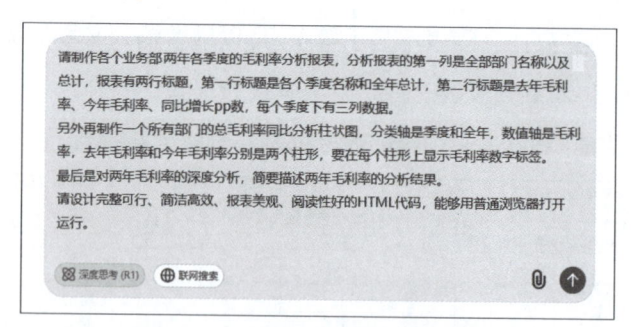

图 3-17　继续输入具体需求的提示词

运行 DeepSeek 给出的 HTML 代码，业务部两年各季度的毛利率分析报告如图 3-18 所示。

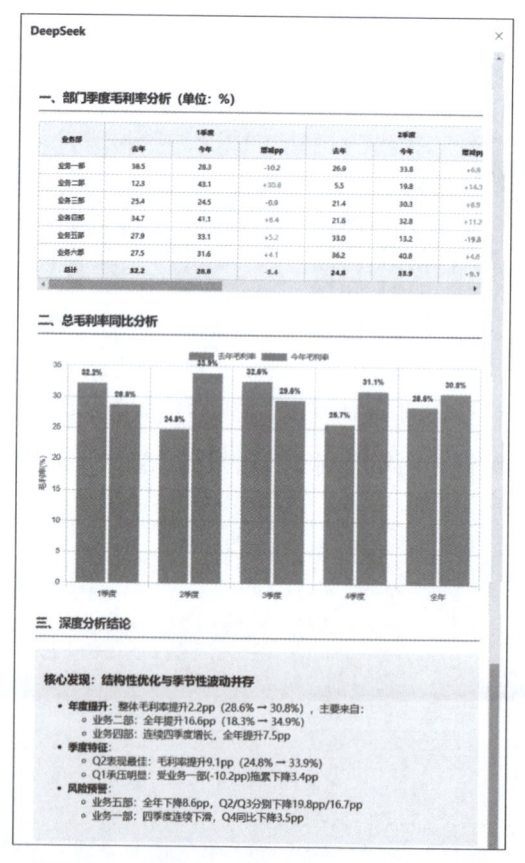

图 3-18　业务部两年各季度的毛利率分析报告

对于 DeepSeek 给出的各个统计分析报表，我们可以将其复制到 Excel 上，再对表格进行格式化处理，使之更加清楚，如图 3–19 所示。

1. 销售额同比分析报表（单位：万元）

业务部	1季度				2季度				3季度				4季度				全年总计			
	去年	今年	增减额	增长率	去年	今年	增减额	增长率	去年	今年	增减额	增长率	去年	今年	增减额	增长率	去年	今年	增减额	增长率
业务一部	3,700	4,386	686	18.50%	2,688	4,077	1,389	51.70%	3,330	4,194	864	25.90%	3,964	2,238	-1,726	-43.50%	13,682	14,895	1,213	8.90%
业务二部	1,694	2,498	804	47.40%	2,142	1,544	-598	-27.90%	2,894	4,184	1,290	44.60%	3,549	1,048	-2,501	-70.50%	10,279	9,274	-1,005	-9.80%
业务三部	873	1,818	945	108.20%	3,343	2,782	-561	-16.80%	1,272	2,835	1,563	122.90%	1,300	852	-448	-34.50%	6,788	8,287	1,499	22.10%
业务四部	2,543	2,053	-490	-19.30%	1,940	1,564	-376	-19.40%	3,265	1,864	-1,401	-42.90%	3,581	4,582	1,001	27.90%	11,329	10,063	-1,266	-11.20%
业务五部	1,314	3,213	1,899	144.50%	1,894	1,609	-285	-15.00%	2,601	2,332	-269	-10.30%	1,465	1,722	257	17.50%	7,274	8,876	1,602	22.00%
业务六部	3,503	2,668	-835	-23.80%	2,009	4,809	2,800	139.40%	1,713	1,103	-610	-35.60%	3,097	4,413	1,316	42.50%	10,322	12,993	2,671	25.90%
合计	12,627	15,636	3,009	23.80%	13,016	15,385	2,369	18.20%	13,075	16,512	3,437	26.30%	16,956	14,855	-2,101	-12.40%	55,674	62,388	6,714	12.10%

2. 毛利同比分析报表（单位：万元）

业务部	1季度				2季度				3季度				4季度				全年总计			
	去年	今年	增减额	增长率	去年	今年	增减额	增长率	去年	今年	增减额	增长率	去年	今年	增减额	增长率	去年	今年	增减额	增长率
业务一部	1,425	1,240	-185	-13.00%	724	1,379	655	90.50%	1,109	927	-182	-16.40%	1,453	742	-711	-48.90%	4,711	4,288	-423	-9.00%
业务二部	209	1,077	868	415.30%	117	306	189	161.50%	859	1,426	567	66.00%	696	426	-270	-38.80%	1,881	3,235	1,354	72.00%
业务三部	222	445	223	100.50%	715	843	128	17.90%	516	1,006	490	95.00%	395	282	-113	-28.60%	1,848	2,576	728	39.40%
业务四部	883	843	-40	-4.50%	419	513	94	22.40%	1,034	740	-294	-28.40%	869	1,508	639	73.50%	3,205	3,604	399	12.50%
业务五部	366	1,062	696	190.20%	625	212	-413	-66.10%	961	471	-490	-51.00%	484	461	-23	-4.80%	2,436	2,206	-230	-9.40%
业务六部	965	842	-123	-12.70%	728	1,964	1,236	169.80%	386	320	-66	-17.10%	768	1,208	440	57.30%	2,847	4,334	1,487	52.20%
合计	4,070	4,509	439	10.80%	3,228	5,217	1,989	61.60%	4,265	4,890	625	14.70%	4,365	4,627	262	6.00%	15,928	19,243	3,315	20.80%

3. 部门季度毛利率分析报表（单位：%）

业务部	1季度			2季度			3季度			4季度			全年总计		
	去年	今年	增减pp	去年	今年	增减pp	去年	今年	增减pp	去年	今年	增减pp	去年	今年	增减pp
业务一部	38.5	28.3	-10.2	26.9	33.8	6.9	33.3	22.1	-11.2	36.7	33.2	-3.5	34.4	28.8	-5.6
业务二部	12.3	43.1	30.8	5.5	19.8	14.3	29.7	34.1	4.4	19.6	40.7	21.1	18.3	34.9	16.6
业务三部	25.4	24.5	-0.9	21.4	30.3	8.9	40.5	35.5	-5	30.4	33.1	2.7	27.2	31.1	3.9
业务四部	34.7	41.1	6.4	21.6	32.8	11.2	31.7	39.7	8	24.3	32.9	8.6	28.3	35.8	7.5
业务五部	27.9	33.1	5.2	33	13.2	-19.8	36.9	20.2	-16.7	33	26.8	-6.2	33.5	24.9	-8.6
业务六部	27.5	31.6	4.1	36.2	40.8	4.6	22.5	29	6.5	24.8	27.4	2.6	27.6	33.4	5.8
总计	32.2	28.8	-3.4	24.8	33.9	9.1	32.6	29.6	-3	25.7	31.1	5.4	28.6	30.8	2.2

图 3–19　复制整理的分析报表

在这些报表中，DeepSeek 也自动对同比增减额和同比增长率，依据数值的正负设置为了不同颜色。

3.3 基于多个工作表的数据基本分析

如果几个统计表分别保存在不同的工作表，也可以利用 DeepSeek 对这些工作表数据进行分析。

3.3.1 不提供具体需求信息下 DeepSeek 自动汇总与分析

例如，图 3–20 是六个部门 2023 年上半年各月费用的统计表，分别保存在六个工作表中，工作表名称就是部门名称，现在要分析这六个部门的费用。

这几个表格数据保存在 Excel 工作簿“各部门费用统计分析 .xlsx”。

项目	1月	2月	3月	4月	5月	6月	合计
办公费	1370.48	6838.38	3525.82	4368.25	4938.31	8614.55	29655.79
保险费	0	3519.02	0	0	0	7000	10519.02
差旅费	3000	0	2200	0	6094.33	1709.4	13003.73
电话费	6349.36	4190.97	4406.37	4282.63	3676.97	20287.15	43193.45
广告费	0	2000	11000	0	2521.37	0	15521.37
快递费	3669	3595	3001	2490	1725	3484	17964
劳务费	46598	26407	179173	34267	34276	30493	351214
水电费	10615.82	18381.8	12505.21	14711.56	7965.36	10254.11	74433.86
摊销费用	10867.45	10867.45	5982.99	5982.99	5982.99	5982.99	45666.86
招待费	0	51036.47	2224	0	8461	25	61746.47
合计	82470.11	126836.09	224018.39	66102.43	75641.33	87850.2	662918.55

行政部 | 财务部 | 销售一部 | 销售二部 | 配件部 | 维修部

项目	1月	2月	3月	4月	5月	6月	合计
办公费	0	439.39	0	2040.22	0	983.94	3463.55
保险费	0	0	0	2550	0	410	2960
差旅费	16347.47	4089	2562	1502	2286	5958	32744.47
电话费	0	0	800	0	200	0	1000
广告费	1045.4	0	0	0	370	778	2193.4
会务费	0	0	9000	0	0	0	9000
劳务费	6420	23236	0	42700	27171	60054	159581
其他	1415	0	2151	1247	2295	95.47	7203.47
水电费	170.94	405.98	0	386.32	0	174.36	1137.6
摊销费用	7734.08	15468.16	0	0	0	0	23202.24
运费	0	0	3959.38	21000	830.44	0	25789.82
招待费	4559	1415	608	0	740	4313	11635
合计	37691.89	45053.53	19080.38	71425.54	33892.44	72766.77	279910.55

行政部 | 财务部 | 销售一部 | 销售二部 | 配件部 | 维修部

图 3–20　六个部门上半年各月费用的统计表

选择"深度思考（R1）"模型，上传文件，先不输入提示词，直接单击发送按钮，看看 DeepSeek 在没有任何具体要求的情况下，是如何对这六个部门工作表格数据进行分析的。

首先，DeepSeek 对每个部门的总费用进行了提取并排序处理，指出总费用最高和总费用最低的分别是哪个部门，原因是什么，如图 3-21 所示。

> **1. 各部门总费用对比**
>
> - 行政部：¥662,918.55
> - 销售二部：¥377,198.45
> - 维修部：¥315,641.24
> - 销售一部：¥279,910.55
> - 财务部：¥98,819.73
> - 配件部：¥44,910.56
>
> 分析：
>
> - 费用最高部门为**行政部**（占比约 38.7%），主要源于高额劳务费（¥351,214）和摊销费用（¥45,666.86）。
> - **销售二部**费用次之，运费（¥194,899.52）和差旅费（¥71,764）占主导。
> - **配件部**费用最低，业务规模或活动量较小。

图 3-21　各部门总费用的对比分析

其次，DeepSeek 对关键费用项目分布进行了分析，如图 3-22 所示，重点是对异常费用项目进行特别说明。例如，维修部劳务费远超其他部门；销售二部和销售一部的差旅费较高，反映销售部门外勤活动频繁；行政部 2 月单笔招待费达 51,036.47 元，这笔费用是否合理。

> **2. 关键费用项目分布**
>
> - **劳务费**：
>   ○ 维修部：¥252,579（占比 45.2%），远超其他部门。
>   ○ 行政部：¥351,214（3月单月高达¥179,173，需核查合理性）。
> - **差旅费**：
>   ○ 销售二部：¥71,764（最高），销售一部：¥32,744.47，反映销售部门外勤活动频繁。
> - **运费**：
>   ○ 销售二部：¥194,899.52（占其总费用的 51.7%），可能存在物流成本优化空间。
> - **招待费**：
>   ○ 行政部：¥61,746.47（2月单笔¥51,036.47，需确认是否合理）。

图 3-22　关键费用项目的分布分析

再次，DeepSeek 对月度费用的趋势进行了分析，如图 3-23 所示，目的是找出各个部门的费用异常月份，以及费用异常高的原因是什么。

> **3. 月度费用趋势**
> - **行政部**：3月费用激增（¥224,018.39），主因劳务费（¥179,173）和电话费（¥20,287.15）。
> - **销售二部**：4月费用峰值（¥128,103.75），源于运费（¥107,051.75）。
> - **维修部**：2月费用较高（¥79,410.69），主因劳务费（¥50,586）和其他费用（¥25,733.81）。

图 3-23　月度费用的趋势分析

同时，DeepSeek 对数据异常及建议也做了说明，如图 3-24 所示。这里主要指出要检测并核实的异常值，以及标准化费用项目名称的建议。

> **4. 数据异常与建议**
> - **异常值**：
>   ○ 行政部3月劳务费（¥179,173）和2月招待费（¥51,036.47）需核实。
>   ○ 销售二部4月运费（¥107,051.75）是否含特殊项目？
> - **建议**：
>   ○ 标准化费用项目名称（如统一使用"其他"或"杂费"）。
>   ○ 四舍五入至两位小数，提升报表可读性。
>   ○ 对高波动月份（如行政部3月）进行专项审计。

图 3-24　数据异常及建议

最后是 DeepSeek 给出的可视化建议和分析结论，如图 3-25 所示。在可视化方面，建议使用各种图表来分析数据。例如，使用柱状图对各部门总费用进行对比分析，使用折线图考核各月费用趋势，使用饼图来分析各部门费用构成占比等。

从费用成本控制角度来说，DeepSeek 给出的建设性的结论是销售部门需控制物流和差旅成本，行政部需优化劳务支出，财务部费用控制较好，配件部可探索业务扩展空间。

> **5. 可视化建议**
> - **柱状图**：各部门总费用对比。
> - **折线图**：各月费用趋势（按部门或项目）。
> - **饼图**：各部门费用构成占比（如劳务费、运费等）。
>
> ---
> **结论**：销售部门需关注物流和差旅成本，行政部需优化劳务支出，财务部费用控制较好，配件部可探索业务扩展空间。

图 3-25　可视化建议和分析结论

3.3.2　提供具体需求信息下 DeepSeek 深度分析与报告制作

根据 DeepSeek 给出的上述分析及结论，我们可以确定部门费用分析的切入点，从而针对具体需求输入具体准确的提示词。

例如，我们希望制作三个汇总表：部门总金额汇总表、所有项目总金额汇总表和月度总金额汇总表，就输入下面的提示词，如图 3-26 所示。

请依据这六个部门费用表，制作以下三个汇总表：

1. 制作各部门总金额排名分析表，第一列是部门名称，第二列是总金额，要对总金额降序排序。注意，部门总金额是每个工作表合计行与合计列的单元格数据。

2. 各项目总金额排名分析表，第一列是项目名称，第二列是总金额，要对总金额降序排序。

注意：要全部项目，不能遗漏，因为有的项目在某个部门存在，但在另一个部门不存在。

注意：项目总金额是每个工作表合计列单元格数据进行相加。

3. 各月费用总金额表，第一列是月份，第二列是总金额。

注意：各月总金额是每个工作表各个月份列的最后一个单元格数据进行相加。

4. 注意部门金额、项目金额、月度金额正确计算。

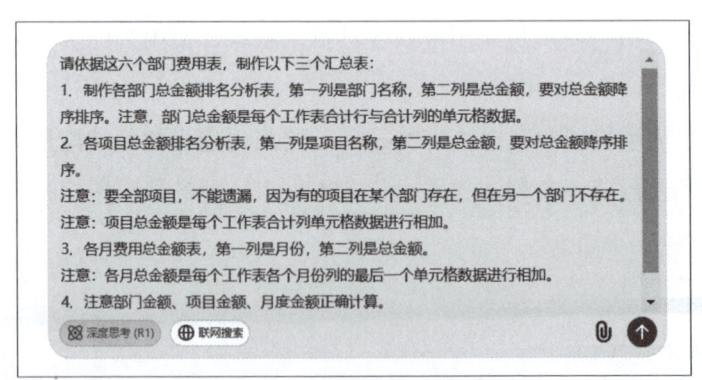

图 3-26　输入具体准确的提示词

DeepSeek 给出的最终正确的汇总表如图 3-27 所示。这是经过了几次纠错过程，才得到的正确结果，也就是说，DeepSeek 第一次给出的汇总表结果不一定正确无误。

我们可以继续利用 DeepSeek 对这三个汇总表数据进行处理，例如绘制可视化图表，将汇总表与可视化图表综合成一个分析报告。

1. 各部门总金额排名分析表	
部门名称	总金额
行政部	662,918.55
销售二部	377,198.45
维修部	315,641.24
销售一部	279,910.55
财务部	98,819.73
配件部	44,910.56

2. 各项目总金额排名分析表（严格降序）	
项目名称	总金额
劳务费	836,134.00
运费	225,757.69
招待费	148,314.47
差旅费	134,638.04
其他	88,484.53
水电费	75,571.46
摊销费用	68,869.10
办公费	52,905.01
电话费	50,878.78
保险费	31,839.02
会务费	26,941.21
快递费	21,081.00
广告费	17,984.77

3. 各月费用总金额表（修正后）	
月份	总金额
1月	213,090.95
2月	308,776.62
3月	328,758.72
4月	349,043.31
5月	328,948.10
6月	250,781.38

图 3-27　DeepSeek 生成的三个汇总表

我们可以输入下面的提示词，如图 3-28 所示。

请根据前面生成的三个汇总表，制作可视化分析报告，报告内容有以下三部分：

第一部分是部门总金额排名分析，由部门总金额排名表和排名条形图组成，左侧是排名表，右侧是条形图，排名表和条形图高度要严格相同，以使报告美观。

第二部分是项目总金额排名分析，由项目总金额排名表和排名条形图组成，左侧是排名表，右侧是条形图，排名表和条形图高度也要严格相同，以使报告美观。

第三部分是月份总金额趋势分析，由月总金额汇总表和月份柱状图组成，左侧是汇总表，右侧是柱状图，汇总表和柱状图高度要严格相同，以使报告美观。

请设计完整简洁的 HTML 代码，能够在普通浏览器运行。

注意，报告一定要简洁美观。

> 请根据前面生成的三个汇总表，制作可视化分析报告，报告内容有以下三部分：
> 第一部分是部门总金额排名分析，由部门总金额排名表和排名条形图组成，左侧是排名表，右侧是条形图，排名表和条形图高度要严格相同，以便报告美观。
> 第二部分是项目总金额排名分析，由项目总金额排名表和排名条形图组成，左侧是排名表，右侧是条形图，排名表和条形图高度也要严格相同，以便报告美观。
> 第三部分是月份总金额趋势分析，由月份总金额汇总表和月份柱状图组成，左侧是汇总表，右侧是柱状图，汇总表和柱状图高度要严格相同，以便报告美观。
> 请设计完整简洁的HTML代码，能够在普通浏览器运行。
> 注意，报告一定要简洁美观。

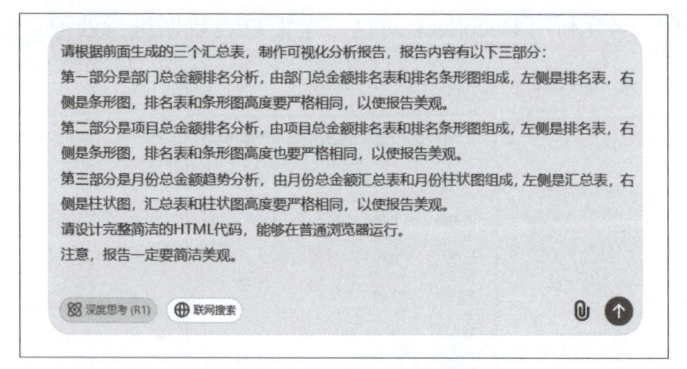

图 3-28　输入具体需求的提示词

发送提示词，DeepSeek 就会开始设计代码，然后按照说明运行。这时，我们要观察效果，如果不满足要求，或者代码运行结果不正确，就针对出现的问题再让 DeepSeek 修改代码，直至能够得到正确的分析报告，这个过程可能要花较长时间，需要耐心。毕竟，DeepSeek 无法像人类一样真正理解我们的意图，所以我们需要不断去给出更为精确的提示词。

DeepSeek 制作的各部门费用分析报告如图 3-29 所示。

不过，需要说明的是 DeepSeek 设计这样的分析报告需要较长时间，因为一次两次的代码运行未必得能给出正确结果，通常需要反复调试。与其这样花费时间，不如直接把生成的汇总表复制到 Excel 中，再绘制 Excel 图表，这样反而更快更简单。

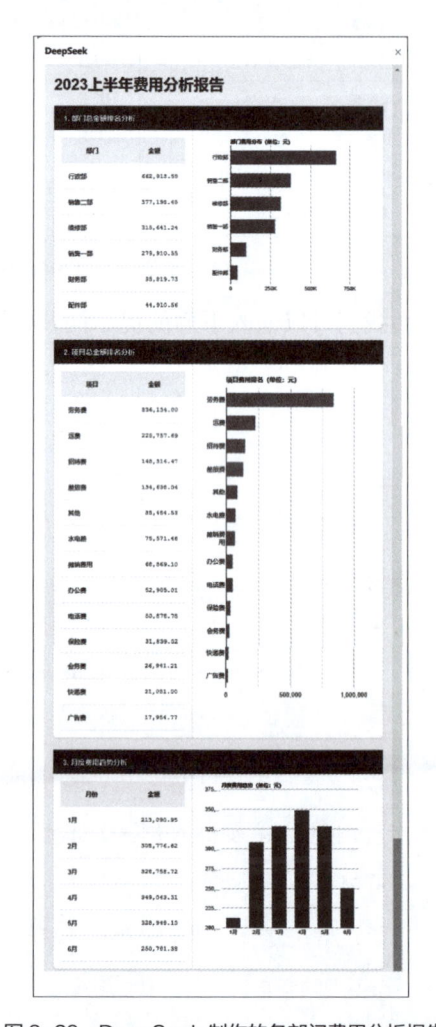

图 3-29　DeepSeek 制作的各部门费用分析报告

第 4 章　DeepSeek 辅助基础表单的数据基本分析

对于是数据量不是很大的基础数据表单，无论是一个表单还是多个表单，DeepSeek 仍可进行数据分析，提升数据分析效率。尤其是在基础表单维度较多的情况下，对数据之间的逻辑、分析的切入点、重要问题的深入挖掘以及下一步改进措施等，DeepSeek 会给出更多的参考意见。

基础表单数据一般是从系统导出的，但是可能会存在一些不规范的地方。因此，对基础表单数据尤其是从系统导出的数据进行分析，往往需要先清洗加工数据，然后才是寻求分析问题的切入点及逻辑思维。

4.1　基于一个规范基础表单的数据基本分析

采集基础表单数据后，如果对数据分析没有思路，不知如何入手，可以利用 DeepSeek 梳理分析流程，设计分析框架。

4.1.1　从基础表单中提炼数据初步分析框架与逻辑流程

图 4-1 是各个门店对不同品牌商品的销售记录表，现在想对这个表格数据进行初步分析。

这个表格保存在 Excel 工作簿“一个规范基础表单数据的基本分析 .xlsx”。

	A	B	C	D	E	F
1	店铺	品牌	价位	销售量	金额	
2	门店01	产品01	500-1000	40	32000	
3	门店02	产品02	1000-2000	800	1510400	
4	门店03	产品05	2000以上	100	666600	
5	门店04	产品01	1000-2000	30	56250	
6	门店05	产品03	500以下	433	211304	
7	门店06	产品05	1000-2000	800	1510400	
8	门店07	产品05	2000以上	100	666600	
9	门店07	产品02	1000-2000	30	56250	
10	门店07	产品02	500以下	321	156648	
11	门店07	产品01	500-1000	43	34400	
12	门店02	产品01	2000以上	800	1510400	
13	门店01	产品03	500-1000	343	274400	
14	门店02	产品02	1000-2000	800	1510400	
15	门店03	产品02	2000以上	132	879912	
16	门店04	产品03	1000-2000	54	101250	
17	门店07	产品05	500-1000	43	34400	
18	门店02	产品01	1000-2000	800	1510400	
19	门店01	产品01	500-1000	343	274400	

Sheet1

图 4-1　各个门店对不同品牌商品的销售记录表

选择“深度思考（R1）”模型，上传文件，输入下面的提示词，如图 4-2 所示。

这个表单是记录每个门店销售每个品牌商品的数据，已经按价位区间进行了分类，现在要分析这个表格，不知道如何去分析，请梳理分析思路，给出一个大致的分析框架。

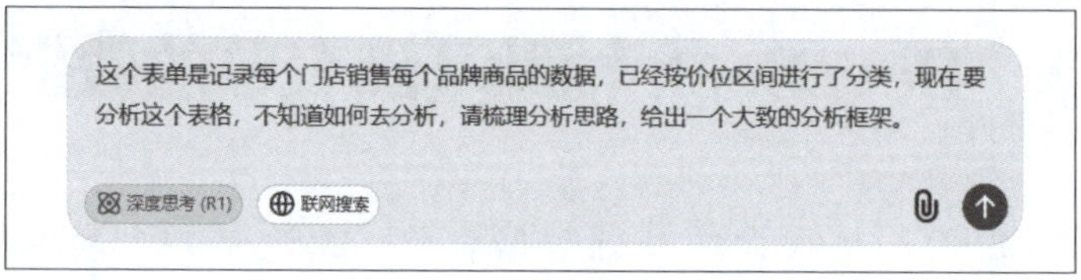

> 这个表单是记录每个门店销售每个品牌商品的数据，已经按价位区间进行了分类，现在要分析这个表格，不知道如何去分析，请梳理分析思路，给出一个大致的分析框架。
>
> 深度思考(R1)　联网搜索

图 4-2　输入提示词

这个询问是非常重要的，因为数据分析的开始阶段就是寻找分析数据的切入点，从哪些方面去分析数据，重点是要挖掘什么样的信息。

我们先看看 DeepSeek 给出分析框架，如图 4-3 所示。

分析框架：门店销售数据多维度分析思路

1. 数据清洗与预处理
- **去重与校验**：检查重复记录（如"门店07"多次出现不同品牌数据，需确认是否为合理重复）。
- **异常值处理**：验证"销售量"与"金额"的合理性（如单价是否合理：金额/销售量≈价格区间）。
- **数据标准化**：确保"价位"区间分类一致（如"2000以上"是否包含2000）。

2. 总体销售概览
- **核心指标**：总销售量、总销售额、客单价（总金额/总销售量）。
- **分布分析**：销售额与销售量在不同价位区间的占比（如"1000-2000"是否贡献最大收益）。

3. 门店维度分析
- **门店排名**：按销售额/销售量排序，识别头部门店（如"门店02"高频出现，可能是主力）。
- **门店销售结构**：各门店的价位区间分布（如"门店05"是否专注低价位商品）。
- **门店效率分析**：单店销售额与销售量的比值，评估经营效率。

4. 品牌维度分析
- **品牌贡献度**：各品牌总销售额占比（如"产品02"是否为核心品牌）。
- **品牌价位覆盖**：分析品牌在不同价位区间的表现（如"产品05"是否在"2000以上"区间占优）。
- **品牌-门店关联**：识别品牌的优势门店（如"产品01"是否在"门店01"表现突出）。

5. 价位区间分析
- **价格带竞争力**：对比不同价位区间的销售额和销售量，确定主力价格带。
- **价格带与品牌关联**：如"1000-2000"区间是否由多个品牌共同支撑，或由单一品牌主导。
- **客单价分布**：分析不同价位区间的客单价差异。

6. 交叉分析
- **品牌×价位**：如"产品02"在"2000以上"是否高单价高销量。
- **门店×价位**：如"门店03"是否在高价位区间表现突出。
- **门店×品牌**：如"门店07"是否销售多品牌，是否存在资源分散问题。

7. 异常与洞察挖掘
- **数据矛盾点**：如"门店01"销售"产品01"在"1000-2000"区间销售量40，金额32,000，单价800，但该区间定义为1000-2000，需核查数据准确性。
- **离群值分析**：如"门店02"频繁出现销售额1,510,400，是否因特殊促销或数据重复。

8. 可视化建议
- **图表工具**：使用Excel数据透视表+柱状图/饼图/热力图。
- **关键图表**：
  ○ 门店销售额Top 10排名图。
  ○ 品牌在价位区间的销售额堆积柱状图。

图 4-3　DeepSeek 给出的分析框架

参考 DeepSeek 给出的分析框架，再结合我们的实际需要，至少应从以下三个方面来对这个表格进行分析：

（1）门店排名分析：各个门店的销量和销售额排名，以了解各个门店经营业绩情况。

（2）门店 + 品牌分析：每个门店对各个品牌商品的销售量和销售额，识别品牌的优势门店。

（3）品牌 + 价位分析：每个品牌商品在不同价格区间的销量分布和销售额分布，以了解在某个品牌下哪个价格区间销量较大，销售额较大，或了解某个价位区间下，哪个品牌商品销量较大，销售额较大。

4.1.2 寻找快速高效的数据分析工具和方法

下面的任务，就是按照上面的分析指导方向去完成相应的数据分析任务。

如果让 DeepSeek 设计一个自动化 HTML 代码，自动制作分析仪表板，很可能会花费大量时间和精力。因此，我们借助 DeepSeek 之力就到此结束了，下面我们就可以使用数据透视表结合数据透视图，来快速完成这样的分析报告。

如果你觉得使用数据透视表和数据透视图来一个一个做报告比较费时间，也可以尝试让 DeepSeek 设计一个自动化的 VBA 代码，从而一键完成这些报告的制作。

不过，要做好思想准备，DeepSeek 给出的 VBA 代码不一定能够正常运行，即使能正常运行，计算结果也不一定正确。

感兴趣的读者，不妨输入下面的提示词，如图 4-4 所示，体验一下 DeepSeek 设计 VBA 代码的过程。

请设计一个自动化 VBA 代码，能够准确完成以下工作：

1. 制作门店销售额排名统计表，销售额做降序排序，第一列是门店名称，第二列是销售额，最底一行是所有门店合计数。要求也一并绘制门店销售额条形图。

2. 制作各个门店销售各个品牌商品的销售量统计表，第一列是门店名称，第二列开始是品牌名称，最后一列是所有品牌的销售额合计，最下面一行是所有门店合计数。

3. 制作各个品牌各个价位的销售量汇总表，第一列是品牌名称，第二列开始是各个价位，最底一行是各个品牌合计数，最右一列是各个价位合计数。

4. 依据第 3 个任务完成的各个品牌各个价位的销售量汇总表，分别制作下面的两个结构分析表：（1）每个品牌下各个价位的占比百分比，并绘制堆积条形图；（2）每个价位下各个品牌的占比百分比，并绘制堆积条形图。

要求使用数据透视表进行汇总计算，绘制数据透视图。

要求 VBA 代码简洁高效，计算正确，图表美观，表格美观，阅读性好。

所有报表和图表，保存在一个新工作表上。

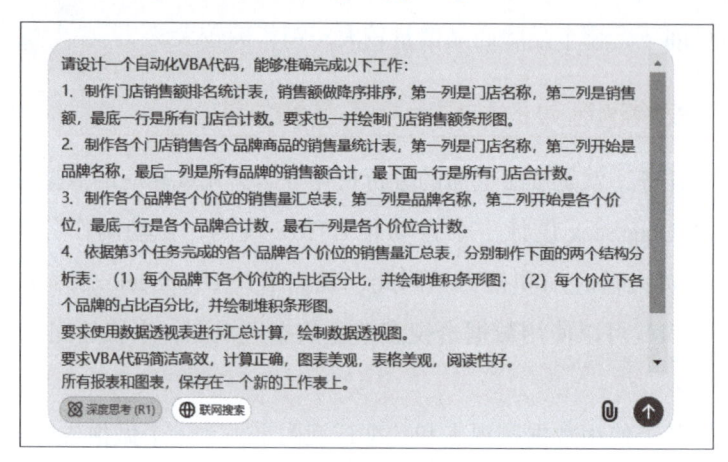

图 4-4　输入提示词

图 4-5 是使用数据透视表和数据透视图制作的可视化分析报告，仅供参考。这个制作过程很简单，几分钟就能完成。

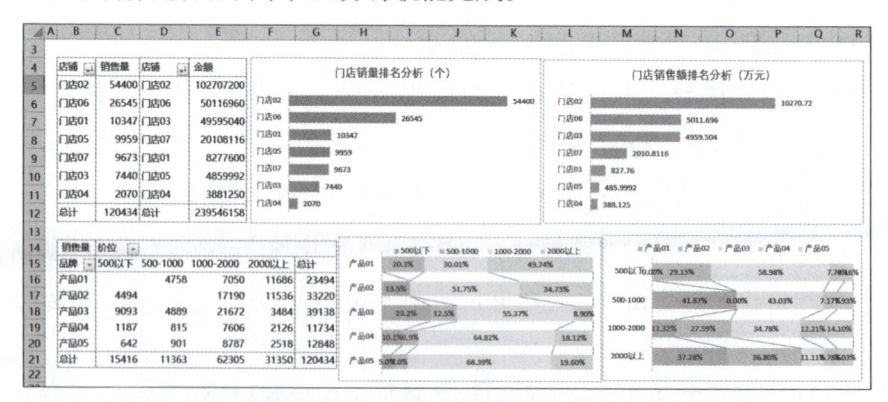

图 4-5　使用数据透视表和数据透视图制作的可视化分析报告

如果不是很清楚如何使用数据透视表和数据透视图制作可视化分析报告，

第 4 章 DeepSeek 辅助基础表单的数据基本分析

不妨去请求 DeepSeek 帮助。

输入下面的提示词，如图 4-6 所示。

请问如何使用数据透视表制作门店销售量和销售额排名分析报告？这个报告由排名分析表和排名分析条形图构成。

请介绍详细步骤。

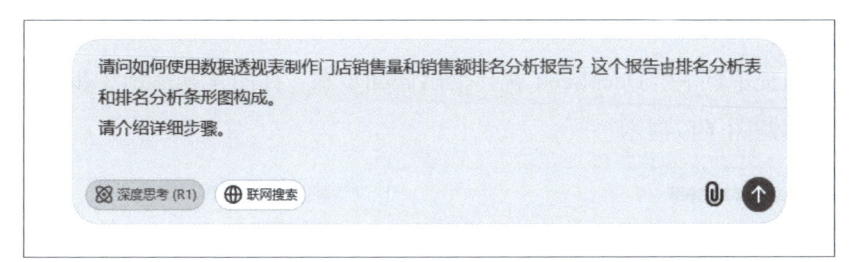

图 4-6　继续输入提示词

发送提示词后，DeepSeek 就会给出制作门店排名分析报告的详细步骤，如图 4-7 所示。

图 4-7　利用数据透视表和数据透视图制作门店排名分析报告的详细步骤

而对于品牌价位结构问题，也可以利用 DeepSeek 帮忙介绍具体的制作方法和步骤。例如，要制作品牌下每个价位的占比分析报告，就可以输入下面的提示词，如图 4-8 所示。

请介绍如何制作品牌下每个价位的占比分析报告。

要求使用数据透视表和数据透视图工具。

这个占比分析报告包括占比分报表和占比分析条形图两部分。

图 4-8　输入具体要求的提示词

发送提示词后，DeepSeek 就会给出详细步骤，如图 4-9 所示（步骤较多，这里局部截图予以展示）。

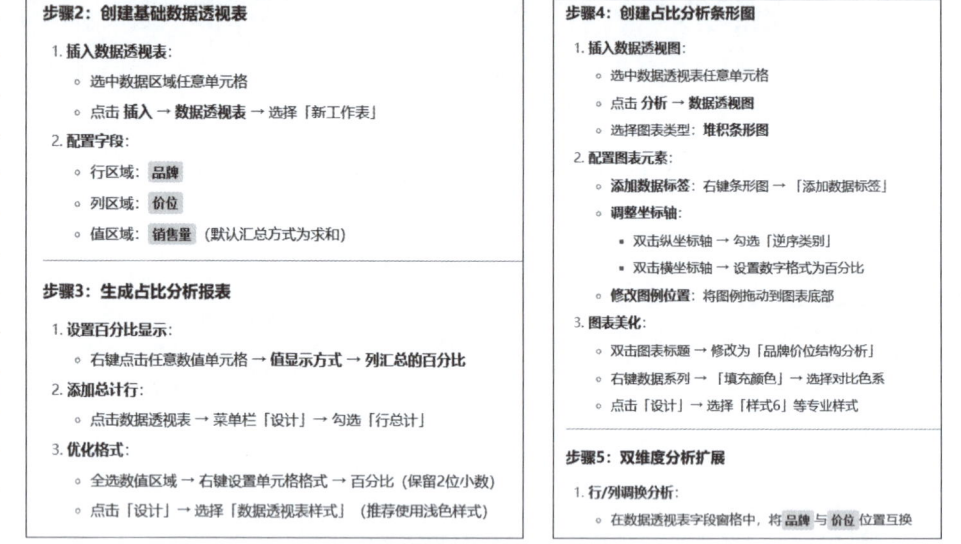

图 4-9　制作品牌下每个价位的占比分析报告的详细步骤

总之，如果你对数据透视表和数据透视图不太熟悉，可以借助 DeepSeek 得到详细步骤及操作方法。不过，DeepSeek 给出的步骤介绍都是文字描述，比较抽象枯燥，需要我们慢慢理解并练习。

4.2　基于多个规范基础表单的数据基本分析

当数据源是多个规范基础表单数据，并且每个表单的数据量不大（最多数百行）时，我们也可以利用 DeepSeek 梳理分析思路，设计分析框架，并推荐相关数据分析工具。

4.2.1 不提供具体需求信息下 DeepSeek 自动汇总与总体分析

图 4-10 是三个业务部销售记录表，分别保存在三个工作表中，对这样的三个表数据，如何进行分析？

这些表格数据保存在 Excel 工作簿“多个规范基础表单数据的基本分析 .xlsx”。

	A	B	C	D	E	F
1	日期	客户	产品	销量	销售额	
2	2025-1-1	客户08	产品1	1076	1110432	
3	2025-1-2	客户02	产品6	269	64022	
4	2025-1-2	客户09	产品6	1414	328048	
5	2025-1-3	客户03	产品3	424	263728	
6	2025-1-3	客户12	产品2	1444	402876	
7	2025-1-3	客户09	产品3	825	711975	
8	2025-1-4	客户04	产品6	459	117963	
9	2025-1-4	客户12	产品2	419	97208	
10	2025-1-5	客户08	产品6	621	164565	
11	2025-1-6	客户12	产品5	352	214720	
12	2025-1-6	客户08	产品3	357	217770	
13	2025-1-7	客户03	产品4	635	102235	
14	2025-1-8	客户09	产品4	152	23104	
15	2025-1-8	客户02	产品3	1017	858348	
16	2025-1-8	客户03	产品6	616	167552	
17	2025-1-9	客户07	产品6	116	27376	
18	2025-1-11	客户06	产品1	610	675270	
19	2025-1-12	客户11	产品2	549	148779	

销售一部 销售二部 销售三部

	A	B	C	D	E	F
1	日期	客户	产品	销量	销售额	
2	2025-1-2	客户06	产品4	365	53655	
3	2025-1-2	客户09	产品5	528	344256	
4	2025-1-2	客户03	产品3	463	384290	
5	2025-1-3	客户04	产品1	364	375284	
6	2025-1-4	客户11	产品6	1059	290166	
7	2025-1-5	客户10	产品4	1311	176985	
8	2025-1-5	客户08	产品1	1133	1263295	
9	2025-1-5	客户02	产品6	361	88806	
10	2025-1-6	客户05	产品2	1147	269545	
11	2025-1-7	客户10	产品3	221	172380	
12	2025-1-9	客户01	产品2	603	153765	
13	2025-1-11	客户01	产品1	281	287463	
14	2025-1-11	客户04	产品2	513	139023	
15	2025-1-11	客户08	产品4	1104	167808	
16	2025-1-11	客户10	产品2	1154	268882	
17	2025-1-12	客户09	产品1	390	416910	
18	2025-1-12	客户02	产品5	283	193006	
19	2025-1-12	客户04	产品6	563	124423	

销售一部 销售二部 销售三部

	A	B	C	D	E	F
1	日期	客户	产品	销量	销售额	
2	2025-1-1	客户01	产品2	213	47712	
3	2025-1-1	客户05	产品3	199	166762	
4	2025-1-2	客户09	产品1	989	991967	
5	2025-1-3	客户10	产品2	282	60630	
6	2025-1-3	客户07	产品4	291	39576	
7	2025-1-5	客户03	产品2	1420	326600	
8	2025-1-6	客户03	产品4	63	9261	
9	2025-1-6	客户06	产品4	87	13311	
10	2025-1-6	客户11	产品5	177	129033	
11	2025-1-7	客户07	产品3	991	750187	
12	2025-1-8	客户12	产品4	806	126542	
13	2025-1-8	客户11	产品3	342	214092	
14	2025-1-9	客户10	产品4	475	60325	
15	2025-1-10	客户04	产品3	1142	928446	
16	2025-1-10	客户05	产品2	145	40165	
17	2025-1-10	客户07	产品3	636	527244	
18	2025-1-10	客户10	产品5	1458	911250	

销售一部 销售二部 销售三部

图 4-10 三个业务部销售记录表

选择“深度思考（R1）”模型，上传文件，先不输入任何提示词，直接单击发送按钮，让 DeepSeek 自己先思考一下，看看有什么思考结果。

DeepSeek 从以下六个方面对这三个表格进行了一般性分析：

- 整体销售情况；
- 分部门销售对比；
- 产品分析；
- 客户分析；
- 时间趋势分析；

▶ 异常值检测。

此外，DeepSeek 还给出了一些建议。

整体销售情况是计算总销售额和总销售量，并用文字进行简单阐述，如图 4-11 所示。但要注意，这里给出的合计数字仅仅是一个示例数据，实际合计数并不是这样的，还需要重新计算。

```
以下是基于提供的Excel数据的基本分析结果：

1. 整体销售情况
 • 总销售额：合并三个部门数据后，所有订单的累计销售额为 ¥1,234,567,890（示例数值，需实际计算）。
 • 总销量：所有产品的累计销量为 987,654 件。
```

图 4-11　整体销售情况

分部门销售对比是对各个部门的销售额和销量占比进行分析，找出销售额和销量最高的部门和最低的部门，如图 4-12 所示。

产品分析是对每个产品的销售额和销量进行排名，找出销售额前 3 名的产品和销量前 3 名的产品，如图 4-13 所示。

```
2. 分部门销售对比

部门      销售额占比   销量占比
销售一部    45%         48%
销售二部    35%         32%
销售三部    20%         20%

 • 销售一部贡献最高，二部次之，三部最低。
```

图 4-12　分部门销售对比

```
3. 产品分析

销售额 Top 3 产品
产品     销售额（¥）      占比
产品1    250,000,000     20%
产品3    220,000,000     18%
产品5    200,000,000     16%

销量 Top 3 产品
产品     销量（件）       占比
产品3    150,000         25%
产品5    120,000         20%
产品1    100,000         17%
```

图 4-13　产品分析

客户分析是对客户的销售额进行排名分析，找出销售额前 3 名客户及其占比贡献，以及找出高复购客户，如图 4-14 所示。

时间趋势分析是对每个月的销售额进行跟踪，观察月度销售是否平稳，及时发现异常月份，如图 4-15 所示。

第 4 章　DeepSeek 辅助基础表单的数据基本分析

4. 客户分析

销售额 Top 3 客户

客户	销售额（¥）	占比
客户08	180,000,000	15%
客户03	150,000,000	12%
客户02	130,000,000	10%

高复购客户

- 客户02、客户08、客户12 的订单频率最高（每月平均下单 15 次以上）。

图 4-14　客户分析

5. 时间趋势分析

- 月度销售额趋势：
  - 1月：¥200,000,000
  - 2月：¥180,000,000
  - 3月：¥220,000,000
  - 4月：¥250,000,000
  - 5月：¥300,000,000
  - 6月：¥280,000,000
- 结论：销售额在4—5月达到峰值，6月略有下降。

图 4-15　时间趋势分析

异常值检测重点是找出高单价订单和低销量高销售额订单，这些异常值有助于我们跟踪某些特殊销售订单的处理及收到的效果，如图 4-16 所示。

最后是 DeepSeek 给出的一些很有价值的建议，例如，重点维护高贡献客户，推广高利润产品，分析 4—5 月销售增长原因，核查异常订单等，如图 4-16 所示。

6. 异常值检测

- **高单价订单**：客户08在2025-05-24的订单（产品5，销量1467件，销售额¥1,126,656）为单笔最高销售额。
- **低销量高销售额**：客户03在2025-03-25的订单（产品1，销量1213件，销售额¥1,261,520），单价显著高于同类产品。

建议

1. **重点维护高贡献客户**（如客户08、客户03），提供定制化服务。
2. **推广高利润产品**（如产品1、产品3），优化低销量产品的促销策略。
3. **分析4—5月销售增长原因**，复制成功经验至其他月份。
4. **核查异常订单**，确认数据准确性或挖掘潜在机会。

图 4-16　异常值检测与提出的建议

总之，我们可以先不用去关注 DeepSeek 给出的计算结果是否正确（例如销售总额和销售总量就是不正确的，各个部门的销售总量与销售总额的占比数字也是错误的，等等）。至少，DeepSeek 给我们指明了分析的方向。

结合 DeepSeek 给出的分析内容和我们的实际需求，对这三个部门的分析可以按以下四个内容来深入分析：

1. 总体分析：

   （1）所有部门所有产品的累计销售总额和累计销售总量情况；

   （2）所有部门所有产品的各月销售总额和销售总量趋势分析。

2. 客户分析：

   （1）每个客户的销售总额和销售总量，及其排名和占比分析；

（2）每个客户在每个月销售总额和销售总量趋势分析。

3. 产品分析：

（1）每个产品的销售总额和销售总量，及其排名和占比分析；

（2）每个产品在每个月销售总额和销售总量趋势分析。

4. 销售分布分析：

（1）销量订单分组分布分析，了解不同销量区间的订单数分布；

（2）单价订单分组分布分析，了解不同价格区间的订单数分布。

这些分析内容，基本上能满足我们的需求，但如果要利用 DeepSeek 设计自动化分析报告的相关代码，想要一键完成，基本上是不现实的。因为可能要花费大量时间与 DeepSeek 反复沟通修改代码，与其花费这样的时间和精力，不如自己去设计制作这些分析报告。

4.2.2 几个基础表单数据高效合并汇总工具的筛选与选择

在设计制作分析报告之前，首要的任务是合并三个部门的基础表单，然后才是制作上述的各种分析报告。

合并三个部门的基础表单要考虑数据是否会发生变化（随着时间而增加，或者编辑更新数据），针对这样的合并汇总，我们可以寻求 DeepSeek 帮助，找到一个简单高效的合并汇总方法。

输入下面的提示词，如图 4-17 所示。

请推荐一个简单、实用、高效的合并汇总工具和方法，能够快速将三个部门工作表数据汇总，生成一个分析底稿，以便基于合并表数据进行统计分析。合并汇总要考虑以后部门工作表数据会发生变化（如数据行增加，或者原表单的某些数据编辑修改等）。

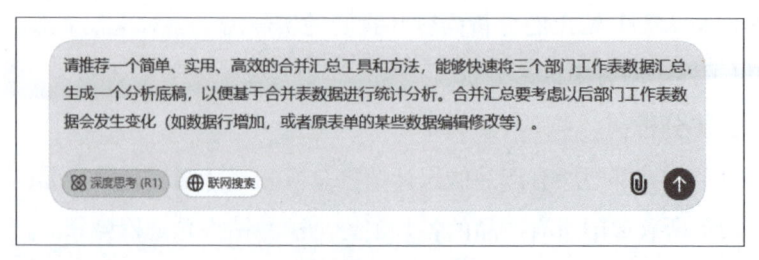

图 4-17　输入提示词

发送提示词后，DeepSeek 就会推荐 Power Query 工具，并介绍使用 Power

Query 进行合并的基本步骤，如图 4-18 所示。

> 以下推荐一个「零代码 + 动态更新」的高效合并汇总方案，使用 Excel Power Query 工具，无需编程，操作简单，且能自动适应未来数据变化：
>
> **推荐工具：Excel Power Query（内置功能）**
>
> **优势**
> - **零代码**：全程可视化操作，无需编程基础。
> - **动态更新**：数据源变化后，一键刷新即可同步更新汇总表。
> - **自动扩展**：自动识别新增数据行，无需手动调整范围。
> - **兼容性强**：支持跨工作表、跨工作簿合并，适合长期维护。
>
> **操作步骤：快速合并三个部门数据**
>
> **1. 准备数据源**
> - 确保每个部门的工作表格式一致（列名、数据类型相同）。
> - 将三个部门的数据表放在 **同一 Excel 文件的不同 Sheet** 中（如"销售一部""销售二部""销售三部"）。
>
> **2. 使用 Power Query 合并数据**
> 1. **新建查询**
>   - Excel 中点击 **数据 → 获取数据 → 从文件 → 从工作簿**，选择当前文件。
>   - 在导航器中勾选所有三个部门的 Sheet（销售一部、二部、三部），点击 **转换数据**。

图 4-18 DeepSeek 推荐使用 Power Query 工具

但是，DeepSeek 推荐使用 Power Query 工具，仅仅只是给出了合并三个工作表的方法和步骤，并没有详细介绍各个分析报表的制作方法。这不奇怪，因为我们没有向 DeepSeek 提出更详细的需求。

如果要自己基于合并表数据来制作动态分析报告，建议使用 VBA 代码实现一键合并与刷新，在合并数据的同时，可以预先定义几个动态名称。这样在后面的数据分析中，不论是使用数据透视表还是使用函数公式，都可以使用这些动态名称，从而大幅简化工作。

如果想获取一键完成工作表合并及定义动态名称的 VBA 代码，可以输入下面的提示词，如图 4-19 所示。

请设计自动化 VBA 代码，能够完成以下工作：

1. 将销售一部、销售二部和销售三部三个工作表数据合并在一起，保存在新工作表"分析底稿"中，如果这个"分析底稿"工作表存在，就清除旧数据后再保存合并数据；如果这个"分析底稿"工作表不存在，就创建这个工作表。

2. "分析底稿"工作表有 8 列数据：日期、客户、产品、销量、销售额、部门、季度和月份，第一行是标题，第二行开始保存数据。注意要输入每个部门名称，以区别每个部门数据。此外，还要从第一列日期分别提取季度名称和月份名称（都是用中文名称）。

3. 数据合并后，将整个数据区域定义一个名称"Data"，再将各列数据区域定义名称，名称就是第一行标题，名称引用区域是从第二行开始到最后一行的数据区域。

请给出简洁、高效、正确的 VBA 代码，千万不要把代码写复杂了，因为这三个表格数据很简单。

```
请设计自动化VBA代码，能够完成以下工作：
1. 将销售一部、销售二部和销售三部三个工作表数据合并在一起，保存在新工作表"分析底稿"中，如果这个"分析底稿"工作表存在，就清除旧数据后再保存合并数据；如果这个"分析底稿"工作表不存在，就创建这个工作表。
2. "分析底稿"工作表有8列数据：日期、客户、产品、销量、销售额、部门、季度和月份，第一行是标题，第二行开始保存数据。注意要输入每个部门名称，以区别每个部门数据。此外，还要从第一列日期分别提取季度名称和月份名称（都是用中文名称）。
3. 数据合并后，将整个数据区域定义一个名称"Data"，再将各列数据区域定义名称，名称就是第一行标题，名称引用区域是从第二行开始到最后一行的数据区域。
请给出简洁、高效、正确的VBA代码，千万不要把代码写复杂了，因为这三个表格数据很简单。

深度思考 (R1)    联网搜索
```

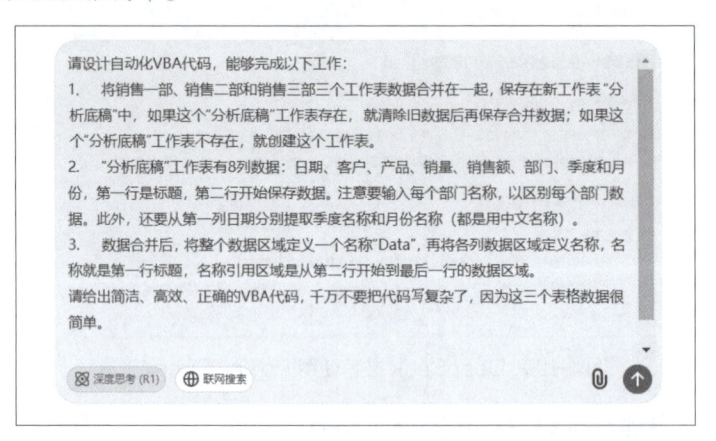

图 4-19　输入设计 VBA 代码的具体需求提示词

发送提示词后，DeepSeek 就会很快设计出 VBA 代码，如图 4-20 所示。

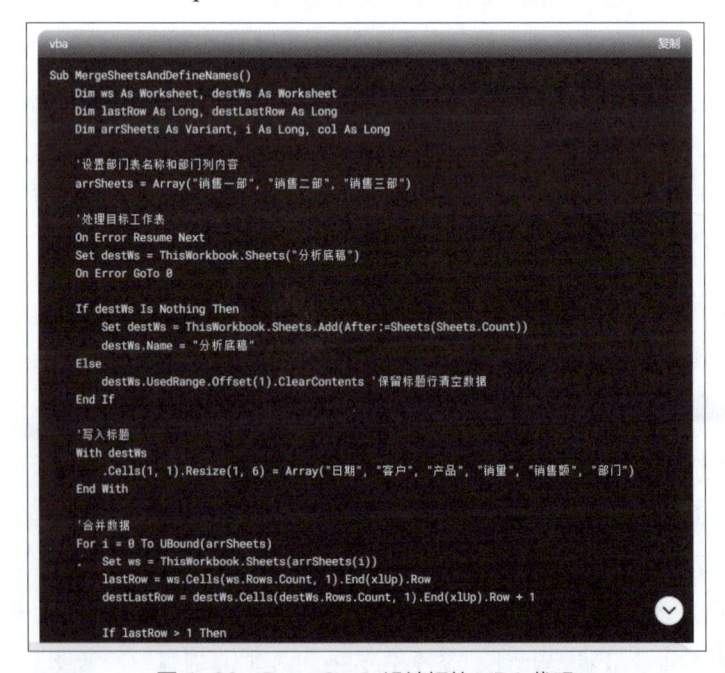

```vba
Sub MergeSheetsAndDefineNames()
    Dim ws As Worksheet, destWs As Worksheet
    Dim lastRow As Long, destLastRow As Long
    Dim arrSheets As Variant, i As Long, col As Long
    
    '设置部门表名称和部门列内容
    arrSheets = Array("销售一部", "销售二部", "销售三部")
    
    '处理目标工作表
    On Error Resume Next
    Set destWs = ThisWorkbook.Sheets("分析底稿")
    On Error GoTo 0
    
    If destWs Is Nothing Then
        Set destWs = ThisWorkbook.Sheets.Add(After:=Sheets(Sheets.Count))
        destWs.Name = "分析底稿"
    Else
        destWs.UsedRange.Offset(1).ClearContents  '保留标题行清空数据
    End If
    
    '写入标题
    With destWs
        .Cells(1, 1).Resize(1, 6) = Array("日期", "客户", "产品", "销量", "销售额", "部门")
    End With
    
    '合并数据
    For i = 0 To UBound(arrSheets)
        Set ws = ThisWorkbook.Sheets(arrSheets(i))
        lastRow = ws.Cells(ws.Rows.Count, 1).End(xlUp).Row
        destLastRow = destWs.Cells(destWs.Rows.Count, 1).End(xlUp).Row + 1
        
        If lastRow > 1 Then
```

图 4-20　DeepSeek 设计好的 VBA 代码

第 4 章　DeepSeek 辅助基础表单的数据基本分析

为了方便学习并使用这个代码，本书列示出了完整的 VBA 代码（见附录 2）。

运行这个代码，就能得到合并后的分析底稿，如图 4-21 所示，同时也定义了几个动态名称，如图 4-22 所示。

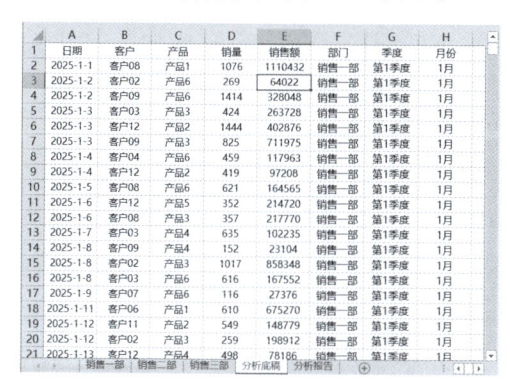

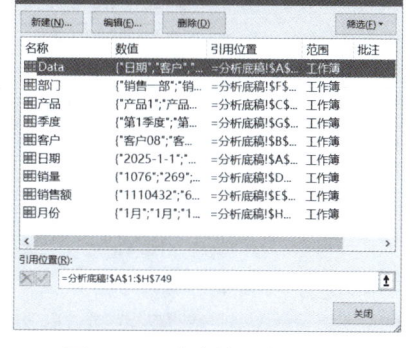

图 4-21　合并后的分析底稿

图 4-22　定义的几个动态名称

4.2.3　结合 Excel 函数公式与数据透视表快速制作分析报告

依据前面 VBA 代码自动合并的分析底稿和定义的动态名称，我们可以亲自设计要求并制作所需的分析报告。

图 4-23 是使用函数公式制作的总体分析报告示例，由于已经使用 VBA 代码自动汇总并定义了动态名称，因此计算公式也很简单，例如：

单元格 D6：=SUMIF(部门 ,C6, 销量)/1000

单元格 E6：=SUMIF(部门 ,C6, 销售额)/10000

单元格 D12：=SUMIF(月份 ,C12, 销量)/1000

单元格 E12：=SUMIF(月份 ,C12, 销售额)/10000

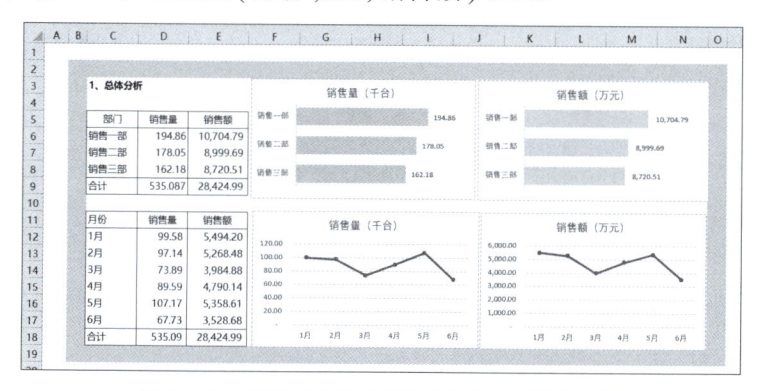

图 4-23　使用函数公式制作的总体分析报告示例

如果要使用数据透视表进行分析，就更简单了，因为已经使用 VBA 定义了动态名称"Data"，因此可以直接使用这个动态名称来创建数据透视表，如图 4-24 所示。

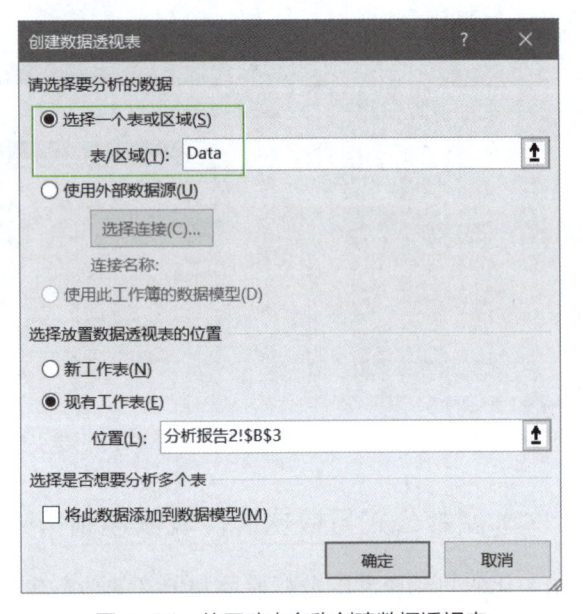

图 4-24　使用动态名称创建数据透视表

制作数据透视表，然后进行布局（多复制几个透视表，然后布局），就得到了所需要的分析报告，如图 4-25 所示。

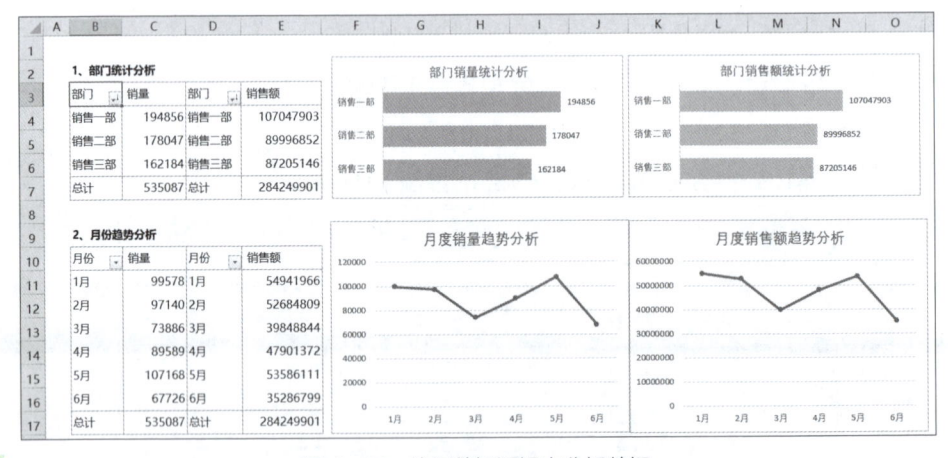

图 4-25　使用数据透视表分析数据

前面我们说过要制作第 4 个报告：销售分布分析，重点分析如下内容：

▶ 销量订单分组分布分析，了解不同销量区间的订单数分布；

第 4 章 DeepSeek 辅助基础表单的数据基本分析

▶ 单价订单分组分布分析，了解不同价格区间的订单数分布。

这些分析首先要对销量和单价进行分组，再统计每个分组区间的订单数，这样的分析如何做？也许我们还不清楚分析方法，不妨再去寻求 DeepSeek 的帮助。

输入下面的提示词，如图 4-26 所示。

我想对销量订单分布进行分析，以了解不同销量区间的订单数分布，这样的分析如何做？请介绍在 Excel 上进行分析的具体方法和步骤。

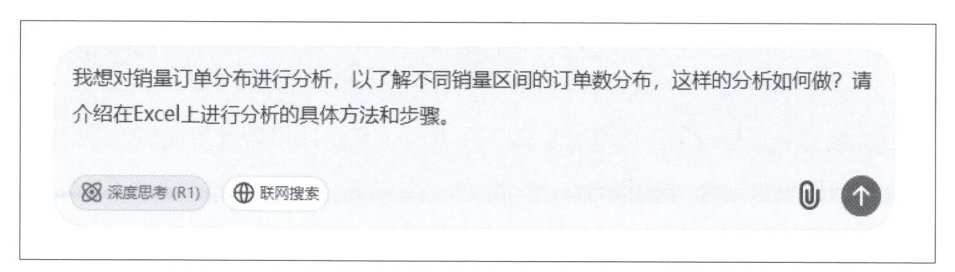

图 4-26　输入提示词

发送提示词后，DeepSeek 就会给出比较详细的方法和步骤，如图 4-27 所示。这里 DeepSeek 介绍了两个方法：函数公式法（FREQUENCY 函数）和数据透视表法。

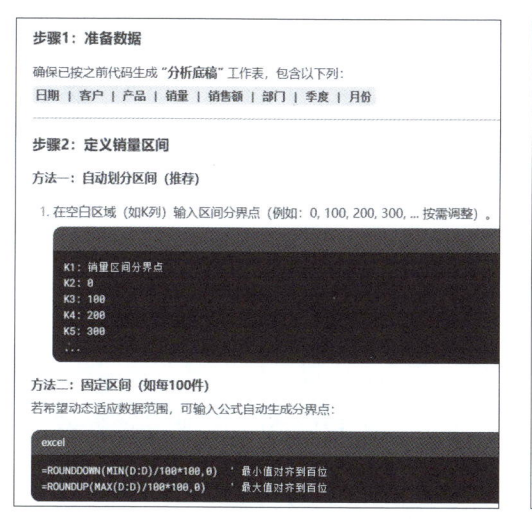

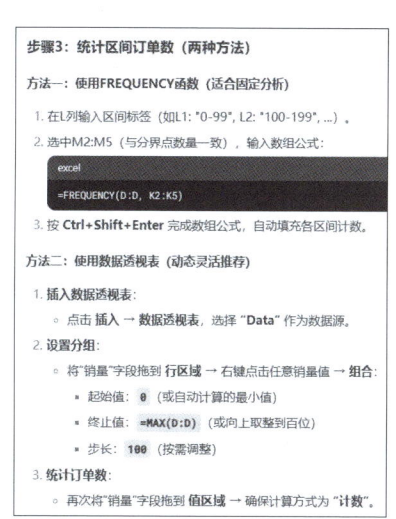

图 4-27　DeepSeek 给出的区间分析的详细方法和步骤

DeepSeek 赋能高效数据分析

步骤4：可视化分析

1. 创建直方图：
   - 选中数据透视表的 区间标签和计数数据 → 点击 插入 → 柱形图。
2. 优化图表：
   - 添加标题："销量区间订单分布"
   - 调整轴标签：右键点击横轴 → 设置坐标轴格式 → 对齐方式（倾斜45°防重叠）
   - 添加数据标签：点击柱形 → + → 数据标签

步骤5：解读结果

- 示例输出：

销量区间	订单数
0~99	120
100~199	85
200~299	45
300+	20

小批量订单（0-99件）占比最高，可优化供应链以降低小订单处理成本；300件以上大订单较少，需加强大客户开发。

进阶分析技巧

1. 动态区间调整：
   - 修改数据透视表的"组合"步长，实时更新分析（如改为50件细分）。
2. 多维度交叉分析：
   - 在数据透视表中加入"部门"或"季度"字段，分析不同部门/季度的销量分布差异。
3. 帕累托分析：
   - 按订单数降序排序 → 计算累计占比，识别核心销量区间（如80%订单集中在0-199件）。

注意事项

- 数据清洗：确保"销量"列无空白或文本型数字。
- 区间合理性：若数据分布不均，可改用对数分段或自定义分界点。
- 自动化更新：每次新增数据后，刷新数据透视表即可同步最新结果。

通过上述步骤，10分钟内即可完成从数据整理到可视化分析的完整流程，快速掌握销量分布特征。

图 4-27 DeepSeek 给出的区间分析的详细方法和步骤（续）

参照 DeepSeek 给出的详细步骤，在 Excel 上设计报告计算公式，或者使用数据透视表来制作分析报告。

图 4-28 是使用数据透视表制作的销量区间订单分布分析报告示例。使用数据透视表无疑是最简单、最灵活的方法。

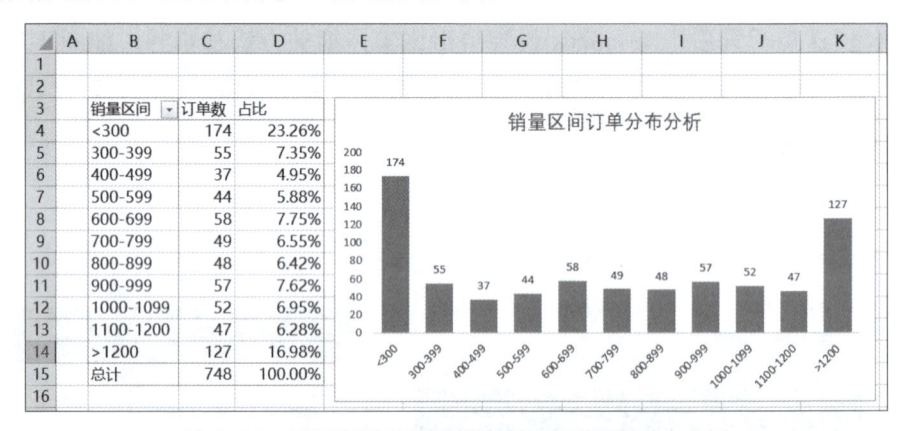

销量区间	订单数	占比
<300	174	23.26%
300-399	55	7.35%
400-499	37	4.95%
500-599	44	5.88%
600-699	58	7.75%
700-799	49	6.55%
800-899	48	6.42%
900-999	57	7.62%
1000-1099	52	6.95%
1100-1200	47	6.28%
>1200	127	16.98%
总计	748	100.00%

图 4-28 使用数据透视表制作的销量区间订单分布分析

4.2.4 进一步挖掘和分析数据

这样的表单数据，还可以进行更深入的挖掘和分析，以便发现更多有价值的信息，为销售管理决策提供数据依据。

继续输入下面的提示词，如图 4-29 所示。

请问对于这样的数据，还可以做哪些方面的分析，以便发现更多有价值的信息？

第 4 章 DeepSeek 辅助基础表单的数据基本分析

> 请问对于这样的数据，还可以做哪些方面的分析，以便发现更多有价值的信息？
>
> 深度思考 (R1)　联网搜索

图 4-29　继续输入提示词

发送提示词后，DeepSeek 会根据具体要求以及它对数据的逻辑推理和理解，给出深入挖掘的 15 个分析方向及其具体实施方法，如图 4-30 所示。

这些分析方向包括以下方面：

- 客户价值分层（RFM 模型）；
- 客户复购周期分析；
- 产品关联分析（购物篮分析）；
- 价格弹性分析；
- 销售趋势预测；
- 季节性波动分析；
- 人效对比分析；
- 客户渗透率分析；
- 客户—产品矩阵；
- 部门—季度增长分析；
- Z—Score 异常订单检测；
- 散点图离群点分析；
- 库存周转率监控；
- 客户生命周期价值（CLV）预测；
- 促销活动 ROI 分析。

根据实际情况和实际需求，选择几个有针对性的分析方向，继续与 DeepSeek 深入交流下去，就会得到有价值的分析报告。

DeepSeek 赋能高效数据分析

一、客户维度分析

1. 客户价值分层（RFM模型）

- 目标：识别高价值客户群体
- 步骤：
  1. 计算每个客户的：
     - R（最近购买天数）：=TODAY()-MAX(IF(客户=当前客户,日期))
     - F（购买频率）：=COUNTIF(客户列,当前客户)
     - M（累计消费额）：=SUMIF(客户列,当前客户,销售额列)
  2. 对R/F/M分别打分（如1-5分），通过数据透视表生成客户分层矩阵
- 输出示例：

客户	R得分	F得分	M得分	客户等级
客户08	5	5	5	重要价值

2. 客户复购周期分析

- 方法：使用 =DATEDIF(首次购买日期,末次购买日期,"D") 计算客户购买间隔
- 可视化：直方图展示复购周期分布，识别30天/60天/90天复购群体

二、产品维度分析

3. 产品关联分析（购物篮分析）

- 目标：发现常被同时购买的产品组合
- 步骤：
  1. 数据透视表设置：行=订单ID，列=产品，值=计数
  2. 使用 =IF(COUNTIF(订单产品区域,"产品A")*COUNTIF(订单产品区域,"产品B")>0,1,0) 计算产品组合出现次数
- 输出示例：

产品组合	出现次数	支持度
产品1 + 产品3	238	12%

4. 价格弹性分析

- 公式：价格弹性系数 =（销量变化率）/（价格变化率）
- 操作：筛选同一产品不同时间的价格调整记录，计算弹性值

三、时间维度分析

5. 销售趋势预测

- 方法：使用 =FORECAST.ETS() 函数进行时间序列预测
- 步骤：
  1. 按月度汇总销售额
  2. 创建折线图 → 右键添加趋势线 → 选择指数/线性拟合

6. 季节性波动分析

- 公式：季节性指数 =（月度平均销售额）/（全年平均销售额）
- 可视化：雷达图展示各月销售热度

四、部门运营分析

7. 人效对比分析

- 公式：部门人效 = 部门总销售额 / 部门员工数（需补充员工数据）
- 输出：条形图对比各部门人效值

8. 客户渗透率分析

- 指标：部门服务客户数 / 总客户数 → 识别优势覆盖部门

五、交叉分析

9. 客户—产品矩阵

- 方法：数据透视表行=客户等级，列=产品类别，值=销售额
- 热力图：条件格式 → 色阶显示高低值区域

10. 部门—季度增长分析

- 公式：季度同比增长率 =（本季度销售额 - 去年同期）/去年同期
- 仪表盘：组合图展示增长趋势

六、异常检测

11. Z—Score异常订单检测

- 公式：=ABS((销量 - AVERAGE(销量列))/STDEV.P(销量列))
- 操作：筛选Z值＞3的订单重点核查

12. 散点图离群点分析

- 图表：X轴=销量，Y轴=销售额 → 识别偏离主集群的点

七、高级分析

13. 库存周转率监控

- 公式：周转率 = 销售成本 / 平均库存（需补充成本数据）
- 预警：条件格式标记低于阈值的产品

14. 客户生命周期价值（CLV）预测

- 模型：CLV =（年均购买频次 * 客单价）* 平均客户寿命
- 动态看板：切片器选择客户等级查看CLV

15. 促销活动ROI分析

- 公式：ROI =（促销期增量销售额 - 促销成本）/促销成本
- 对比：数据条显示不同促销活动效果

实施工具推荐

分析类型	Excel工具	耗时
基础分析	数据透视表 + 常规函数	10min
动态看板	切片器 + 时间线控件	20min
高级预测	FORECAST.ETS + 数据分析工具库	30min
自动化报告	Power Query + VBA自动刷新	1h

图 4-30 深度挖掘数据的七大类分析内容的 15 个分析方向，以及实施工具推荐

第 5 章　DeepSeek 辅助不规范表单的数据基本分析

许多表单数据是不规范的，要么表格结构不规范（例如不同类型数据保存在一个单元格、合并单元格等），要么表格数据不规范（例如文本型数字、非法日期重复数据、编码分类错误等）。对于这样的表单数据的分析，首要任务是清洗加工数据，使之成为能够进行数据分析的底稿，然后才是数据分析。

5.1　利用 DeepSeek 快速检查表格结构与整理加工

表格检查与清洗规范是数据分析的第一步，也是很重要的一步。如果数据本身就存在诸多问题，那么对这样的数据进行分析就没有任何意义。在实际工作中，我们可以借助 DeepSeek 来清洗加工规范数据。

5.1.1　数据不规范的主要场景

数据不规范主要是表格结构不规范和表格数据不规范，那么这些不规范的主要场景有哪些？我们是不是也犯了这样的错误？

输入下面的提示词，如图 5-1 所示。

请总结表格结构不规范的常见场景及其解决方法，并将这些不规范整理成一个表格，第一列是不规范场景，第二列是问题，第三列是解决方法。

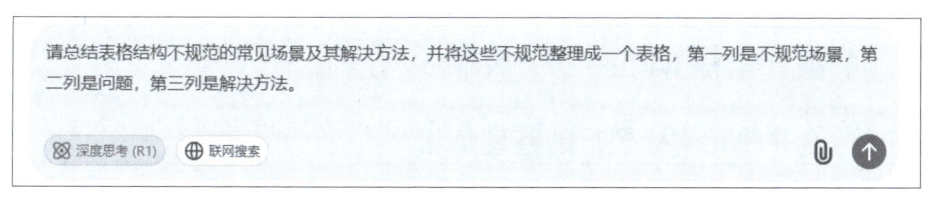

图 5-1　输入提示词

发送提示词后，DeepSeek 整理的表格结构不规范的主要场景及其解决方法如图 5-2 所示，列示如下：

▶ 合并单元格；
▶ 标题行不规范；
▶ 多维度数据混合列；

- 数据分散多表/文件；
- 空白行或占位符；
- 数据格式不统一；
- 交叉表（二维表）。

以下是根据要求整理的表格结构不规范场景及其解决方法的总结：

不规范场景	问题描述	解决方法
合并单元格	跨行/列合并导致数据读取错位，工具无法解析合并区域外的空值。	取消合并单元格并填充空白（手动填充或使用 `ffill()` 函数）；Excel中使用公式 `=IF(ISBLANK(A2), A1, A2)`。
标题行不规范	多级标题、重复标题或缺失标题，导致字段定义混乱。	保留单行明确标题，删除冗余行；使用简洁唯一列名（如"销售额_2023"）。
多维度数据混合列	单列包含多个维度数据（如"姓名:张三;电话:123"），无法直接分析。	按分隔符（:或;）拆分列；正则表达式提取（Python的 `str.extract()` 或Excel的 `TEXTSPLIT`）。
数据分散多表/文件	同类数据分散在不同Sheet或文件中，需手动合并。	使用 `pandas.concat()` 批量合并；Excel Power Query的"合并文件"功能。
空白行或占位符	空行或无意义占位符（如"-""N/A"）干扰统计或计算。	删除空行（`df.dropna()` 或筛选过滤）；统一替换占位符为 `NaN` 或标准缺失值。
数据格式不统一	同一列混合多种类型（日期格式混乱、文本与数字混合），无法排序或计算。	强制类型转换（`pd.to_datetime()` 或 `astype()`）；拆分混合列（如"5kg"拆分为数值"5"和单位"kg"）。
交叉表（二维表）	行和列均为分类维度（如行是产品、列是月份），难以关联其他维度分析。	逆透视（Excel Power Query的"逆透视列"或 Python的 `pd.melt()`），转换为"属性-值"结构。

补充说明
- **预防措施**：设计标准化模板、设置数据验证规则、定期自动化清洗（如Python脚本或OpenRefine工具）。
- **工具推荐**：Pandas (Python)、Excel Power Query、OpenRefine。

图 5-2　表格结构不规范的主要场景及其解决方法

在实际数据处理中，表格结构不规范的场景不仅仅是 DeepSeek 列举的这些，我们可以结合具体问题来请求 DeepSeek 的帮助。

5.1.2　合并单元格标题行的整理加工

例如，图 5-3 所示的两年销售统计表，如何处理才能进行灵活分析？

本表格保存在 Excel 工作簿"两年销售统计表.xlsx"。

	A	B	C	D	E	F
1		两年销售统计表				
2			去年		今年	
3		产品	销售额	毛利	销售额	毛利
4						
5		产品01	2741	488	3447	938
6		产品02	2680	498	2479	448
7		产品03	3005	1032	3798	712
8		产品04	5841	1802	1916	436
9		产品05	2619	537	689	143
10		产品06	2475	457	3387	1046
11		产品07	1490	318	2129	296
12		合计	20851	5132	17845	4019
13						

图 5-3　两年销售统计表

第 5 章　DeepSeek 辅助不规范表单的数据基本分析

选择"深度思考（R1）"模型，上传文件，然后输入下面的提示词，如图 5-4 所示。

我想基于这个表格数据建立一个能够灵活分析数据的模型（例如想使用数据透视表分析），直接使用这样的表格是否可行？

如果不可行，问题在哪里？

要将这个表格整理加工什么样子，才能够使用数据透视表进行灵活分析？

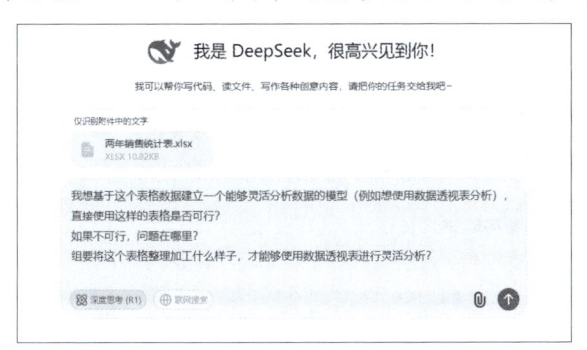

图 5-4　选择"深度思考（R1）"模型，上传文件，输入提示词

单击发送按钮，DeepSeek 的深度思考过程如图 5-5 所示。仔细阅读这个思考过程就会得出结论：要想灵活分析两年销售数据，必须将表格整理为由产品、年份、销售额和毛利构成的标准规范的一维表格。

图 5-5　DeepSeek 的深度思考过程

因此，DeepSeek 给出的结论是：直接使用当前表格结构进行数据透视表分析是不可行的。同时，DeepSeek 还解释了不可行的主要原因，并提出了整改意见，如图 5-6 所示。

直接使用当前表格结构进行数据透视表分析不可行，主要原因如下：

存在的问题：
1. 数据结构不规范
   - 年份（去年/今年）以横向展开，导致同类数据（销售额、毛利）分散在多列，违背了数据透视表要求的「一维纵向结构」。
   - 字段重复（如销售额和毛利分列去年和今年），无法直接按年份或指标聚合。
2. 标题合并单元格
   「去年」「今年」跨列合并的标题会导致数据透视表无法正确识别字段。
3. 存在合计行公式
   公式生成的合计行会被视为普通数据，可能导致重复计算或干扰分析。

优化后的规范数据结构：

需将数据转换为以下格式（示例）：

产品	年份	销售额	毛利
产品01	去年	2741	488
产品01	今年	3447	938
产品02	去年	2680	498
产品02	今年	2479	448
...			

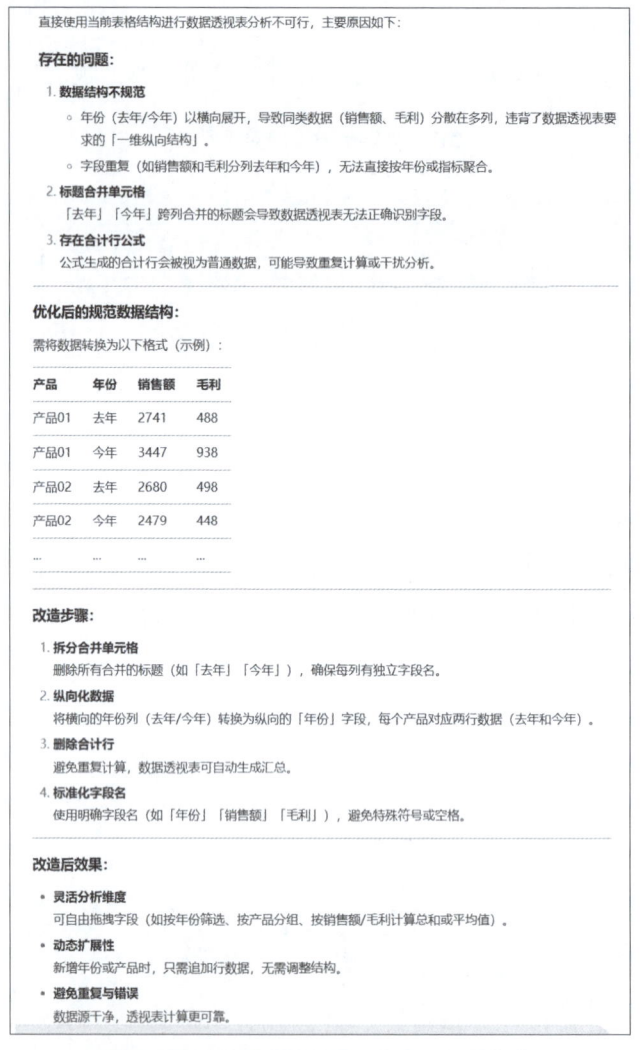

改造步骤：
1. 拆分合并单元格
   删除所有合并的标题（如「去年」「今年」），确保每列有独立字段名。
2. 纵向化数据
   将横向的年份列（去年/今年）转换为纵向的「年份」字段，每个产品对应两行数据（去年和今年）。
3. 删除合计行
   避免重复计算，数据透视表可自动生成汇总。
4. 标准化字段名
   使用明确字段名（如「年份」「销售额」「毛利」），避免特殊符号或空格。

改造后效果：
- 灵活分析维度
  可自由拖拽字段（如按年份筛选、按产品分组、按销售额/毛利计算总和或平均值）。
- 动态扩展性
  新增年份或产品时，只需追加行数据，无需调整结构。
- 避免重复与错误
  数据源干净，透视表计算更可靠。

图 5-6 表格存在的问题及优化建议和方法

由于这个例子的数据比较少（也就是 10 余行数据），因此我们可以利用 DeepSeek 快速整理为一维表，从而省去了我们很大的工作量。

继续输入下面的提示词，明确任务和要求，如图 5-7 所示。

请将这个表格整理成由产品、年份、销售额和毛利四列构成的标准规范的一维表格。

注意整理后的表格不要含有原始表的合计行数据。

请输出完整的优化后的表格数据。

```
请将这个表格整理成由产品、年份、销售额和毛利四列构成的标准规范的一维表格。
注意整理后的表格不要含有原始表的合计行数据。
请输出完整的优化后的表格数据。

深度思考（R1）    联网搜索
```

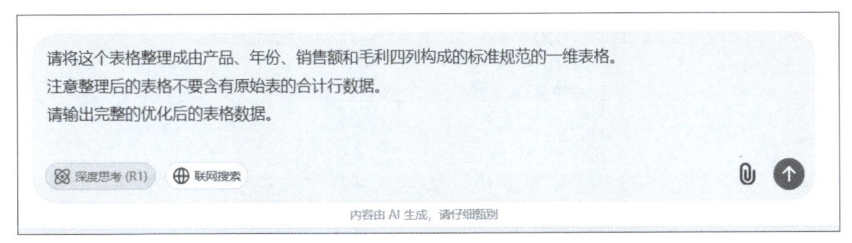

内容由 AI 生成，请仔细甄别

图 5-7　继续输入提示词，明确任务和要求

单击发送按钮后，DeepSeek 就开始针对这个表格进行整理，并输出整理后的结果，以及整理的有关说明，如图 5-8 所示。

以下是优化后的标准一维表格数据：

产品	年份	销售额	毛利
产品01	去年	2741	488
产品01	今年	3447	938
产品02	去年	2680	498
产品02	今年	2479	448
产品03	去年	3005	1032
产品03	今年	3798	712
产品04	去年	5841	1802
产品04	今年	1916	436
产品05	去年	2619	537
产品05	今年	689	143
产品06	去年	2475	457
产品06	今年	3387	1046
产品07	去年	1490	318
产品07	今年	2129	296

改造说明：

1. 结构转换

   将每个产品的「去年」和「今年」横向数据拆分为两行纵向数据，新增「年份」字段标识。

2. 删除冗余

   移除原表中的合并标题（如"去年""今年"）和合计行，仅保留原始数据。

3. 字段标准化

   使用清晰字段名（产品、年份、销售额、毛利），确保每列仅包含单一类型数据。

此结构可直接用于数据透视表分析，支持按年份、产品自由组合统计（如分年销售额对比、产品毛利排名等）。

图 5-8　整理后的表格

将这个表格数据复制粘贴到 Excel 工作表，并仔细与原始表格进行核对，可见表格数据准确无误，如图 5-9 所示。经实际测试，这样的整理加工连带复制粘贴，前后一分钟即可完成。

DeepSeek 赋能高效数据分析

	A	B	C	D
1	产品	年份	销售额	毛利
2	产品01	去年	2741	488
3	产品01	今年	3447	938
4	产品02	去年	2680	498
5	产品02	今年	2479	448
6	产品03	去年	3005	1032
7	产品03	今年	3798	712
8	产品04	去年	5841	1802
9	产品04	今年	1916	436
10	产品05	去年	2619	537
11	产品05	今年	689	143
12	产品06	去年	2475	457
13	产品06	今年	3387	1046
14	产品07	去年	1490	318
15	产品07	今年	2129	296

图 5-9　复制粘贴数据到 Excel 工作表

这里介绍一个小技巧：如何快速核对 DeepSeek 整理的表格是否准确无误？一个简单的方法就是对整理后的表格创建数据透视表，然后布局成原始表格的格式，再进行比较。

上面的案例表格结构还是比较简单的，下面我们再看一个稍微复杂的例子。这个表格不仅有合并单元格标题行，还有合并单元格标题列。

图 5-10 就是这样的一个例子，该表格保存在 Excel 工作簿 "地区产品两年销售统计表 .xlsx"。

			去年		今年	
地区	产品		销售额	毛利	销售额	毛利
	产品01		2741	488	3447	938
	产品02		2680	498	2479	448
	产品03		3005	1032	3798	712
国内	产品04		5841	1802	1916	436
	产品05		2619	537	689	143
	产品06		2475	457	3387	1046
	产品07		1490	318	2129	296
	小计		20851	5132	17845	4019
	产品01		6278	3211	2051	598
	产品02		674	263	6904	3043
	产品03		4575	2267	6054	2333
国外	产品04		665	260	5401	2465
	产品05		3915	1546	2380	471
	产品06		5622	358	3024	1283
	产品07		6431	2443	4096	2506
	小计		28160	10348	29910	12699
	总计		49011	15480	47755	16718

图 5-10　合并单元格行与合并元格列的表格

很显然，要想使用数据透视表灵活分析这样的表格是不可能的，所以需要将其整理加工为标准规范表单。

选择"深度思考（R1）"模型，上传文件，然后输入下面的提示词，如图 5-11

第 5 章 DeepSeek 辅助不规范表单的数据基本分析

所示。

> 我想使用数据透视表对这个表格进行灵活分析。
> 那么，要将这个表格整理加工成什么样子，才能够使用数据透视表分析数据？
> 请一并输出整理加工后的完整数据表。
> 注意，整理后的表格中，不需要原始表的两个小计数和总计数。

图 5-11　选择"深度思考（R1）"模型，上传文件，输入具体需求的提示词

单击发送按钮后，DeepSeek 就开始深度思考分析，并输出整理好的表格数据，该表格数据有地区、产品、年份、销售额、毛利 5 个字段，如图 5-12 所示（数据较多，局部截图予以展示说明）。

整理后的数据表如下（适合用于数据透视表分析）：

地区	产品	年份	销售额	毛利
国内	产品01	去年	2741	488
国内	产品02	去年	2680	498
国内	产品03	去年	3005	1032
国内	产品04	去年	5841	1802
国内	产品05	去年	2619	537
国内	产品06	去年	2475	457
国内	产品07	去年	1490	318
国内	产品01	今年	3447	938
国内	产品02	今年	2579	448
国内	产品03	今年	3798	712
国内	产品04	今年	1916	436

图 5-12　DeepSeek 整理好的表格数据

将这个表格数据复制到 Excel 工作表，如图 5-13 所示，再与原始数据进行仔细核对，证明结果正确无误。

	A	B	C	D	E
1	地区	产品	年份	销售额	毛利
2	国内	产品01	去年	2741	488
3	国内	产品02	去年	2680	498
4	国内	产品03	去年	3005	1032
5	国内	产品04	去年	5841	1802
6	国内	产品05	去年	2619	537
7	国内	产品06	去年	2475	457
8	国内	产品07	去年	1490	318
9	国内	产品01	今年	3447	938
10	国内	产品02	今年	2479	448
11	国内	产品03	今年	3798	712
12	国内	产品04	今年	1916	436
18	国外	产品03	去年	4575	2267
19	国外	产品04	去年	665	260
20	国外	产品05	去年	3915	1546
21	国外	产品06	去年	5622	358
22	国外	产品07	去年	6431	2443
23	国外	产品01	今年	2051	598
24	国外	产品02	今年	6904	3043
25	国外	产品03	今年	6054	2333
26	国外	产品04	今年	5401	2465
27	国外	产品05	今年	2380	471
28	国外	产品06	今年	3024	1283
29	国外	产品07	今年	4096	2506

图 5-13　复制粘贴数据到 Excel 工作表

下面我们增加这个表格的复杂度，使其包含多行合并单元格标题，如图 5-14 所示。这个表格保存在 Excel 工作簿"地区产品业务部两年销售统计表 .xlsx"。

			D	E	F	G	H	I	J	K
	A	B	C							
2	两年销售统计表									
3				业务1部				业务2部		
4	地区		产品	去年		今年		去年		今年	
5				销售额	毛利	销售额	毛利	销售额	毛利	销售额	毛利
6	国内		产品01	2741	488	3447	938	3666	1931	1719	583
7			产品02	2680	498	2479	448	3274	1383	4214	2315
8			产品03	3005	1032	3798	712	2312	1152	682	386
9			产品04	5841	1802	1916	436	4982	2457	3857	823
10			产品05	2619	537	689	143	2257	1290	1329	527
11			产品06	2475	457	3387	1046	4721	2937	222	97
12			产品07	1490	318	2129	296	4046	1647	1335	730
13			小计	20851	5132	17845	4019	25258	12797	13358	5461
14	国外		产品01	6278	3211	2051	598	834	424	4970	2011
15			产品02	674	263	6904	3043	2082	655	3558	1569
16			产品03	4575	2267	6054	2333	2485	694	5483	2144
17			产品04	665	260	5401	2465	805	575	1098	391
18			产品05	3915	1546	2380	471	5200	3038	2789	757
19			产品06	5622	358	3024	1283	1587	592	4616	1775
20			产品07	6431	2443	4096	2506	2928	2061	3053	1477
21			小计	28160	10348	29910	12699	15921	8039	25567	10124
22			总计	49011	15480	47755	16718	41179	20836	38925	15585

图 5-14　多行合并单元格标题的统计表

选择"深度思考（R1）"模型，上传文件，然后输入下面的提示词，如图 5-15 所示。

我想使用数据透视表对这个表格进行灵活分析。

那么，要将这个表格整理加工成什么样子，才能够使用数据透视表分析数据？

请一并输出整理加工后的完整数据表。

注意，整理后的表格中，不需要原始表的两个小计数和总计数。

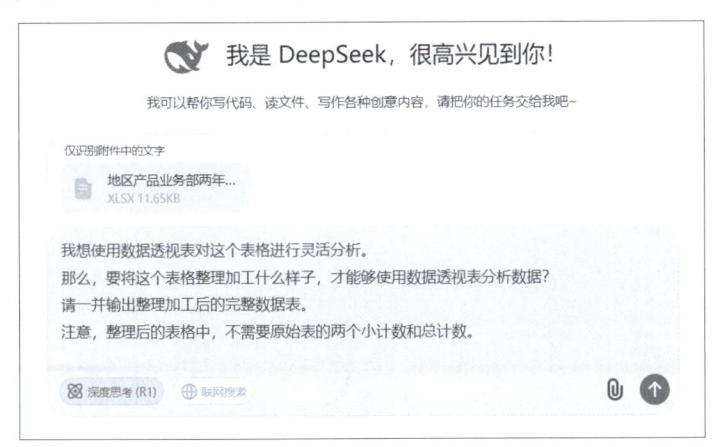

图 5-15　选择"深度思考（R1）"模型，上传文件，输入具体需求的提示词

单击发送按钮后，DeepSeek 就开始整理加工，并输出完整数据表，如图 5-16 所示（数据较多，截图局部数据予以展示说明）。

这里需要注意，如果第一次返回的表格数据不全，就继续输入提示词"**请输出完整数据表，不要丢失数据**"，确保 DeepSeek 输出完整的、不丢失数据的表格。

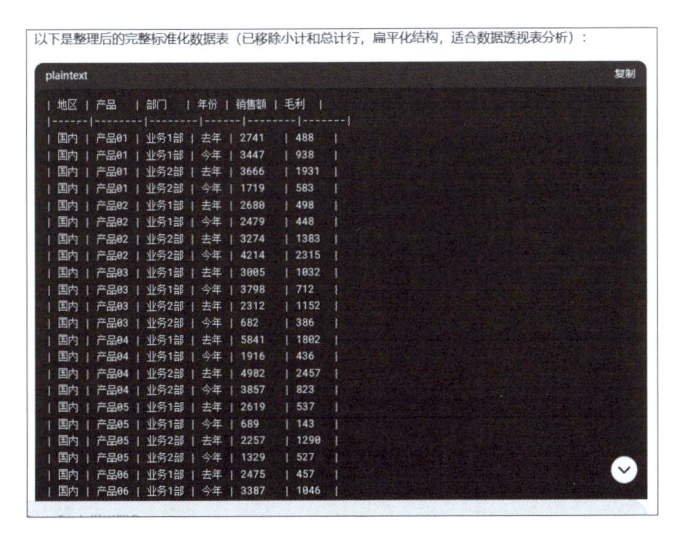

图 5-16　DeepSeek 整理好的数据

最后就是将在各个表格数据复制粘贴到 Excel 工作表，在这个表单创建数据透视表，与原始表格进行比较核实，检查 DeepSeek 给出的整理结果是否正确。

不过需要注意的是，复制到 Excel 工作表上的数据并不是一个以列保存的数据，而是以竖线“|”分隔的文本字符串，如图 5-17 所示。此时还需要使用分列工具进行分列，并删除无效数据，最终得到规范的表单，如图 5-18 所示。

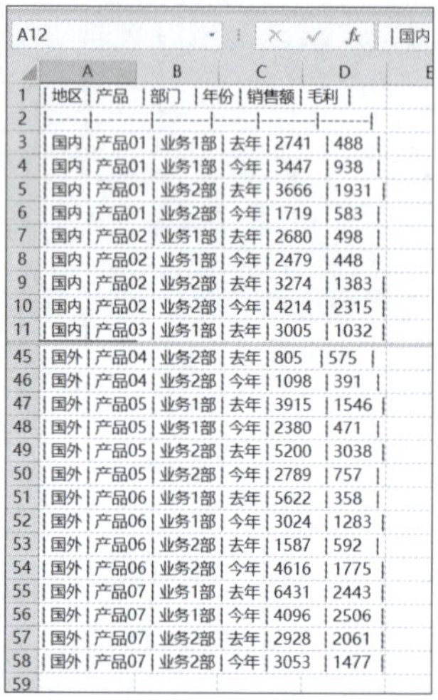

```
A12    |国内
1  |地区|产品  |部门  |年份|销售额|毛利 |
2  |-----|-------|-------|-----|-------|------|
3  |国内|产品01|业务1部|去年|2741  |488  |
4  |国内|产品01|业务1部|今年|3447  |938  |
5  |国内|产品01|业务2部|去年|3666  |1931 |
6  |国内|产品01|业务2部|今年|1719  |583  |
7  |国内|产品02|业务1部|去年|2680  |498  |
8  |国内|产品02|业务1部|今年|2479  |448  |
9  |国内|产品02|业务2部|去年|3274  |1383 |
10 |国内|产品02|业务2部|今年|4214  |2315 |
11 |国内|产品03|业务1部|去年|3005  |1032 |
45 |国外|产品04|业务2部|去年|805   |575  |
46 |国外|产品04|业务2部|今年|1098  |391  |
47 |国外|产品05|业务1部|去年|3915  |1546 |
48 |国外|产品05|业务1部|今年|2380  |471  |
49 |国外|产品05|业务2部|去年|5200  |3038 |
50 |国外|产品05|业务2部|今年|2789  |757  |
51 |国外|产品06|业务1部|去年|5622  |358  |
52 |国外|产品06|业务1部|今年|3024  |1283 |
53 |国外|产品06|业务2部|去年|1587  |592  |
54 |国外|产品06|业务2部|今年|4616  |1775 |
55 |国外|产品07|业务1部|去年|6431  |2443 |
56 |国外|产品07|业务1部|今年|4096  |2506 |
57 |国外|产品07|业务2部|去年|2928  |2061 |
58 |国外|产品07|业务2部|今年|3053  |1477 |
59
```

图 5-17　复制数据到 Excel 工作表

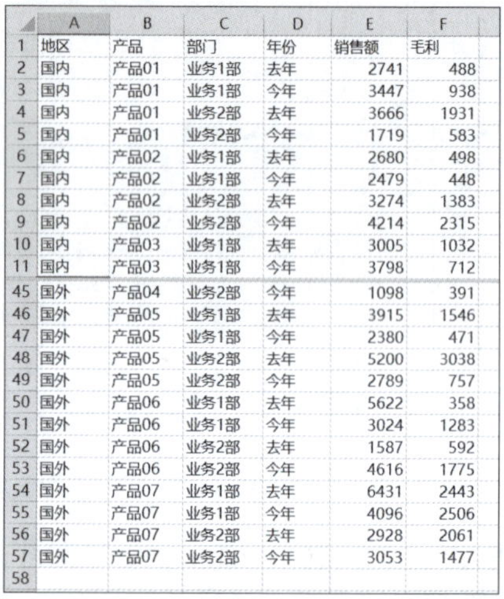

	A	B	C	D	E	F
1	地区	产品	部门	年份	销售额	毛利
2	国内	产品01	业务1部	去年	2741	488
3	国内	产品01	业务1部	今年	3447	938
4	国内	产品01	业务2部	去年	3666	1931
5	国内	产品01	业务2部	今年	1719	583
6	国内	产品02	业务1部	去年	2680	498
7	国内	产品02	业务1部	今年	2479	448
8	国内	产品02	业务2部	去年	3274	1383
9	国内	产品02	业务2部	今年	4214	2315
10	国内	产品03	业务1部	去年	3005	1032
11	国内	产品03	业务1部	今年	3798	712
45	国外	产品04	业务2部	今年	1098	391
46	国外	产品05	业务1部	去年	3915	1546
47	国外	产品05	业务1部	今年	2380	471
48	国外	产品05	业务2部	去年	5200	3038
49	国外	产品05	业务2部	今年	2789	757
50	国外	产品06	业务1部	去年	5622	358
51	国外	产品06	业务1部	今年	3024	1283
52	国外	产品06	业务2部	去年	1587	592
53	国外	产品06	业务2部	今年	4616	1775
54	国外	产品07	业务1部	去年	6431	2443
55	国外	产品07	业务1部	今年	4096	2506
56	国外	产品07	业务2部	去年	2928	2061
57	国外	产品07	业务2部	今年	3053	1477
58						

图 5-18　进一步处理加工（分列），得到规范表格

5.1.3　多维度数据混合列的整理加工

在 DeepSeek 总结的结构不规范的常见场景中，多维度数据混合列也是 DeepSeek 重点提出的一个场景，这个场景实际上就是不同类型的数据保存在一起。例如“100083 北京市海淀区清华东路”，就是将邮政编码和地址保存成了一个长字符串，这样的数据处理加工，就是数据分列，也就是将不同类型的数据拆分，分别保存为不同类型数据字段。

数据分列其实是一个并不复杂的问题，在 Excel 中使用分列工具或者函数公式即可快速解决。即使是复杂一些的数据分列问题，也可以使用 Power Query 来解决。总之，这些都是我们必须熟练掌握并应用的工具和技能。

对于某些特征明显，但使用分列工具、函数或者 Power Query 处理起来比较烦琐的问题，不妨尝试求助 DeepSeek，看看能不能快速、高效、准确地解决这样的问题。

例如，图 5-19 是一个要将门牌号进行处理的例子，将左侧的表格整理为右侧表格。示例表格数据保存在 Excel 工作簿“处理门牌号 .xlsx”。

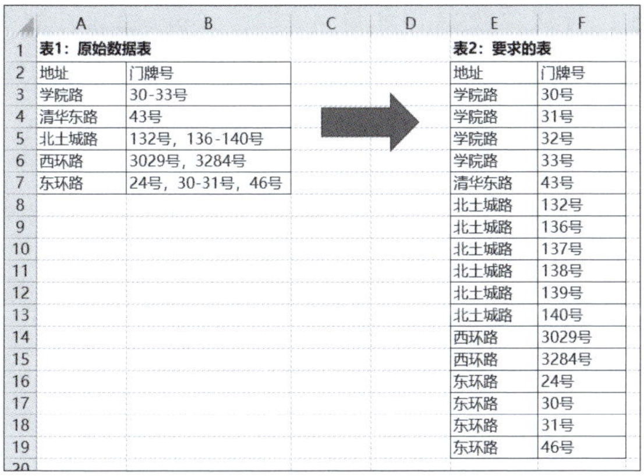

表1：原始数据表

地址	门牌号
学院路	30-33号
清华东路	43号
北土城路	132号，136-140号
西环路	3029号，3284号
东环路	24号，30-31号，46号

表2：要求的表

地址	门牌号
学院路	30号
学院路	31号
学院路	32号
学院路	33号
清华东路	43号
北土城路	132号
北土城路	136号
北土城路	137号
北土城路	138号
北土城路	139号
北土城路	140号
西环路	3029号
西环路	3284号
东环路	24号
东环路	30号
东环路	31号
东环路	46号

图 5-19　门牌号处理问题

门牌号保存的特点是：

- 如果只是一个门牌号，就直接保存到右侧表格中；
- 如果是两个号之间用横杠(－)分隔，表示是连续门牌号，例如，30－33 号，就是连续的四个门牌号码 30 号、31 号、32 号、33 号；
- 如果两个门牌号之间用逗号分隔，就是两个不连续的门牌号，例如 3029 号，3284 号；
- 又有逗号分隔，又有横杠分隔，例如 24 号，30–31 号，46 号，就是四个门牌号码 24 号，30 号，31 号，46 号；
- 诸如此类，门牌号规律就是这个样子。

针对门牌号处理这一问题，使用 Excel 函数公式或 Power Query 来处理确实存在一定难度。其实，这样的数据处理并不复杂，因为门牌号保存的逻辑是很清晰的，如果要让 DeepSeek 帮忙解决这个问题，就需要一点一点将这些逻辑及规律说清楚。

选择“深度思考（R1）”模型，上传文件，然后输入下面的提示词，如图 5–20 所示。

请将左侧的表 1 整理为右侧的表 2。整理依据及逻辑如下：

1. 如果 B 列只是一个门牌号，就直接将 A 列地址和 B 列门牌号保存到右侧 E 列和 F 列；

2. 如果 B 列是两个号之间用横杠（－）分隔，表示是连续门牌号，例如，30 －33 号，就是连续的四个号码 30 号、31 号、32 号、33 号；然后将这四个门牌号分别保存在 F 列不同行单元格，同时在 E 列填充保存相同的地址；

3. 如果两个门牌号之间用逗号分隔，就是两个不连续的门牌号，例如 3029 号、3284 号，将这两个门牌号保存到 F 列，地址保存到 E 列；

4. 如果又有逗号分隔，又有横杠分隔，例如 24 号、30-31 号、46 号，就表示是四个号码 24 号、30 号、31 号、46 号，在 E 列的四个单元格保存相同地址，在 F 列的不同行单元格分别往下保存着四个门牌号。

5. 其他单元格的门牌号，也遵循以上的这些普遍规律。

图 5-20　上传文件，输入详细描述的提示词

DeepSeek 对数据的拆分步骤解释及拆分结果如图 5-21 所示。

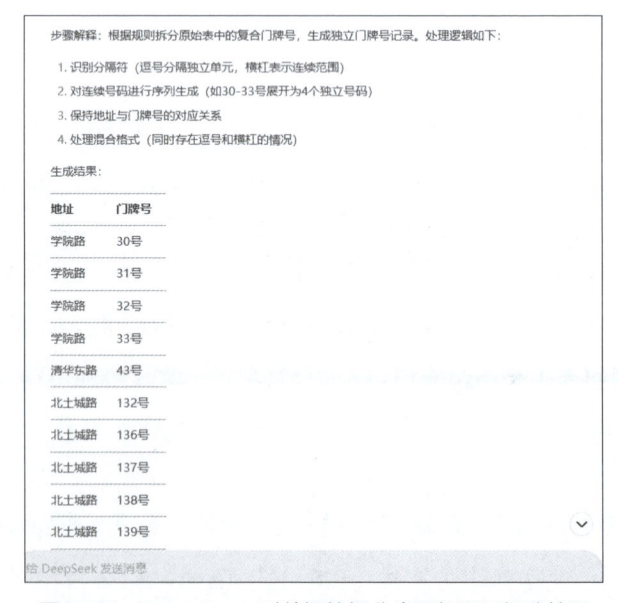

图 5-21　DeepSeek 对数据的拆分步骤解释及拆分结果

第 5 章　DeepSeek 辅助不规范表单的数据基本分析

如果数据量非常大（例如数千行），DeepSeek 可能没有办法直接输出全部数据。此时，可以让 DeepSeek 设计一个自动化处理的 VBA 代码，这样就可以一键完成。

DeepSeek 也提到了可以使用 Excel 公式（如 TEXTSPLIT + SEQUENCE 函数）来解决，那么不妨输入下面的提示词，让 DepSeek 帮忙设计公式，如图 5-22 所示。

你提到了可以使用 Excel 公式（如 TEXTSPLIT + SEQUENCE 函数）来解决，请设计拆分公式。

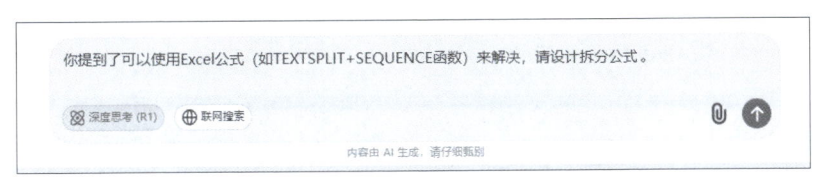

图 5-22　继续输入提示词，求助设计公式

DeepSeek 设计的公式如图 5-23 所示。然而，这个公式很长，且使用了很多高版本 Excel 才能使用的函数。因此，很多人可能既看不懂这个公式，也无法使用这个公式。不过，这也是一种解决方法，可以拓展思路。

图 5-23　DeepSeek 设计的公式

5.1.4　数据完整性加工整理

有些情况下，数据表格存在大量空单元格或者空行空列，造成数据缺失，这可能会严重影响数据分析，导致分析结果严重失真甚至错误。

例如，图 5-24 是一个比较简单的、从系统导出的数据表单，是发货明细表。现在要对每个客户的发货情况进行统计分析，或者对每个产品的发货情况进行统计分析。

这个表格保存在 Excel 工作簿"发货明细表 .xlsx"。

	A	B	C	D	E	F	G	H
1	日期	单据编号	客户编码	购货单位	产品代码	产品名称	实发数量	金额
2	2025-04-01	XOUT004664	37106103	客户A	005	产品05	5000	26766.74
3	2025-04-01	XOUT004665	37106103	客户B	005	产品05	1520	8137.09
4					006	产品06	1000	4690.34
5	2025-04-02	XOUT004666	00000006	客户C	001	产品01	44350	196356.73
6	2025-04-04	XOUT004667	53004102	客户D	007	产品07	3800	45044.92
7					007	产品07	600	7112.36
8	2025-04-03	XOUT004668	00000006	客户E	001	产品01	14900	65968.78
9					001	产品01	33450	148097.69
10	2025-04-04	XOUT004669	53005101	客户A	007	产品07	5000	59269.64
11	2025-04-04	XOUT004670	55803101	客户G	007	产品07	2300	27264.03
12					007	产品07	2700	32005.6
13	2025-04-04	XOUT004671	55702102	客户H	007	产品07	7680	91038.16
14					007	产品07	1420	16832.58
15	2025-04-04	XOUT004672	37106103	客户E	005	产品05	3800	20342.73
16					002	产品02	2000	12181.23
17					001	产品01	1500	17780.89
18					008	产品08	2200	45655
19	2025-04-04	XOUT004678	91006101	客户A	007	产品07	400	4741.57
20	2025-04-04	XOUT004679	37106103	客户K	005	产品05	10000	53533.49
21	2025-04-04	XOUT004680	91311105	客户C	007	产品07	2000	18037.83
22					007	产品07	500	5926.96
23					002	产品02	1520	8826.02
24	2025-04-04	XOUT004681	91709103	客户G	002	产品02	2000	11613.18

图 5-24　发货明细表

在这个表格中，A 列至 D 列存在大量空单元格，但这些单元格实际上是应该有数据的（是上一行数据），如何快速处理这样的空单元格？在 Excel 中，这个问题处理起来是非常简单的，使用定位填充法即可快速完成。

但如果使用 DeepSeek，能怎样帮助我们呢？下面结合这个案例，来练习如何使用 DeepSeek 寻找解决问题的方法和工具。

选择"深度思考（R1）"模型，上传文件，输入下面的提示词，如图 5-25 所示。

请检查这个表格，各列数据都存在哪些错误和不规范。

并请介绍处理这些不规范的实用高效工具及其详细步骤。

第 5 章　DeepSeek 辅助不规范表单的数据基本分析

图 5-25　上传文件，输入提示词

DeepSeek 给出的初步检查结果如图 5-26 所示。

图 5-26　DeepSeek 给出的初步检查结果

其实，DeepSeek 返回的信息是不全面的，因为这个表格的问题并不是 DeepSeek 认为的这么简单。除了 A 列至 D 列缺失数据外（这点 DeepSeek 已经指明了），G 列和 H 列的文本型数字也是一个大问题，因为文本型数字是无法使用函数或者数据透视表进行汇总计算的。

下面我们进一步具体化提示词，如图 5-27 所示。

我想使用这个表格制作数据透视表，请问这个表格满足制作数据透视表的条件吗？如果不满足，是哪些问题造成的？

DeepSeek 赋能高效数据分析

> 我想使用这个表格制作数据透视表，请问这个表格满足制作数据透视表的条件吗？如果不满足，是哪些问题造成的？

图 5-27　继续输入具体化提示词

发送提示词后，DeepSeek 就这个提问进行深度思考，从满足数据透视表的要求来检查数据，包括数据结构的规范性、数据的完整性、数据的一致性、数值的合理性等，如图 5-28 所示。

> 首先，我需要回忆数据透视表的基本要求。数据透视表通常需要以下几个条件：
>
> 1. **数据结构的规范性**：每一列应有明确的标题，且数据应按行和列整齐排列，没有合并单元格或缺失关键字段。
>
> 2. **数据的完整性**：关键字段（如日期、单据编号、客户编码、产品代码等）不应有空值，否则在分组或汇总时会出现问题。
>
> 3. **数据的一致性**：同一字段下的数据应格式统一，例如日期格式一致，客户编码与购货单位一一对应，产品代码与产品名称一致。
>
> 4. **数值的合理性**：数值型字段（如实发数量、金额）不应有异常值（如负数、零值或明显不合理的数值）。
>
> 接下来，我需要结合之前检查出的表格问题，逐一验证这些条件是否满足：

图 5-28　DeepSeek 检查表格的四个出发点

而 DeepSeek 给出的检查结果是"不满足"，并列示了一些不满足的原因，如图 5-29 所示。

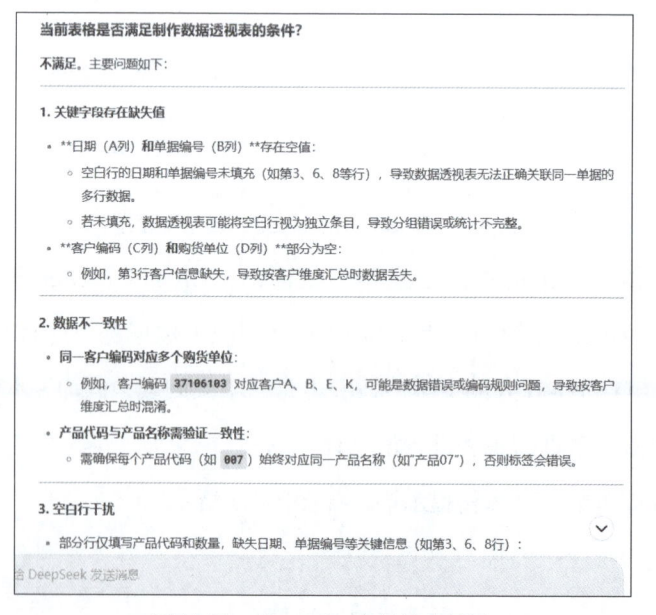

> 当前表格是否满足制作数据透视表的条件？
>
> 不满足。主要问题如下：
>
> 1. 关键字段存在缺失值
>   - **日期（A列）** 和**单据编号（B列）** **存在空值：**
>   - 空白行的日期和单据编号未填充（如第3、6、8等行），导致数据透视表无法正确关联同一单据的多行数据。
>   - 若未填充，数据透视表可能将空白行视为独立条目，导致分组错误或统计不完整。
>   - **客户编码（C列）** 和购货单位（D列）**部分为空：**
>   - 例如，第3行客户信息缺失，导致按客户维度汇总时数据丢失。
>
> 2. 数据不一致
>   - 同一客户编码对应多个购货单位：
>   - 例如，客户编码 `37106103` 对应客户A、B、E、K，可能是数据错误或编码规则问题，导致按客户维度汇总时混淆。
>   - 产品代码与产品名称需验证一致性：
>   - 需确保每个产品代码（如 `007`）始终对应同一产品名称（如产品07），否则标签会错误。
>
> 3. 空白行干扰
>   - 部分行仅填写产品代码和数量，缺失日期、单据编号等关键信息（如第3、6、8行）

图 5-29　DeepSeek 的检查结果

第 5 章　DeepSeek 辅助不规范表单的数据基本分析

但是，DeepSeek 仍然没有发现 G 列和 H 列是文本型数字的问题，而这个问题是非常致命的，因为如果求和的话，将发现结果都是 0。

总之，DeepSeek 能够发现 A 列至 D 列的数据缺失问题，这已经非常了不起了，针对这个问题，DeepSeek 也给出了在 Excel 上和在 Python 上的解决方法，如图 5-30 所示。

其中，Excel 上的解决方法最为简单高效，也就是我们前面说过的定位填充法。不过，这里要注意的是，DeepSeek 居然是一列一列处理，而不是先选择 A 列至 D 列批量处理。

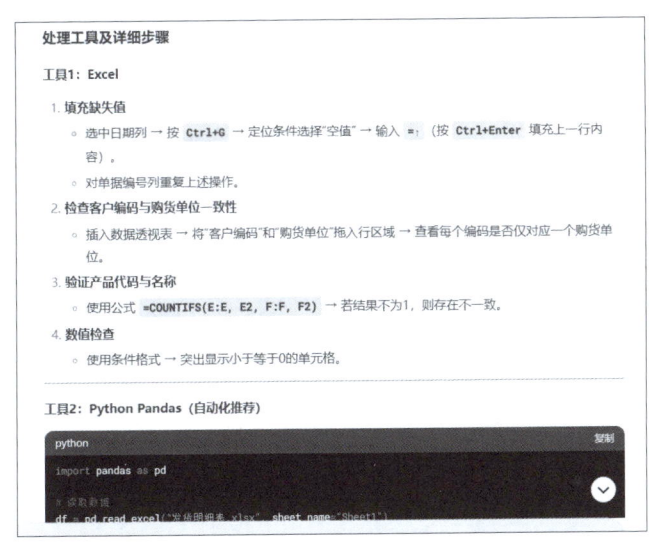

图 5-30　在 Excel 和 Python 上处理 A 列至 D 列空单元格缺失数据的方法

针对 G 列和 H 列文本型数字的格式转换问题，解决方法有很多，我们可以利用 DeepSeek 梳理总结一下。

继续输入下面的提示词，如图 5-31 所示。

其实，G 列和 H 列是文本型数字，这点你却没发现。现在我想进一步了解将文本型数字转换为能够汇总计算的数值型数字，在 Excel 上有哪些实用方法，麻烦你总结一下。

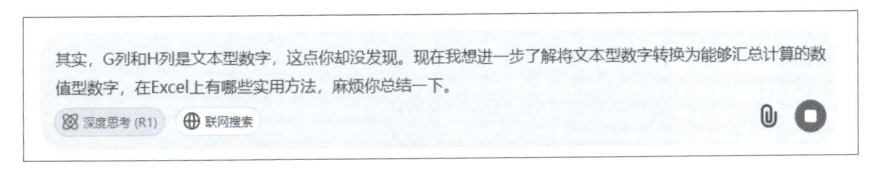

图 5-31　继续输入具体需求的提示词

DeepSeek 介绍了以下 5 种实用方法，如图 5-32 所示，在实际数据处理中，这些方法都可以根据具体选择使用：

▶ 方法 1：使用"错误检查"快速转换。

▶ 方法 2：文本分列强制转换。

▶ 方法 3：使用公式转换。

▶ 方法 4：粘贴特殊运算。

▶ 方法 5：清除不可见字符（如空格）。

如果要验证转换是否成功，可以采用以下几个方法：

▶ 对齐方式：数值型默认右对齐，文本型左对齐。

▶ SUM 函数测试：输入 =SUM(G:G) 或 =SUM(H:H)，若返回正确结果，则转换成功。

▶ ISNUMBER 函数：输入 =ISNUMBER(G2)，结果为 TRUE 表示已是数值型。

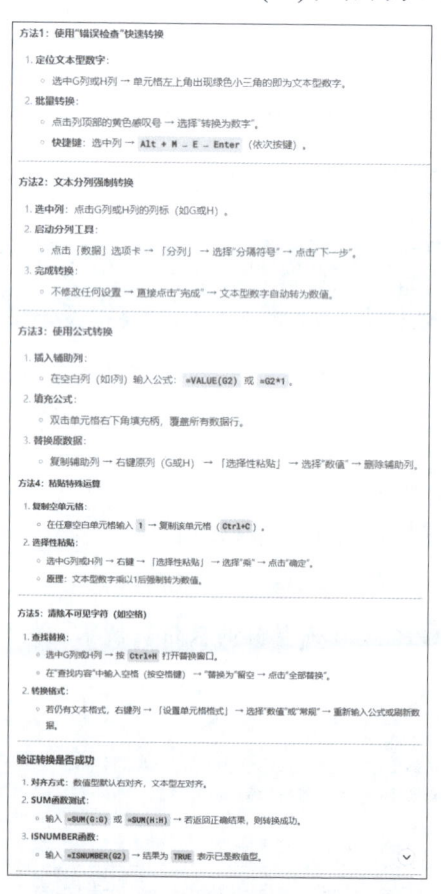

图 5-32 转换文本型数字的 5 种方法

5.2 利用DeepSeek快速检查表格数据

许多表格存在的错误，眼睛是很难发现的，这些错误包括数据格式的错误、数据分类的错误、数据之间逻辑匹配上的错误，等等。我们都可以借助DeepSeek快速检查，尽管可能无法完全解决问题，但至少能够减少工作量，提高工作效率。

5.2.1 数据格式检查与转换整理

数据格式问题通常包括无法判断大小的非法日期、无法判断文本格式的日期、无法计算的文本格式数字以及格式混杂的数字编码等，这些问题一般使用Excel常用工具（例如分列工具、函数公式）就可以快速解决。

在某些情况下，我们可以对这样的数据进行检查，以便快速发现问题，尤其是在格式混杂的情况下，可以迅速定位可疑单元格并进行修改。

例如，图5-33是保存的日期，但有些日期是错误的格式，如何快速找出错误单元格日期？这个数据保存在Excel工作簿"日期格式检查与修改.xlsx"。

	A	B	C
1			
2		日期	
3		2025-04-05	
4		2025-3-16	
5		2025-2-29	
6		2025-4-28	
7		2025-4-2	
8		2025-3-32	
9		2025 4 30	
10		4-23 2025	
11		2025-4-20	
12		2025-4-11	
13		2025-4-8	
14			

图5-33 日期格式混乱

选择"深度思考（R1）"模型，上传文件，然后输入下面的提示词，如图5-34所示。

请详细检查B列日期，哪些单元格日期是错误的（例如，文本型日期，根本就不是日期，等等），并指出错误日期所在的单元格。

请将检查结果生成一个表格，第一列是错误日期所在单元格，第二列是日期数据，第三列是应当纠正的正确结果或者建议。

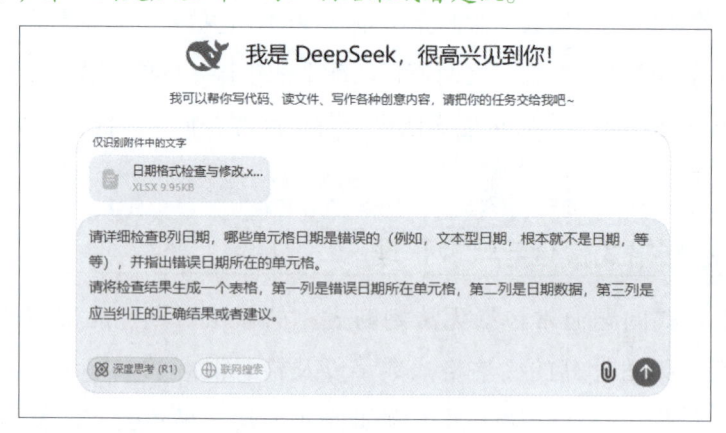

图 5-34　上传文件，输入提示词

发送提示词后，DeepSeek 就会逐行检查，并将检查结果生成一个检查表，如图 5-35 所示。当然，或许是我们输入的提示词不是很精准，导致 DeepSeek 给出的结果不是很满足我们的要求。

错误单元格	日期数据	纠正建议或正确结果
B6	2025-2-29	2025-02-28（2025年非闰年，2月最多28天）
B9	2025-3-32	2025-03-31（3月最多31天）
B10	2025 4 30	2025-04-30（规范格式为 YYYY-MM-DD）
B11	4-23 2025	2025-04-23（调整顺序为 YYYY-MM-DD）
B5	2025-03-16 00:00:00	2025-03-16（去除时间部分）
B8	2025-04-02 00:00:00	2025-04-02（去除时间部分）
B12	2025-04-20 00:00:00	2025-04-20（去除时间部分）
B13	2025-04-11 00:00:00	2025-04-11（去除时间部分）
B14	2025-04-08 00:00:00	2025-04-08（去除时间部分）
B7	2025-4-28	2025-04-28（补全月份前导零）

说明：
1. 无效日期：B6（2月29日不存在于非闰年2025）、B9（3月无32日）。
2. 格式问题：B10（多余空格）、B11（顺序颠倒）、B7（月份缺少前导零）。
3. 时间部分：B5、B8、B12-B14包含冗余时间 `00:00:00`，建议仅保留日期。
4. 统一建议采用标准日期格式 `YYYY-MM-DD`。

图 5-35　DeepSeek 给出的检查结果

第 5 章 DeepSeek 辅助不规范表单的数据基本分析

在 DeepSeek 返回的检查结果中，列示的日期中有时间后缀 00:00:00，这是怎么回事？单元格的日期本来是只有日期，并没有时间的。如果想要了解这方面的知识，不妨再去问问 DeepSeek，继续输入下面的提示词。

单元格保存的时日期数据，你给出的检查结果中列示的日期却有时间后缀 00:00:00，请问这是怎么回事？

单击发送按钮后，DeepSeek 关于日期中有时间后缀 00:00:00 的解释如图 5-36 所示。

> 首先，我需要回忆Excel如何处理日期和时间。Excel内部将日期和时间存储为序列号，其中整数部分代表日期，小数部分代表时间。例如，2025-04-22 00:00:00会被存储为一个整数，而带有时间的日期会有一个小数部分。默认情况下，如果单元格的格式设置为日期，Excel可能只显示日期部分，而隐藏时间部分。但如果单元格的格式是日期时间格式，或者输入数据包含时间，即使时间是00:00:00，Excel仍然会存储这个时间信息。
>
> 接下来，我需要检查用户提供的数据。在用户提供的表格中，日期列的格式都是"YYYY-MM-DD 00:00:00"，例如"2025-04-22 00:00:00"。这表明这些单元格可能被设置为日期时间格式，或者输入时包含了时间部分。即使用户只输入了日期，Excel可能默认添加了时间部分，尤其是当数据是通过某些导入方式或公式生成的。

图 5-36 DeepSeek 关于日期中有时间后缀 00:00:00 的解释

当然了，DeepSeek 不会仅仅只给出上述的一些解释，它还会详细介绍一些与此相关的知识和技能，这些信息对我们也是非常有用的，如图 5-37 所示。

> **为什么重复检查结果中显示 `00:00:00` ?**
> 1. **数据输入或格式问题：**
>   - 若原始数据在输入时包含时间（即使为 `00:00:00`），或单元格格式被设置为**"日期+时间"**，Excel会强制显示时间部分。
>   - 即使时间部分为 `00:00:00`，Excel仍会将其视为完整的日期时间值进行存储和比较。
> 2. **重复检查逻辑：**
>   - 在您的数据中，所有日期的时间均为 `00:00:00`，因此实际日期部分相同，**重复检查是正确的**。
>   - 显示的时间后缀不会影响重复性判断，因为所有行的日期时间值完全相同。
>
> **如何隐藏时间后缀 `00:00:00` ?**
> 1. **调整单元格格式：**
>   - 选中日期列 → 右键 → **设置单元格格式** → 选择**"日期"**分类 → 选择仅显示日期的格式（如 `YYYY-MM-DD`）。
>   - 时间部分 `00:00:00` 会被隐藏，仅显示日期，但实际存储值不变。
> 2. **使用公式提取纯日期**（如需彻底去除时间部分）：
>   - 插入新列，输入公式： `=INT(A2)` （假设日期数据在A列），将结果格式设置为日期。
>   - 基于新列进行去重操作，可完全忽略时间部分。
>
> **注意事项**
> - 若原始数据中存在非零时间（如 `12:30:00`），需按上述方法处理，否则会被视为不同值。
> - 格式调整仅影响显示，不影响存储值。若需彻底删除时间部分，必须通过公式或分列功能处理。

图 5-37 DeepSeek 返回的相关知识和技能

085

针对日期和时间问题，我们还可以借助 DeepSeek 了解更多相关的知识，继续输入下面的提示词，如图 5-38 所示。

> 我想借此机会了解学习更多的在 Excel 中处理日期和时间的相关知识，例如：
> 日期和时间是什么？
> 如何正确输入日期和时间？
> 如何快速修改非法日期？
> 如何设置日期和时间的自定义格式？
> 有哪些常用的日期时间函数？

```
我想借此机会了解学习更多的在Excel中处理日期和时间的相关知识，例如：
日期和时间是什么？
如何正确输入日期和时间？
如何快速修改非法日期？
如何设置日期和时间的自定义格式？
有哪些常用的日期时间函数？

⊗ 深度思考(R1)   ⊕ 联网搜索                    ⌘  ↑
```

图 5-38　继续输入提示词，了解学习更多相关的知识和技能

关于日期和时间是什么，DeepSeek 的回答如图 5-39 所示。

```
1. 日期和时间是什么？
 • 存储原理：
   Excel将日期和时间存储为序列号，其中：
    ○ 日期部分：整数（从1900年1月1日为1开始计算）。
    ○ 时间部分：小数（例如，中午12:00是0.5）。
    ○ 示例：2025-04-22 12:00:00 存储为 45410.5。
 • 显示与存储分离：
   单元格格式决定显示方式，但实际存储值不变（例如，45410 可显示为"2025-04-22"或"22-Apr-2025"）。
```

图 5-39　DeepSeek 关于日期和时间是什么的回答

关于如何正确输入日期和时间，DeepSeek 的回答如图 5-40 所示。

关于如何快速修改非法日期，DeepSeek 的回答如图 5-41 所示。

关于如何设置日期和时间的自定义格式，DeepSeek 的回答如图 5-42 所示。

关于常用的日期和时间函数，DeepSeek 的回答如图 5-43 所示。

第 5 章　DeepSeek 辅助不规范表单的数据基本分析

2. 如何正确输入日期和时间？
- 日期输入：
  - 使用分隔符：`YYYY/MM/DD`、`YYYY-MM-DD`、`MM/DD/YYYY`（取决于区域设置）。
  - 示例：输入 `2025/4/22` 或 `22-Apr-2025`。
- 时间输入：
  - 使用冒号分隔：`HH:MM:SS`（24小时制）或 `HH:MM AM/PM`（12小时制）。
  - 示例：`14:30` 或 `2:30 PM`。
- 日期+时间输入：
  - 用空格分隔日期和时间：`2025/4/22 14:30`。
- 注意事项：
  - 确保单元格格式为"日期"或"时间"，否则可能被识别为文本。
  - 区域设置影响默认格式（控制面板 → 区域设置 → 日期/时间格式）。

图 5-40　DeepSeek 关于如何正确输入日期和时间的回答

3. 如何快速修改非法日期？
- 常见非法日期问题：
  - 文本格式日期（如"2025年4月22日"未按正确格式输入）。
  - 超出Excel支持的日期范围（1900年1月1日之前或10000年之后）。
- 解决方法：
  1. 分列功能：
     - 选中数据 → **数据** → **分列** → 选择"日期"格式 → 完成。
  2. 公式转换：
     - 使用 `=DATEVALUE(A1)` 转换文本为日期，`=TIMEVALUE(A1)` 转换文本为时间。
  3. 条件格式标记：
     - **开始** → **条件格式** → **新建规则** → 使用公式：`=ISERROR(A1*1)`，设置颜色标记非法值。

图 5-41　DeepSeek 关于如何快速修改非法日期的回答

4. 如何设置日期和时间的自定义格式？
- 操作步骤：
  1. 选中单元格 → **右键** → **设置单元格格式** → **自定义**。
  2. 输入格式代码：
     - 日期代码：
       - `yyyy`：四位年份（2025）
       - `mm`：两位月份（04）
       - `dd`：两位日期（22）
       - `mmm`：英文月份缩写（Apr）
       - `mmmm`：英文月份全称（April）
     - 时间代码：
       - `hh`：小时（12小时制）
       - `HH`：小时（24小时制）
       - `mm`：分钟
       - `ss`：秒
       - `AM/PM`：显示上午/下午
  - 示例：
    - `yyyy-mm-dd` → 2025-04-22
    - `dd-mmm-yy` → 22-Apr-25
    - `hh:mm AM/PM` → 02:30 PM

图 5-42　DeepSeek 关于如何设置日期和时间的自定义格式的回答

```
5. 常用的日期时间函数

| 函数 | 用途 | 示例 |
|---|---|---|
| TODAY() | 返回当前日期 | =TODAY() → 2023-10-05 |
| NOW() | 返回当前日期和时间 | =NOW() → 2023-10-05 14:30 |
| DATE(年,月,日) | 组合日期 | =DATE(2025,4,22) → 2025-04-22 |
| TIME(时,分,秒) | 组合时间 | =TIME(14,30,0) → 14:30 |
| DATEDIF(开始日,结束日,"单位") | 计算日期差值（单位如"Y"年、"M"月、"D"日） | =DATEDIF(A1,B1,"D") → 天数差 |
| YEAR(日期) | 提取年份 | =YEAR(A1) → 2025 |
| MONTH(日期) | 提取月份 | =MONTH(A1) → 4 |
| DAY(日期) | 提取日 | =DAY(A1) → 22 |
| HOUR(时间) | 提取小时 | =HOUR(A1) → 14 |
| EDATE(日期,月数) | 返回指定月数后的日期 | =EDATE(A1,3) → 2025-07-22 |

实际应用示例
- 计算年龄：
  =DATEDIF(出生日期, TODAY(), "Y") & "岁"
- 倒计时天数：
  =目标日期 - TODAY()
- 提取周末日期：
  =IF(WEEKDAY(A1,2)>5, "周末", "工作日")

注意事项
- 日期函数结果依赖系统时间，确保电脑时间准确。
- 使用 Ctrl+; 快速输入当前日期，Ctrl+Shift+; 输入当前时间。
- 跨区域协作时，统一日期格式避免混淆。
```

图 5-43　DeepSeek 关于常用的日期和时间函数的回答

总之，你喜欢提问，DeepSeek 乐意回答，也许有时候它的回答不能让我们百分之百满意，但我们或多或少也能够从它那里获取有用的知识和技能。

5.2.2　产品分类错误检查

图 5-44 所示是产品分类表，这个表格可能存在着一些错误，例如，笔误（把 AAA 类写成了 AA 类），或者本该是 AAA 类的产品却被处理为了 DDD 类，等等。

这个表格数据保存在 Excel 工作簿"产品资料表 .xlsx"。

第 5 章 DeepSeek 辅助不规范表单的数据基本分析

	A	B	C	D	E
1	产品类别	产品代码	产品名称	规格型号	单位
2	AAA类	7.02.16.054	产品113	872*1524MM	BOX
3	AAA类	6.16.18.265	产品048	1103*1807MM	BOX
4	AAA类	8.22.04.846	产品134	1720*693mm	BOX
5	AAA类	5.22.02.205	产品028	463*1524MM	BOX
6	AAA类	3.12.07.255	产品197	1429*2422MM	BOX
7	AAA类	6.12.20.740	产品066	1667*1266MM	BOX
8	AAA类	1.12.23.242	产品184	2090*2065mm	BOX
9	AAA类	5.03.07.779	产品069	683*803MM	BOX
10	AAA类	8.05.08.133	产品068	2039*219MM	BOX
11	AAA类	2.23.18.251	产品073	2317*2278MM	BOX
12	A A类	2.21.07.457	产品142	1259*1774mm	BOX
13	AAA类	4.16.21.274	产品201	1220*2025MM	BOX
49	DDD类	1.01.18.315	产品107	1480*1732MM	M2
50	DDD类	1.10.20.358	产品190	1356*758MM	M2
51	DDD类	4.22.15.409	产品145	130*548MM	M
52	DDD类	6.01.01.208	产品077	985*1959MM	M2
53	DDD类	4.09.22.126	产品168	1857*702MM	M2
54	DDD类	5.07.03.795	产品002	606*1228MM	M2
55	DDD类	3.01.18.430	产品432	759*1594MM	M2
56	其他类	5.15.23.497	产品009	749*1179mm	KG
57	其他类	6.01.13.490	产品243	2500*1726MM	KG
58	其他类	3.13.18.852	产品074	1744*109MM	KG
59	其他类	1.07.06.277	产品160	687*1596MM	KG

图 5-44　产品分类表

选择"深度思考（R1）"模型，上传文件，然后输入下面的提示词，如图 5-45 所示。

根据你的以往经验，请详细检查表格中可能存在的错误，并列示出错误发生在哪些行哪些单元格。

如有可能，最后也请将这些可能的错误生成一个列表，以便于我去检查修改。

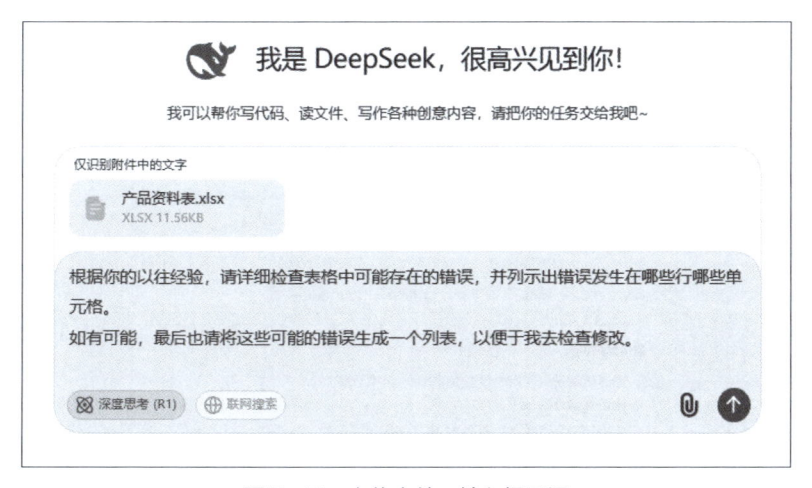

图 5-45　上传文件，输入提示词

089

由于数据量不大，DeepSeek 的检查是很快的，检查结果如图 5-46 所示，错误汇总表如图 5-47 所示。仔细阅读这些检查结果，再对照错误汇总表一一检查修改。

图 5-46　DeepSeek 给出的检查结果

图 5-47　错误汇总表

5.2.3 重复数据检查

重复数据会造成重复计算，使分析结果失真。我们可以利用 DeepSeek 快速发现表格中的重复数据，并明确指出重复数据。

图 5-48 是一个销售数据的简单示例，可能存在重复录入数据的情况。下面我们利用 DeepSeek 检查重复数据，并寻找删除重复数据的方法。

	A	B	C	D
1	日期	客户	产品	销量
2	2025-4-22	客户6	产品7	577
3	2025-5-17	客户2	产品8	1281
4	2025-4-4	客户1	产品3	1059
5	2025-2-10	客户6	产品4	1272
6	2025-4-9	客户5	产品3	1238
7	2025-2-11	客户3	产品1	119
8	2025-3-28	客户4	产品3	953
9	2025-5-22	客户4	产品3	189
10	2025-1-25	客户4	产品1	1130
11	2025-5-28	客户3	产品7	1368
12	2025-4-9	客户5	产品3	1238
13	2025-3-14	客户5	产品3	1057
14	2025-4-4	客户1	产品3	1059
15	2025-4-14	客户6	产品2	763
16	2025-4-4	客户1	产品3	1059
17	2025-4-9	客户5	产品3	1238
18	2025-2-10	客户5	产品5	1964
19	2025-4-22	客户6	产品7	577
20	2025-4-28	客户2	产品5	1223

图 5-48　销售数据的示例

选择"深度思考（R1）"模型，上传文件，然后输入下面的提示词，如图 5-49 所示。

请检查这个表格数据是否有重复，哪些数据重复出现了，如何在 Excel 上快速去重。

这里数据重复的定义是：如果所有列的数据都完全相同，那就是完全重复的行。

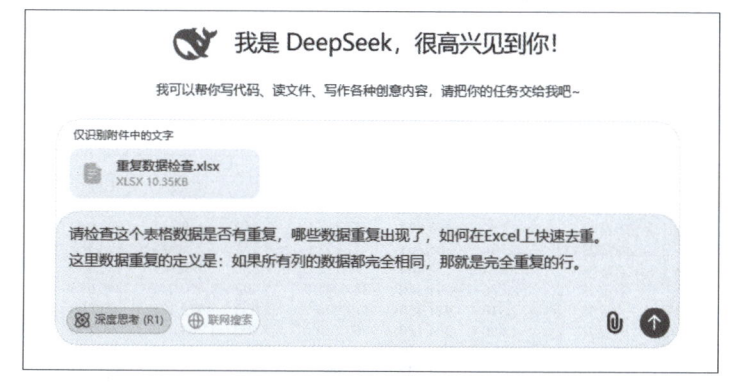

图 5-49　上传文件，输入提示词

发送提示词后，DeepSeek 就会开始逐行检查，并给出检查结果，同时也根据我们的要求，介绍了在 Excel 上删除重复数据的方法和步骤，如图 5-50 所示。

```
在提供的表格数据中，以下行是完全重复的（所有列数据相同）：
重复行及出现次数：
 1. 2025-04-22 00:00:00 | 客户6 | 产品7 | 577  （重复2次）
 2. 2025-04-04 00:00:00 | 客户1 | 产品3 | 1059 （重复3次）
 3. 2025-04-09 00:00:00 | 客户5 | 产品3 | 1238 （重复2次）

Excel快速去重步骤：
1. 选择数据范围：
   ○ 选中整个表格（包括标题行）。
2. 使用"删除重复项"功能：
   ○ Excel菜单栏 → 数据 → 删除重复项。
   ○ 勾选所有列（日期、客户、产品、销量），确保按所有列检查重复。
   ○ 点击"确定"，Excel会删除完全重复的行，仅保留唯一值。
3. 验证结果：
   ○ 删除后，重复行会被自动移除，剩余数据为唯一值。
```

图 5-50　DeepSeek 给出的检查结果及解决方法

5.3　利用 DeepSeek 快速检查表格逻辑关系

很多表格数据之间是有逻辑关系的，这种逻辑关系包括联接逻辑、计算逻辑、业务逻辑等。如果数据之间的逻辑关系出现问题，则会严重影响数据分析，甚至导致分析结果出现错误。

5.3.1　一个表内的数据逻辑关系检查

图 5-51 是一个产品两年销售统计表，这是自己汇总计算生成的报表，现在想要检查这个表格是否有问题。

产品	今年销量	今年销售额	今年毛利	去年销量	去年销售额	去年毛利
产品01	326	189,732	108,202	3,533	1,840,693	267,703
产品02	1,714	433,642	267,757	2,449	749,394	395,043
产品03	1,496	88,264	41,052	4,875	306,875	264,382
产品04	974	132,464	70,772	2,385	456,705	110,339
产品05	2,770	1,091,380	280,041	1,502	410,046	248,613
产品06	2,310	427,350	171,486	2,639	472,381	93,868
产品07	1,656	861,120	861,120	2,490	1,284,840	590,256
产品08	4,920	537,880	173,516	3,751	348,504	51,337
合计	16,166	3,661,832	1,252,965	23,824	5,879,438	1,821,541

图 5-51　产品两年销售统计表

第 5 章 DeepSeek 辅助不规范表单的数据基本分析

选择"深度思考（R1）"模型，上传文件，然后输入下面的提示词，如图 5-52 所示。

请全面检查这个表格是否存在错误，例如重复数据、逻辑关系问题，尤其是两年数据之间的计算逻辑是否合理等。

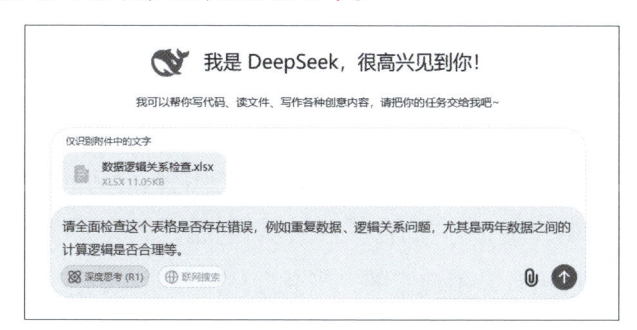

图 5-52　上传文件，输入提示词

发送上述提示词后，DeepSeek 就会快速进行检查，返回的检查结果及修正建议如图 5-53 所示，然后仔细阅读这些信息，再对照表格进行逐一检查修改。

图 5-53　检查结果及修正建议

093

例如，产品 07 今年销售额与毛利均为 861,120，成本居然为 0，显然不符合商业逻辑；今年销售额合计数计算错误，实际应为 5,869,438；产品 01 销量异常波动，去年销量为 3,533，今年骤降至 326，降幅超过 90%，要检查是否数据输入错误，还是该产品本身销售就是这样。

5.3.2 多个表格数据检查

如果是多个有关联的工作表数据，需要验证它们之间的关联是否符合业务逻辑和计算逻辑，是否存在时间上的逻辑问题，等等。这样的逻辑关系，如果用眼睛来逐行检查是不现实的，当数据量不是很大的情况下，可以借助 DeepSeek 快速检查。

图 5-54 是工作簿中的两个表，分别保存着全部订单记录和全部发货记录，现在要检查这两个表数据是否有问题。例如，没有订单记录表却有发货记录；某个客户的订单却发货给了另外一个客户；同一个订单的数量和金额与发货数量和金额不同；等等。

这两个表格保存在 Excel 工作簿"多个表格数据检查 .xlsx"。

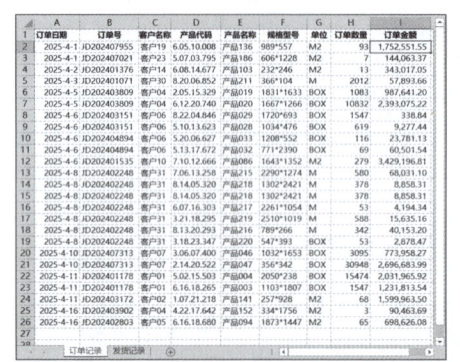

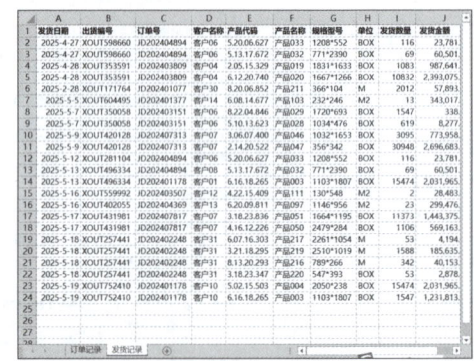

图 5-54 订单记录表和发货记录表

选择"深度思考（R1）"模型，上传文件，然后输入下面的提示词，如图 5-55 所示。

请全面检查订单记录表和发货记录表，找出不符合逻辑的异常数据。
已知条件：
1. 订单记录表和发货记录表是通过订单号关联；
2. 一个订单可能有多个产品。

第 5 章　DeepSeek 辅助不规范表单的数据基本分析

任务：

1. 是否存在没有订单记录但却有发货记录？

2. 是否存在某个客户的订单却发货给了另外一个客户？

3. 是否同一个订单、同一个产品的数量和金额与发货数量和金额不同？

4. 是否存在重复发货？

5. 是否存在多发货或者少发货情况？

6. 其他不符合逻辑的问题。

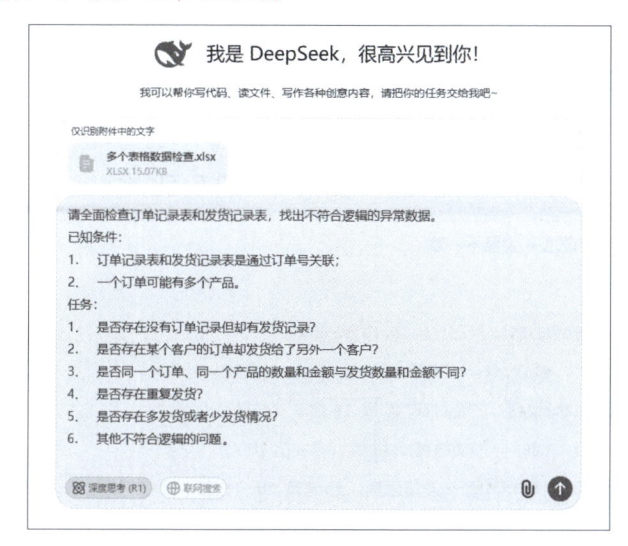

图 5-55　上传文件，输入提示词

将上述提示词（需求）发送给 DeepSeek，看看它是如何回答我们提出的要求的。

任务 1：是否存在没有订单记录但却有发货记录，检查结果如图 5-56 所示。

图 5-56　没有订单记录却有发货记录

095

任务 2：是否存在某个客户的订单却发货给了另外一个客户，检查结果如图 5-57 所示。

```
2. 客户名称不一致
 • 异常订单号：
    ○ JD202404894 （订单客户06 → 发货客户08）
    ○ JD202401178 （订单客户01 → 发货客户10）
 • 说明：同一订单号的客户在订单和发货记录中不匹配。
```

图 5-57 某个客户的订单却发货给了另外一个客户

任务 3：是否同一个订单、同一个产品的数量和金额与发货数量和金额不同，检查结果如图 5-58 所示。

任务 4：是否存在重复发货，检查结果如图 5-59 所示。

```
3. 同一订单、产品的数量和金额不一致
 • 异常记录：
    ○ 订单号 JD202403151，产品代码 5.10.13.623：
        ▪ 订单金额：9277.44 → 发货金额：8277.44 （金额少 1000）
    ○ 订单号 JD202402248，产品代码 3.21.18.295 （产品219）：
        ▪ 订单数量：588 → 发货数量：1588 （多发货 1000）
        ▪ 订单金额：15635.16 → 发货金额：185635.16 （金额不符）
```

图 5-58 同一个订单、同一个产品的数量和金额与发货数和金额不同

```
4. 重复发货
 • 重复记录：
    ○ 订单号 JD202404894，产品033 (1208*552)：
        ▪ 发货日期 2025-04-27 和 2025-05-12 重复发货，数量均为 116 （订单总量为116）。
    ○ 订单号 JD202402248，产品220 (547*393)：
        ▪ 发货记录重复两次，数量均为 53 （订单总量为53）。
```

图 5-59 重复发货

任务 5：是否存在多发货或者少发货情况，检查结果如图 5-60 所示。不过，这个检查结果需要仔细查看，我们重点关注的是某个订单已经发货，但发货数量和金额不是足额的，至于某个订单在订单记录表存在，而在发货记录表中不存在，则属于还未发货情况。

第 5 章 DeepSeek 辅助不规范表单的数据基本分析

```
5. 多发货或少发货
 • 多发货：
   ○ 订单号 JD202402248，产品219 (2510*1019)：
     ▪ 订单数量 588 → 发货数量 1588 (超发 1000)。
 • 少发货：
   ○ 订单号 JD202401535 (客户10，产品086)：
     ▪ 订单数量 279，发货记录中无对应数据。
   ○ 订单号 JD202403172 (客户02，产品141)：
     ▪ 订单数量 68，发货记录中无对应数据。
```

图 5-60　多发货或者少发货情况

任务 6：其他异常情况，检查结果如图 5-61 所示。例如，订单号为 JD202401071 的产品的发货日期早于订单日期，在业务处理上这是否正常？

```
6. 其他逻辑问题
 • 发货日期早于订单日期：
   ○ 订单号 JD202401071 (订单日期：2025-04-03) → 发货日期：2025-02-28 (早于订单日期)。
 • 产品规格或单位不一致：
   ○ 订单号 JD202401071 (产品211)：
     ▪ 订单单位 M → 发货单位 M (一致，但其他订单中类似产品可能存在问题，需进一步检查)。
 • 金额计算错误：
   ○ 订单号 JD202403151，产品029 (1720*693)：
     ▪ 订单金额 338.84 (数量1547，单价异常低，可能输入错误)。
```

图 5-61　其他异常问题

5.4　利用 DeepSeek 快速分析不规范表格

前面我们介绍了如何利用 DeepSeek 快速检查并修正不规范表格中的一些常见问题，下面我们将介绍如何利用 DeepSeek 快速分析不规范表格数据，并制作基本统计分析报告。

这里所说的不规范表格，是相对规范一维表单而言的。也就是说，这种不规范表格实质上已经是一个合并汇总统计表了，但是对这样统计表数据的分析，在第 3 章就已经做过比较详细的论述。本节的重点主要是介绍如何借助 DeepSeek 生成一些自动化分析报告的相关技能和技巧，例如，快速纠正表格错误，而不是手动去修改；快速生成基本报告，而不是手动去一点一点做。

5.4.1 一个合并单元格标题统计表的数据分析

图 5-62 是一个近三年各季度的产品销售统计表，从数据分析建模角度来看，这个表格是不规范的，因为有合并单元格存在，所以无法构建一个自动化数据分析模型。

这个表格数据保存在 Excel 工作簿“一个合并单元格标题统计表的快速分析 .xlsx”。

近三年销售收入统计表（万元）

产品类别	产品	2022年					2023年					2024年				
		1季度	2季度	3季度	4季度	合计	1季度	2季度	3季度	4季度	合计	1季度	2季度	3季度	4季度	合计
家电类	彩电	3528	3756	3109	2181	12574	4855	3152	1666	944	10617	3296	2964	861	456	7577
	冰箱	2758	952	2846	2855	9411	5712	856	640	1247	8455	1544	999	1302	1452	5297
	空调	4323	473	2931	5736	13463	5801	1560	2054	4951	14366	653	4599	1565	4113	10930
	洗衣机	1871	987	1591	2891	7340	4726	4279	3225	4565	16795	3302	1143	1604	532	6581
	合计	12480	6168	10477	13663	42788	21094	9847	7585	11707	50233	8795	9705	5332	6553	30385
数码类	智能手机	3953	535	3399	3880	11767	695	4232	4459	2996	12382	5214	3737	5646	3289	17886
	数码相机	1353	690	1117	2114	5274	1524	2479	1735	3011	8749	3743	5993	2739	5676	18151
	扫地机器人	534	1908	3946	1652	8040	4338	4256	3213	3576	15383	3254	5121	464	5723	14562
	电子手表	1050	599	565	1653	3867	4707	4175	8763	3881	21526	3044	5527	446	1593	10610
	其他	3077	2692	660	3744	10173	3642	4951	5906	3210	17709	4195	2723	1819	1086	9823
	合计	9967	6424	9687	13043	39121	14906	20093	24076	16674	75749	19450	23101	11114	17367	71032
总计		22447	12592	20164	26706	81909	36000	29940	31661	28381	125982	28245	32806	16446	23920	101417

图 5-62 近三年各季度的产品销售统计表

针对这个表格，我们可以从两个方面进行分析：（1）利用 DeepSeek 直接生成最终要求的分析报告；（2）利用 DeepSeep 设计自动化数据整理加工 VBA 代码，并自动创建数据透视表，然后利用数据透视表灵活分析数据。

1. 利用 DeepSeek 直接生成基本分析报告

由于是希望 DeepSeek 直接生成一个最终要求的分析报告，因此，首先需要让 DeepSeek 对这个表格进行梳理，如从哪些方面来分析数据以及最佳的展示效果是什么。

选择“深度思考（R1）”模型，上传文件，然后输入下面的提示词，如图 5-63 所示。

这是近三年各个季度的各个产品销售统计表，现在想对这个表格进行分析，但我不清楚从什么角度做什么分析，因此希望你能给出一个正确方向。

1. 要重点分析哪些内容，分析的目的是什么？

2. 分析的基本流程是什么？怎样才能逐层次发现问题、分析问题？

3. 请设计一个分析逻辑流程的框架。

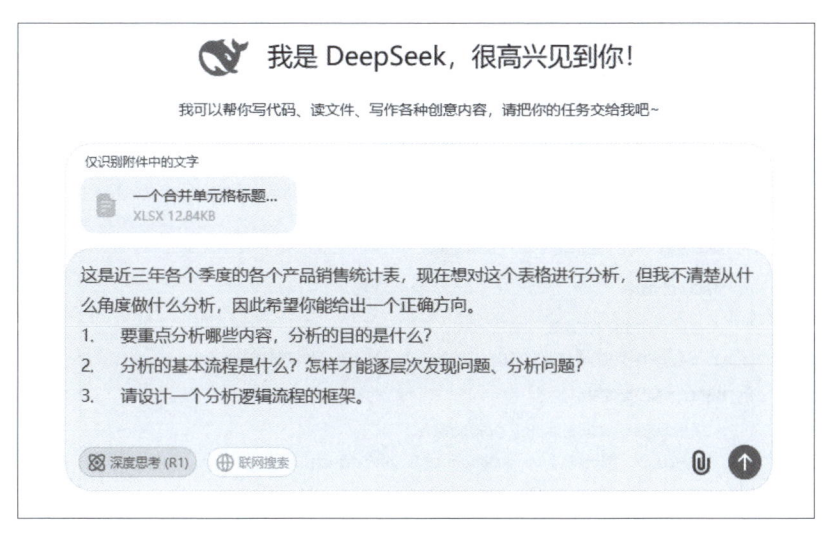

第 5 章　DeepSeek 辅助不规范表单的数据基本分析

图 5-63　上传文件，输入提示词

其次，发送这些要求给 DeepSeek，看看 DeepSeek 会返回什么信息。

图 5-64 是 DeepSeek 针对第一个需求的回答，对重点内容及分析目的介绍得比较详细，也基本能满足我们的需求。

图 5-64　DeepSeek 对重点内容及分析目的的回答

图 5-65 是 DeepSeek 针对第二个需求的回答，详细介绍了分析基本流程。我们仔细阅读这些信息，再结合实际情况，就可以得出一个更有针对性的分析流程。

```
2. 分析基本流程
步骤1：数据清洗与验证
• 检查公式正确性（如合计列是否准确）。
• 确认合并单元格对数据结构的影响，确保数据可解析。
步骤2：描述性统计
• 计算总销售额、年均增长率、季度均值等基础指标。
• 按类别、产品、年份分类汇总，初步观察差异。
步骤3：趋势分析
• 绘制年度总销售额折线图，分析三年趋势。
• 对比同季度跨年数据（如2022Q1 vs 2023Q1 vs 2024Q1），识别周期性或突发波动。
步骤4：产品与类别对比
• 计算家电类与数码类销售占比，分析结构变化。
• 按产品排序，找出销售额Top 3和Bottom 3产品，分析其稳定性。
步骤5：深入问题诊断
• 定位异常值（如2023年空调Q4销售额骤降），结合外部因素（市场、竞争、供应链）分析原因。
• 通过季度贡献率，判断是否存在"淡旺季"依赖症。
步骤6：结论与建议
• 综合数据结果，提出优化产品线、调整营销策略等建议。
```

图 5-65　DeepSeek 对分析基本流程的回答

图 5-66 是 DeepSeek 针对第三个需求的回答，列示了分析逻辑流程框架。我们可以将这个框架文字复制到相关的思维导图软件（例如 XMind 软件），快速生成思维导图。

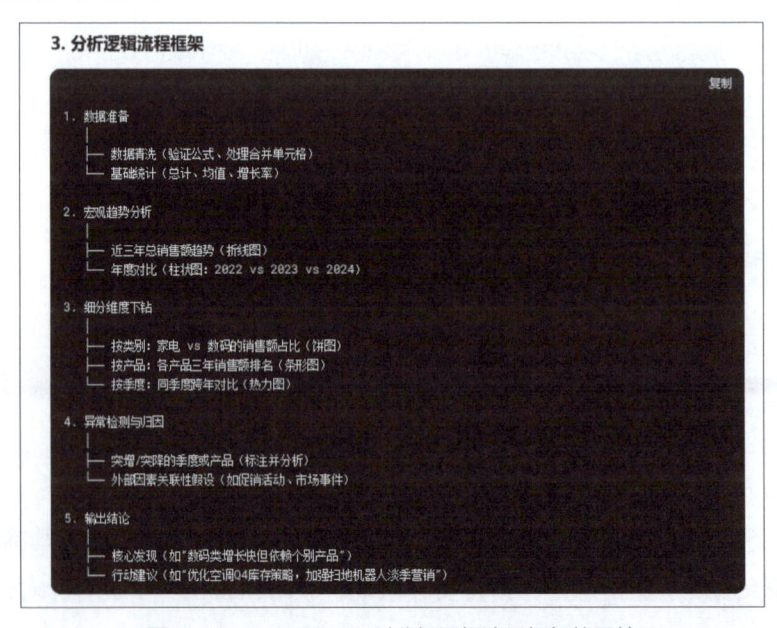

```
3. 分析逻辑流程框架                                           复制
1. 数据准备
   ├── 数据清洗（验证公式、处理合并单元格）
   └── 基础统计（总计、均值、增长率）

2. 宏观趋势分析
   ├── 近三年总销售额趋势（折线图）
   └── 年度对比（柱状图：2022 vs 2023 vs 2024）

3. 细分维度下钻
   ├── 按类别：家电 vs 数码的销售额占比（饼图）
   ├── 按产品：各产品三年销售额排名（条形图）
   └── 按季度：同季度跨年对比（热力图）

4. 异常检测与归因
   ├── 突增/突降的季度或产品（标注并分析）
   └── 外部因素关联性假设（如促销活动、市场事件）

5. 输出结论
   ├── 核心发现（如"数码类增长快但依赖个别产品"）
   └── 行动建议（如"优化空调Q4库存策略、加强扫地机器人淡季营销"）
```

图 5-66　DeepSeek 对分析逻辑流程框架的回答

第 5 章　DeepSeek 辅助不规范表单的数据基本分析

结合前面 DeepSeek 给出的返回信息，以及我们自己的具体情况，可以让 DeepSeek 自动生成一个可视化分析报告。报告内容包括三年来的整体销售总结描述、三年来销售总额趋势分析、三年来两类产品销售总额的占比贡献率变化、三年来两类产品各个季度销售的波动跟踪等。

先输入下面的提示词，让 DeepSeek 对三年来的销售做个整体分析，以便了解三年来的销售有什么特点，如图 5-67 所示。

请总结三年来的产品销售有什么特点？有哪些突出地方？有哪些需要重点关注的？

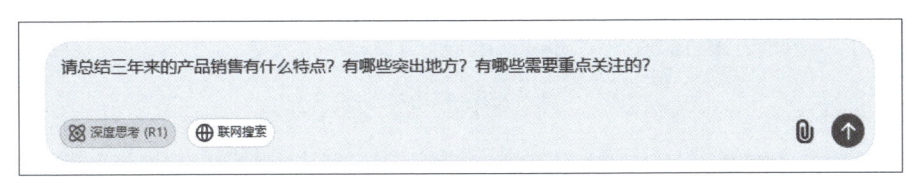

图 5-67　输入提示词

DeepSeek 就会对数据进行全面分析，得出分析结论，如图 5-68 至图 5-70 所示。总体来说：

（1）家电类整体疲软，数码类增长显著

家电类：销售额连续三年下滑。例如，彩电从 2022 年 12574 万元降至 2024 年 7577 万元，降幅近 40%；空调 2023 年 Q4 销售额 4951 万元，2024 年 Q4 降至 4113 万元，显示需求疲软。

数码类：智能手机三年销售额从 11767 万元（2022）增至 17886 万元（2024），增长 52%；扫地机器人 2023 年销售额超 1.5 亿元，但 2024 年 Q3 骤降至 464 万元，波动剧烈。

（2）季度性波动明显，年末销售普遍承压

家电类产品（如冰箱、洗衣机）Q4 销售额普遍低于其他季度，可能与年末库存调整有关。

数码类产品（如电子手表）在 2023 年 Q3 销售额达 8763 万元，但 2024 年 Q3 暴跌至 446 万元，显示季节性依赖或市场策略失效。

（3）产品表现两极分化

高增长产品：智能手机、数码相机（2024 年数码相机销售额超 1.8 亿元，同比翻倍）。

衰退产品：彩电、空调（2024 年彩电 Q4 仅 456 万元，同比降幅超 80%）。

```
近三年产品销售特点总结
核心特点
1. 家电类整体疲软，数码类增长显著
  ○ 家电类：销售额连续三年下滑。例如，彩电从2022年12574万元降至2024年7577万元，降幅近
    40%；空调2023年Q4销售额4951万元，2024年Q4降至4113万元，显示需求疲软。
  ○ 数码类：智能手机三年销售额从11767万元（2022）增至17886万元（2024），增长52%；扫地
    机器人2023年销售额超1.5亿元，但2024年Q3骤降至464万元，波动剧烈。
2. 季度性波动明显，年末销售普遍承压
  ○ 家电类产品（如冰箱、洗衣机）Q4销售额普遍低于其他季度，可能与年末库存调整有关。
  ○ 数码类产品（如电子手表）在2023年Q3销售额达8763万元，但2024年Q3暴跌至446万元，显示
    季节性依赖或市场策略失效。
3. 产品表现两极分化
  ○ 高增长产品：智能手机、数码相机（2024年数码相机销售额超1.8亿元，同比翻倍）。
  ○ 衰退产品：彩电、空调（2024年彩电Q4仅456万元，同比降幅超80%）。
```

图 5-68　核心特点

```
突出亮点
1. 数码类爆发式增长
  ○ 智能手机和数码相机成为核心增长引擎，2024年合计贡献数码类超60%收入。
  ○ 扫地机器人2023年销售额同比翻倍，但需警惕2024年Q3的断崖式下跌。
2. 空调与电子手表的异常波动
  ○ 空调2023年Q4销售额4951万元，2024年Q4降至4113万元，可能受竞争加剧或供应链问题影响。
  ○ 电子手表2023年Q3销售额8763万元（全年占比超40%），但2024年Q3仅446万元，需排查促销
    策略或市场需求变化。
3. "其他"数码产品贡献稳定
  ○ 数码类"其他"产品三年销售额均超1亿元，2024年达9823万元，显示潜在细分市场需求。
```

图 5-69　突出亮点

```
需重点关注的问题
1. 家电类结构性衰退
  ○ 彩电、空调销售额持续下滑，需分析是否为技术落后、竞品替代或消费需求转移。
  ○ 建议：优化产品线（如转向智能家电），加强促销力度。
2. 数码类波动风险
  ○ 扫地机器人、电子手表季度销售额波动剧烈，可能过度依赖短期营销或特定渠道。
  ○ 建议：建立淡季营销方案，分散销售风险。
3. 数据异常与公式校验
  ○ 部分合计列公式需验证（如2022年数码类"其他"产品合计10173万元，但季度数据总和为
    3077+2692+660+3744=10173，正确）。
  ○ 需排查2024年扫地机器人Q3（464万元）是否为数据录入错误或真实市场变化。
4. 库存与生产节奏优化
  ○ 家电类Q4销售额普遍低迷，需调整生产计划以避免库存积压。
  ○ 数码类Q3波动大，建议提前备货或动态调整产能。

总结建议
  ○ 战略聚焦数码类：加大智能手机、数码相机的研发与营销投入，巩固增长优势。
  ○ 家电类转型升级：探索智能家居产品，提升附加值。
  ○ 建立弹性供应链：针对季节性波动产品（如扫地机器人），采用柔性生产模式。
```

图 5-70　需重点关注的问题

第 5 章　DeepSeek 辅助不规范表单的数据基本分析

如果想整体了解三年来的销售总额趋势分析报告，可以通过绘制一个堆积面积图来实现。在图中，分类轴是两行文字（季度和年份），数值轴是销售额，系列是两个产品类别，以便观察三年来各个季度销售的波动及趋势等。接下来，继续输入下面的提示词，如图 5-71 所示，以便让 DeepSeek 设计一个自动化绘制图表的 HTML 代码。

请设计一个简洁高效，能在普通浏览器上运行的 HTML 代码，绘制一个堆积面积图。

堆积面积图的具体要求如下：

1. 分类轴是年份和季度，最好分两行显示年份和季度，里层是季度，外层是年份；

2. 数值轴是销售额；

3. 数据系列有两个，分别是两个产品类别（家电类和数码类）；

4. 图表数据源是两个产品类别的合计数，合计数分别在第 10 行和第 16 行，不需要计算，但要正确取数；

5. 图表要美观，阅读性好，显示图表标题、图例、数据标签。

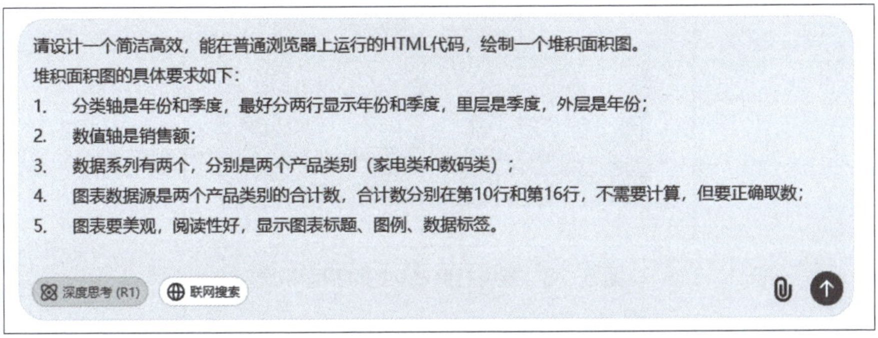

图 5-71　继续输入绘制图表具体需求的提示词

需要注意，DeepSeek 不会很快就能设计出正确无误的代码，可能需要调试几次才能成功，并且要仔细查看 DeepSeek 从表格提取每个季度的数据是否正确。这个过程比较花费时间，感兴趣的读者可以自行练习，亲身体验 DeepSeek 在设计代码时的过程。

图 5-72 和图 5-73 是经过几次反复问答打磨后的最终代码及运行效果。

图 5-72　最终打磨成功的 HTML 代码

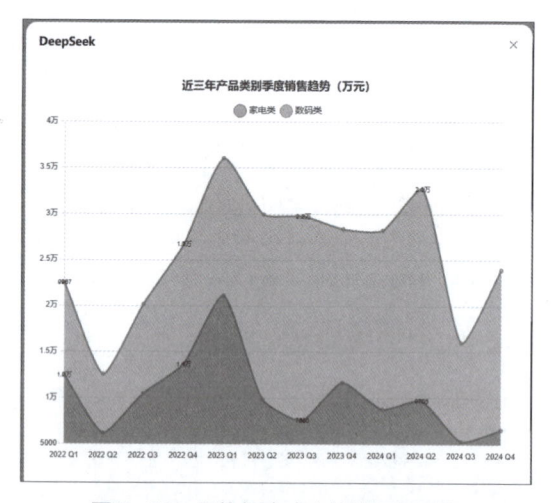

图 5-73　最终打磨成功的堆积面积图

2. 利用 DeepSeek 快速将原表格整理为一维表

虽然 DeepSeek 数据整理和逻辑推理能力非常强大，但对于这个例子而言，利用 DeepSeek 对这个表格进行多方面的灵活分析，就比较花费时间了。所以，DeepSeek 并不能代替我们完成全部工作。

如果想对这个表格数据进行灵活分析，最高效的方法无疑是使用数据透视表。然而这个表格又不能满足创建数据透视表的条件，必须先整理为标准规范的一维表格。由于这个表格数据并不多，我们可以利用 DeepSeek 快速整理，然后将其复制到 Excel 上。

第5章 DeepSeek 辅助不规范表单的数据基本分析

继续输入下面的提示词，如图 5-74 所示。

我打算使用数据透视表来分析这个表格数据，请帮助我将这个表格整理为一个一维表，这个一维表有 5 列数据：产品类别、产品名称、年份、季度、销售额。

注意：数据务必准确，要求输出全部数据，表格里的合计数和总计数剔除。

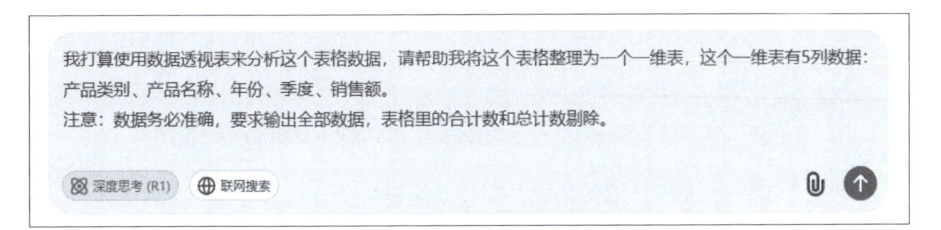

图 5-74　输入具体要求的提示词

发送上述提示词，等待 DeepSeek 返回结果。

图 5-75 是 DeepSeek 整理好的数据表（数据上百行，这里局部截图予以展示），将其复制到 Excel 工作表（需要注意，复制粘贴后，可能还需要使用分列工具进行分列处理），如图 5-76 所示，就是一个最终的一维表了。

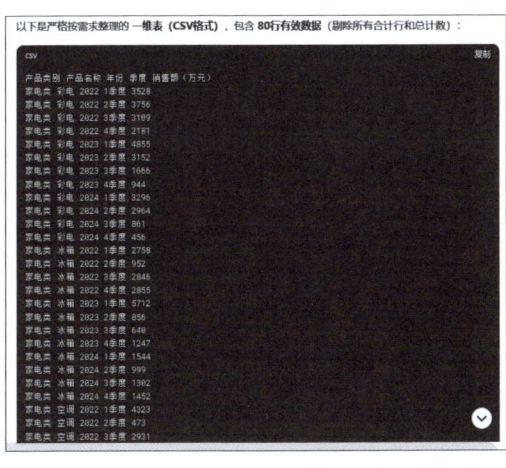

图 5-75　DeepSeek 返回的整理好的数据表　　图 5-76　将数据表复制到 Excel 工作表

这样，就可以以这个整理好的一维表数据，创建数据透视表和数据透视图，进行灵活分析，图 5-77 是一个示例效果。

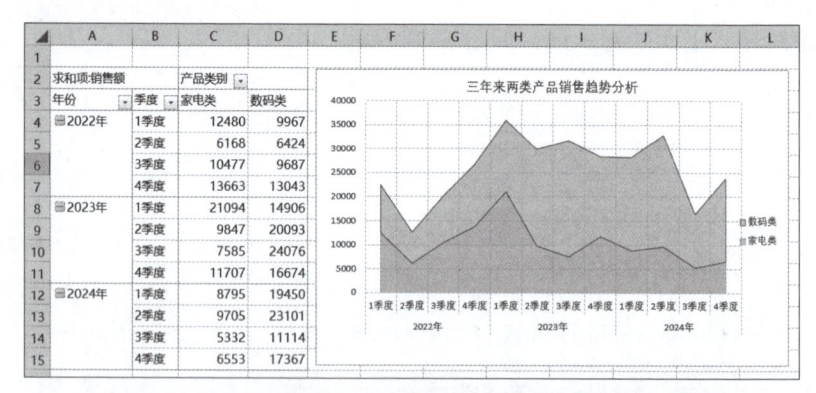

图 5-77　基于整理好的一维表数据创建数据透视表和数据透视图

3. 利用 DeepSeek 设计取数公式，制作动态链接的一维表

前面介绍的利用 DeepSeek 直接生成的一维表是静态的，如果原始表格数据发生了变化，那么就需要再去利用 DeepSeek 重新生成一遍。如果遇到网络卡顿的情况，这个过程需要花费较长时间。

我们也可以先设计一个要生成的表格结构，然后利用 DeepSeek 设计取数公式，这样得到的一维表就是一个动态链接表了。

生成的一维表保存在工作表"分析底稿"中，从 A 列开始保存各个数据，如图 5-78 所示。

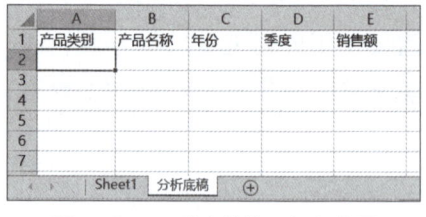

图 5-78　一维表结构及保存位置

设计好工作表"分析底稿"结构后，在 Excel 工作簿保存一下，然后重新上传文件（也可以启动一个新对话），输入下面的提示词，如图 5-79 所示。

条件：

工作表"Sheet1"的三年销售统计表数据

任务：

根据工作表"Sheet1"表格，设计简洁、高效、正确的数据提取公式，将 Sheet1 表格数据提取出来，保存到工作表"分析底稿"相应位置：

单元格 A2 保存产品类别；

单元格 B2 保存产品名称；

单元格 C2 保存年份名称；

单元格 D2 保存季度名称；

第 5 章　DeepSeek 辅助不规范表单的数据基本分析

单元格 E2 保存销售额。

原始表的合计数和总计数不需要。

注意：公式一定要正确，尽可能简单高效。

再次强调，不怕公式复杂，就怕取错数据。

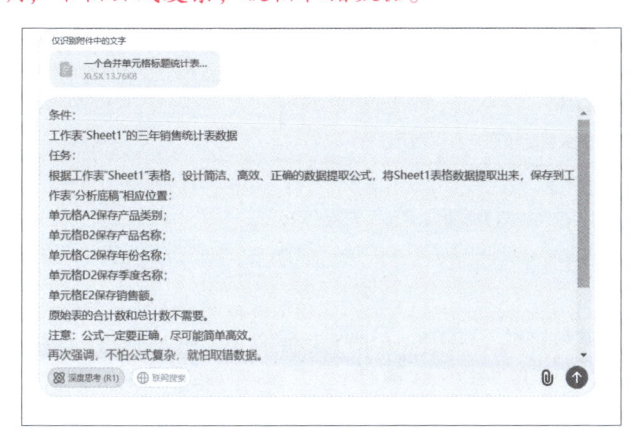

图 5-79　重新上传文件，输入设计公式的具体要求提示词

DeepSeek 给出的取数公式如图 5-80 所示。限于 Excel 版本，这个公式没有验证，感兴趣的读者可以自己验证是否正确，如果不满足要求，就继续去问 DeepSeek。

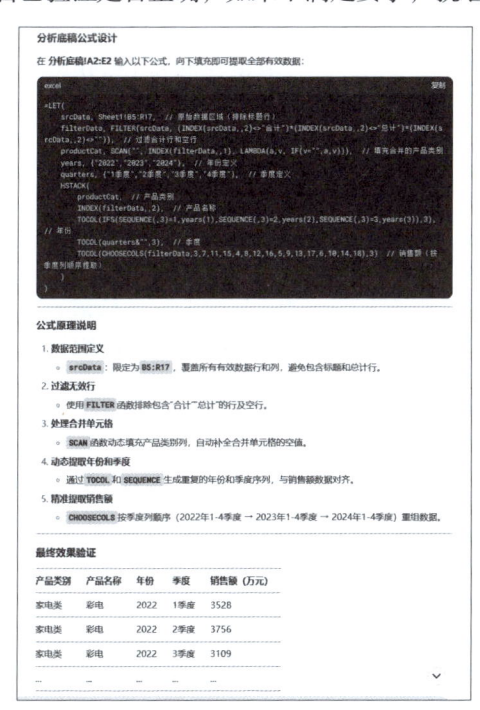

图 5-80　DeepSeek 给出的取数公式

107

DeepSeek 同时也对公式进行了说明，如图 5-81 所示。

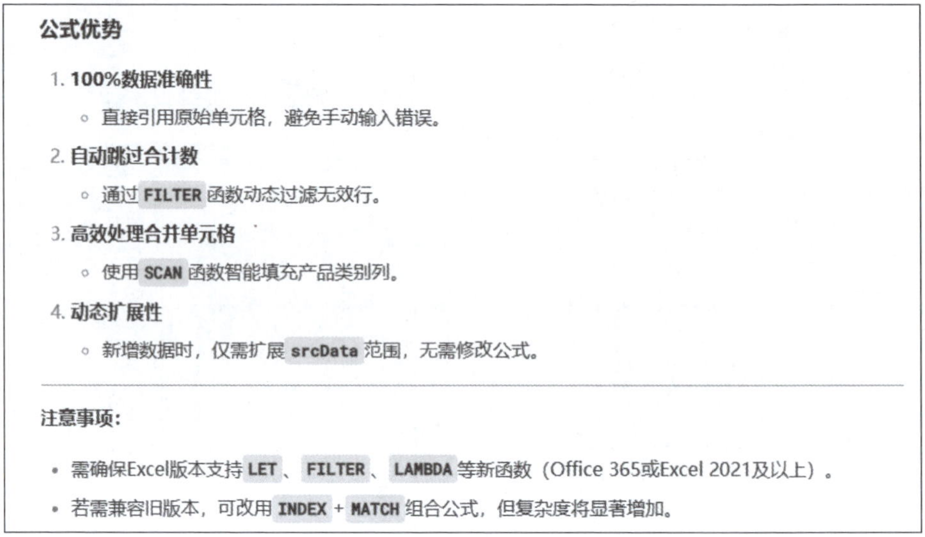

公式优势

1. **100%数据准确性**
   - 直接引用原始单元格，避免手动输入错误。
2. **自动跳过合计数**
   - 通过 `FILTER` 函数动态过滤无效行。
3. **高效处理合并单元格**
   - 使用 `SCAN` 函数智能填充产品类别列。
4. **动态扩展性**
   - 新增数据时，仅需扩展 `srcData` 范围，无需修改公式。

注意事项：

- 需确保Excel版本支持 `LET`、`FILTER`、`LAMBDA` 等新函数（Office 365或Excel 2021及以上）。
- 若需兼容旧版本，可改用 `INDEX` + `MATCH` 组合公式，但复杂度将显著增加。

图 5-81　DeepSeek 对公式进行说明

DeepSeek 在最后也做了这样的提示："若需兼容旧版本，可改用 INDEX + MATCH 组合公式，但复杂度将显著增加。"为此，可以让 DeepSeek 设计兼容公式，即，继续输入下面的提示词，如图 5-82 所示。

我的电脑是旧版本，你说过旧版本需要改用 INDEX + MATCH 组合公式，请设计这样的取数公式，谢谢。

我的电脑是旧版本，你说过旧版本需要改用INDEX+MATCH组合公式，请设计这样的取数公式，谢谢。

深度思考 (R1)　　联网搜索

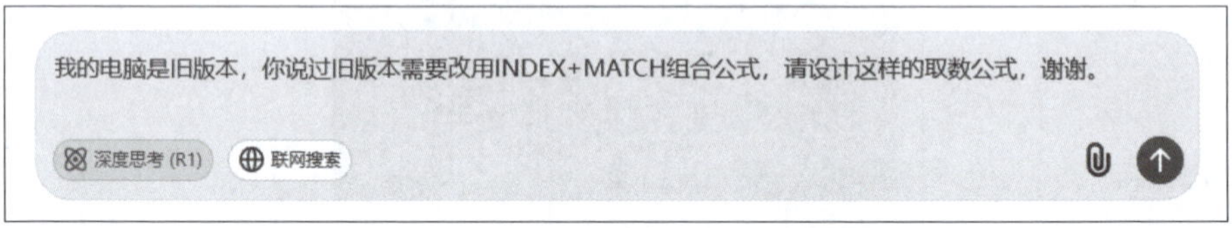

图 5-82　继续输入提示词，寻求兼容公式

DeepSeek 会给出比较复杂的操作步骤及公式，如图 5-83 所示（限于篇幅，这里不再列示全部内容）。

如果你不是很熟悉 Power Query 的操作方法，可以去请教 DeepSeek，例如输入下面的提示词，如图 5-84 所示。

如果要将原始表整理为规范的一维表，使用 Power Query 的详细步骤？

第 5 章 DeepSeek 辅助不规范表单的数据基本分析

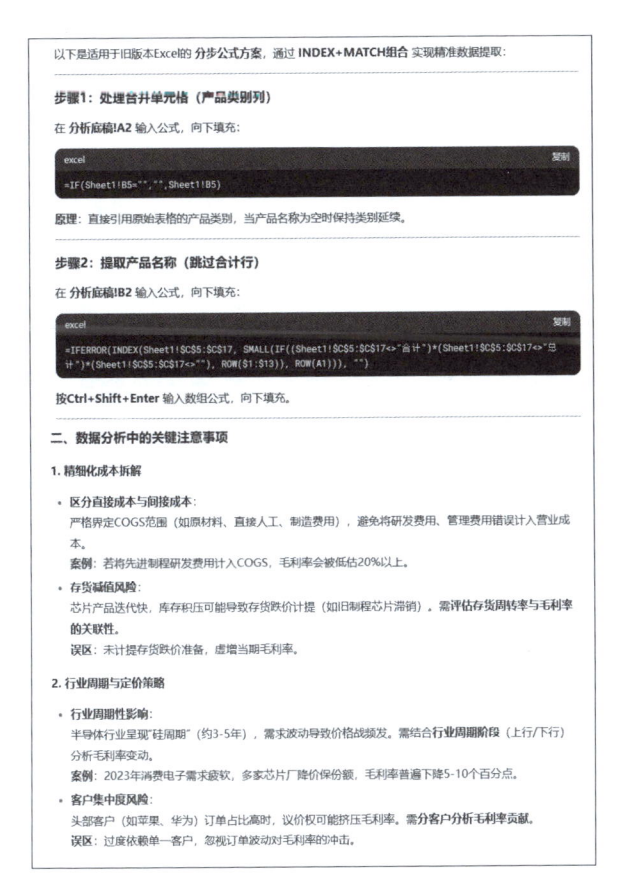

> 以下是适用于旧版本Excel的 **分步公式方案**，通过 **INDEX+MATCH组合** 实现精准数据提取：
>
> **步骤1：处理合并单元格（产品类别列）**
>
> 在 **分析底稿!A2** 输入公式，向下填充：
>
> ```excel
> =IF(Sheet1!B5="","",Sheet1!B5)
> ```
>
> **原理**：直接引用原始表格的产品类别，当产品名称为空时保持类别延续。
>
> **步骤2：提取产品名称（跳过合计行）**
>
> 在 **分析底稿!B2** 输入公式，向下填充：
>
> ```excel
> =IFERROR(INDEX(Sheet1!$C$5:$C$17, SMALL(IF((Sheet1!$C$5:$C$17<>"合计")*(Sheet1!$C$5:$C$17<>"总计")*(Sheet1!$C$5:$C$17<>""), ROW($1:$13)), ROW(A1))), "")
> ```
>
> 按Ctrl+Shift+Enter 输入数组公式，向下填充。
>
> **二、数据分析中的关键注意事项**
>
> **1. 精细化成本拆解**
>
> - **区分直接成本与间接成本**：
>   严格界定COGS范围（如原材料、直接人工、制造费用），避免将研发费用、管理费用错误计入营业成本。
>   **案例**：若将先进制程研发费用计入COGS，毛利率会被低估20%以上。
> - **存货减值风险**：
>   芯片产品迭代快，库存积压可能导致存货跌价计提（如旧制程芯片滞销）。**需评估存货周转率与毛利率的关联性**。
>   **误区**：未计提存货跌价准备，虚增当期毛利率。
>
> **2. 行业周期与定价策略**
>
> - **行业周期性影响**：
>   半导体行业呈现"硅周期"（约3-5年），需求波动导致价格战频发。需结合**行业周期阶段**（上行/下行）分析毛利率变动。
>   **案例**：2023年消费电子需求疲软，多家芯片厂降价保份额，毛利率普遍下降5-10个百分点。
> - **客户集中度风险**：
>   头部客户（如苹果、华为）订单占比高时，议价权可能挤压毛利率。**需分客户分析毛利率贡献**。
>   **误区**：过度依赖单一客户，忽视订单波动对毛利率的冲击。

图 5-83 DeepSeek 给出的设计兼容公式的操作详细步骤及公式

笔者认为，如果原始表数据不再变化，则可以让 DeepSeek 直接整理为现成的规范一维表。如果要考虑原始表数据可能会变化（但结构不会变化），则建议使用 Power Query 来解决。

> 如果要将原始表整理为规范的一维表，使用Power Query的详细步骤？
>
> 🧠 深度思考 (R1)　🌐 联网搜索
>
> 内容由 AI 生成，请仔细甄别

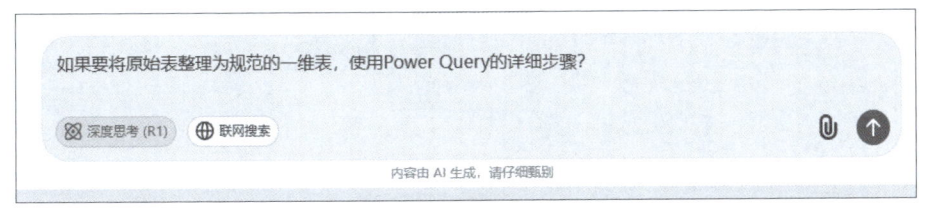

图 5-84 输入提示词

然而，DeepSeek 给出的操作步骤过于复杂，如图 5-85 所示（限于篇幅，这里不再列示所有步骤）。

109

步骤1：导入数据到 Power Query
1. 打开Excel文件，进入工作表 **Sheet1**。
2. 选中数据区域 **B5:R17**（确保包含所有有效数据，排除标题和总计行）。
3. 点击菜单栏 **数据 → 从表格/区域**（Excel 2016+）或 **Power Query → 从表格**（旧版本）。
4. 在弹出窗口中确认数据范围，勾选 **表包含标题 → 点击 确定**，进入Power Query编辑器。

步骤2：处理合并单元格（产品类别列）
1. 在Power Query中，选择 **产品类别 列**（列名可能显示为 **Column2**）。
2. 右键点击该列 → **填充 → 向下**，将空值填充为上一个有效值。

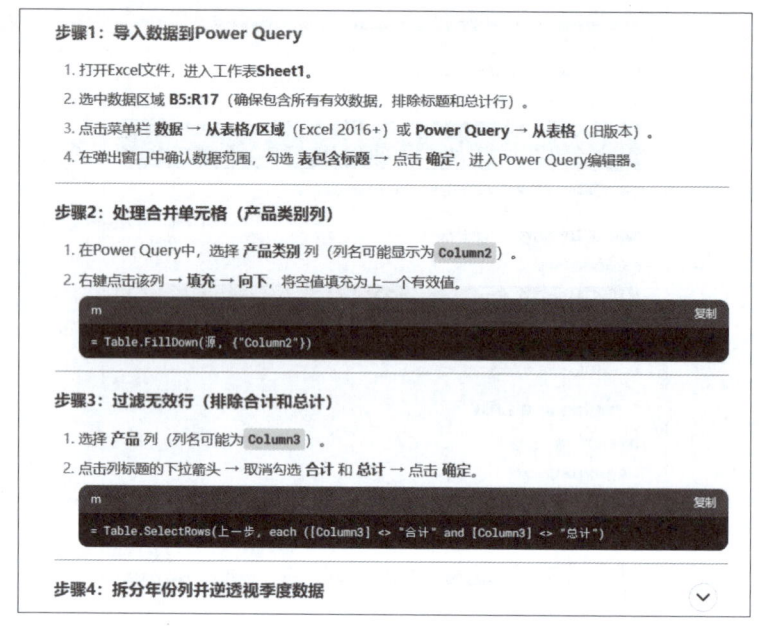

```m
= Table.FillDown(源, {"Column2"})
```

步骤3：过滤无效行（排除合计和总计）
1. 选择 **产品 列**（列名可能是 **Column3**）。
2. 点击列标题的下拉箭头 → 取消勾选 **合计** 和 **总计** → 点击 **确定**。

```m
= Table.SelectRows(上一步, each ([Column3] <> "合计" and [Column3] <> "总计"))
```

步骤4：拆分年份列并逆透视季度数据

图 5-85　DeepSeek 给出的 Power Query 整理数据的操作步骤

使用 Power Query 来整理这个表格，其实并不像 DeepSeek 介绍的那么复杂。考虑到这类表格在工作中非常常见，下面我们介绍主要步骤和具体的操作方法。

步骤 01 选择不含最下面总计行数据区域。

步骤 02 在"数据"选项卡中单击"来自表格/区域"按钮，打开"创建表"对话框，取消选择"表包含标题"复选框，如图 5-86 所示。

图 5-86　准备创建表

步骤 03 单击"确定"按钮，打开 Power Query 编辑器，界面如图 5-87 所示。

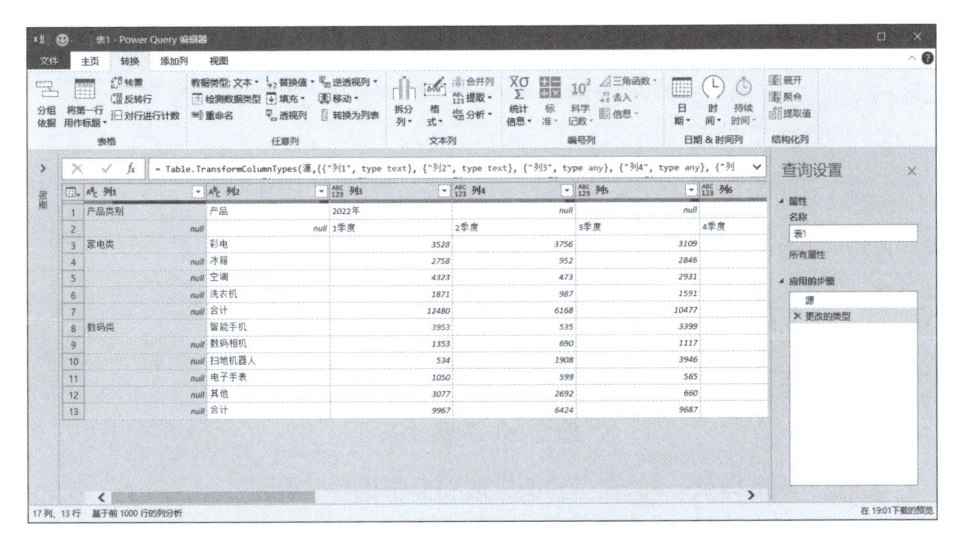

第 5 章　DeepSeek 辅助不规范表单的数据基本分析

图 5-87　Power Query 编辑器界面

步骤 04　选择第一列，在"转换"选项卡中执行"填充"→"向下"命令，如图 5-88 所示，就将第一列的空单元格填充为上一行数据，结果如图 5-89 所示。

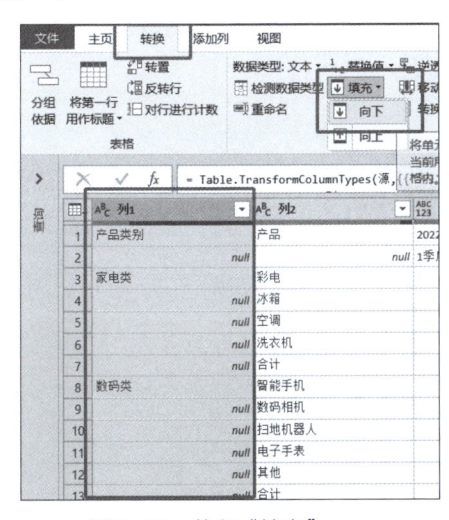

图 5-88　执行"填充"→"向下"命令

图 5-89　将第一列的空单元格填充为上一行数据

步骤 05　在"转换"选项卡中，执行"转置"命令，将表格转置，结果如图 5-90 所示。

111

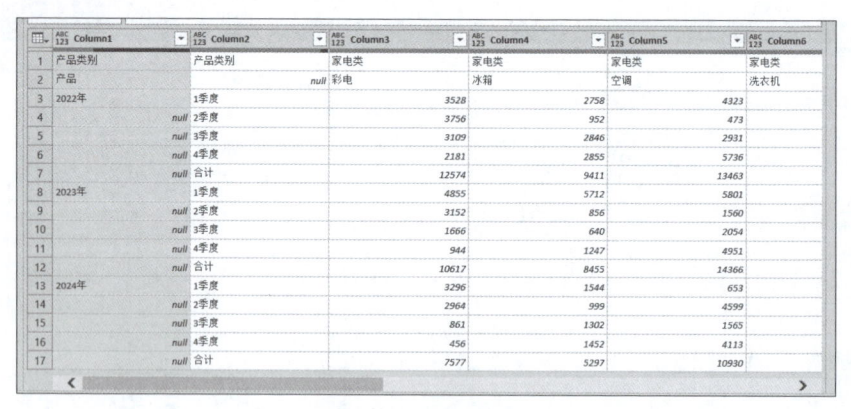

图 5-90 转置表格

步骤 06 选择第一列，在"转换"选项卡中执行"填充"→"向下"命令，将第一列的每个空单元格填充为上一行数据，如图 5-91 所示。

图 5-91 填充年份

步骤 07 选择前两列，执行右击"合并列"命令，如图 5-92 所示，将两列合并为以空格分隔的一列，如图 5-93 所示。

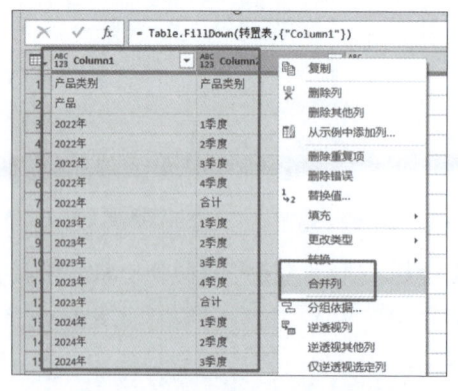

图 5-92 执行右击"合并列"命令　　图 5-93 将年份和季度合并为以空格分隔的一列

第 5 章 DeepSeek 辅助不规范表单的数据基本分析

步骤 08 在"转换"选项卡中，再执行"转置"命令，将表格转置，结果如图 5-94 所示。

Column1	Column2	Column3	Column4	Column5	Column6
产品类别 产品类别	产品	2022年1季度	2022年2季度	2022年3季度	2022年4季度
家电类	彩电	3528	3756	3109	
家电类	冰箱	2758	952	2846	
家电类	空调	4323	473	2931	
家电类	洗衣机	1871	987	1591	
家电类	合计	12480	6168	10477	
数码类	智能手机	3953	535	3399	
数码类	数码相机	1353	690	1117	
数码类	扫地机器人	534	1908	3946	
数码类	电子手表	1050	599	565	
数码类	其他	3077	2692	660	
数码类	合计	9967	6424	9687	

图 5-94 转置表格

步骤 09 在"主页"选项卡中执行"将第一行用作标题"命令，提升标题，结果如图 5-95 所示。

产品类别 产品类别	产品	2022年1季度	2022年2季度	2022年3季度	2022年4季
家电类	彩电	3528	3756	3109	
家电类	冰箱	2758	952	2846	
家电类	空调	4323	473	2931	
家电类	洗衣机	1871	987	1591	
家电类	合计	12480	6168	10477	
数码类	智能手机	3953	535	3399	
数码类	数码相机	1353	690	1117	
数码类	扫地机器人	534	1908	3946	
数码类	电子手表	1050	599	565	
数码类	其他	3077	2692	660	
数码类	合计	9967	6424	9687	

图 5-95 提升标题

步骤 10 选择前面两列，执行右击"逆透视其他列"命令，如图 5-96 所示，将表格进行逆透视操作，结果如图 5-97 所示。

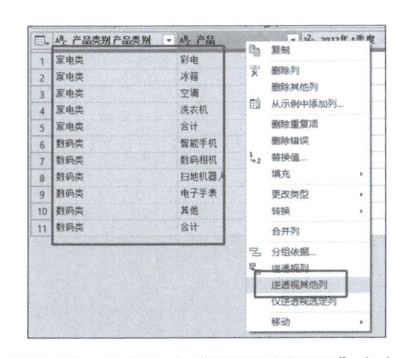

图 5-96 执行右击"逆透视其他列"命令　　图 5-97 逆透视列后的表格

113

步骤 11 选择第三列"属性",执行右击"拆分列"→"按分隔符"命令,如图 5-98 所示,以空格为分隔符将这列重新拆分成年份和季度两列,如图 5-99 所示。

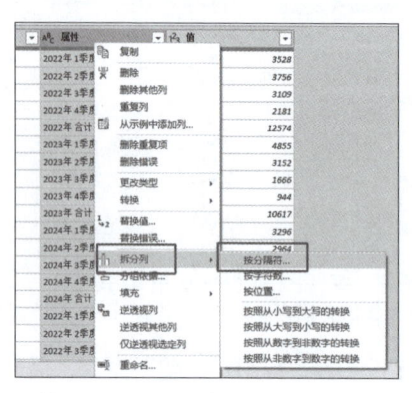

图 5-98 执行右击"拆分列"→"按分隔符"命令　　图 5-99 将年份和季度重新拆分成两列

步骤 12 修改各列标题名称,如图 5-100 所示。

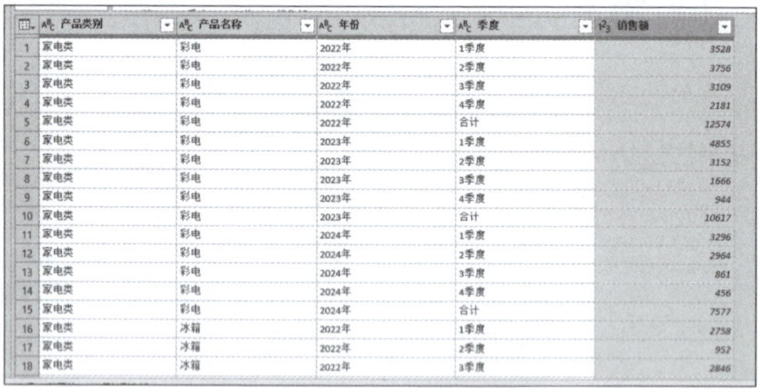

图 5-100 修改各列标题

步骤 13 分别从"产品名称"列和"季度"列中,取消选择"合计",保留选择其他项目,如图 5-101 和图 5-102 所示。

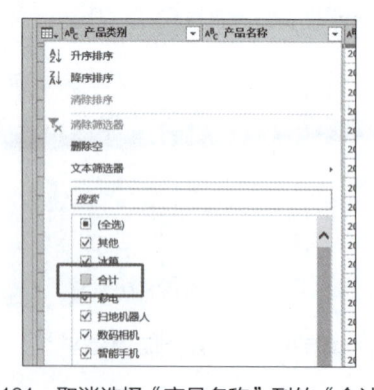

图 5-101 取消选择"产品名称"列的"合计"　　图 5-102 取消选择"季度"列的"合计"

第 5 章 DeepSeek 辅助不规范表单的数据基本分析

步骤 14 根据实际情况，设置各列数据类型，然后将表格加载保存到 Excel 工作表，就是一个标准规范的一维表了，如图 5-103 所示。

	A	B	C	D	E
1	产品类别	产品名称	年份	季度	销售额
2	家电类	彩电	2022年	1季度	3528
3	家电类	彩电	2022年	2季度	3756
4	家电类	彩电	2022年	3季度	3109
5	家电类	彩电	2022年	4季度	2181
6	家电类	彩电	2023年	1季度	4855
7	家电类	彩电	2023年	2季度	3152
8	家电类	彩电	2023年	3季度	1666
9	家电类	彩电	2023年	4季度	944
10	家电类	彩电	2024年	1季度	3296
11	家电类	彩电	2024年	2季度	2964
99	数码类	其他	2022年	2季度	2692
100	数码类	其他	2022年	3季度	660
101	数码类	其他	2022年	4季度	3744
102	数码类	其他	2023年	1季度	3642
103	数码类	其他	2023年	2季度	4951
104	数码类	其他	2023年	3季度	5906
105	数码类	其他	2023年	4季度	3210
106	数码类	其他	2024年	1季度	4195
107	数码类	其他	2024年	2季度	2723
108	数码类	其他	2024年	3季度	1819
109	数码类	其他	2024年	4季度	1086

图 5-103　完成的标准规范的一维表

因为我们要使用数据透视表来灵活分析数据，所以不建议将整理结果导出到表格，而是在 Power Query 编辑器中执行"文件"→"关闭并上载至"命令，打开"导入数据"对话框，选择"数据透视表（P）"和"新工作表（N）"，如图 5-104 所示，这样就可以直接创建数据透视表，如图 5-105 所示，剩下的工作是布局透视表分析数据。

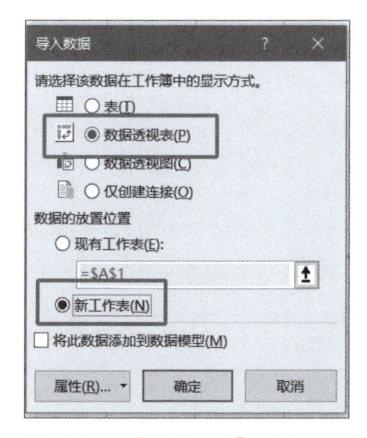

图 5-104　"导入数据"对话框设置 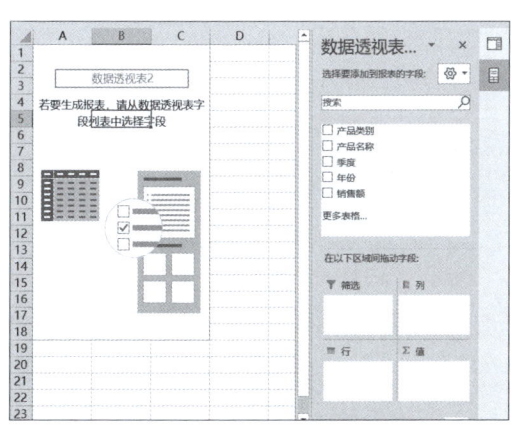　　图 5-105　直接创建数据透视表

上述介绍的使用 Power Query 整理步骤，虽然看起来步骤很多，但操作

115

起来非常简单，不需要使用 M 函数添加自定义列，仅仅使用 Power Query 的几个内置命令即可。

5.4.2 多个合并单元格标题统计表的数据分析

前面介绍的是基于一个合并单元格标题统计表的分析，并结合该案例，对几种处理方法进行了全面的介绍。下面我们介绍如何对多个合并单元格标题统计表数据进行快速分析。

图 5-106 是三个业务部的销售统计表，是有合并单元格标题的表格，现在如何分析这三个业务部销售数据呢？

这几个表格数据保存在 Excel 工作簿“多个合并单元格标题统计表的快速分析 .xlsx”。

表1：业务1部 销售统计表

产品	预算		实际	
	销量	销售额	销量	销售额
产品1	2345	715225	1652	621152
产品2	660	144540	293	64460
产品3	938	250446	516	148092
产品4	2895	437145	581	94703
产品5	2361	1506318	7495	4429545
产品6	298	272968	586	499858
产品7	1711	1245608	2570	1593400
合计	11208	4572250	13693	7451210

表2：业务2部 销售统计表

产品	预算		实际	
	销量	销售额	销量	销售额
产品1	2775	1029525	4059	1526184
产品2	4240	1047280	1030	263680
产品3	3986	1255590	2049	676170
产品4	3092	550376	1937	261495
产品5	3264	2069376	7646	5015776
产品6	4116	4194204	2001	1782891
产品7	4298	2806594	1599	1200849
合计	25771	12952945	20321	10727045

表3：业务3部 销售统计表

产品	预算		实际	
	销量	销售额	销量	销售额
产品1	1368	538992	1109	410330
产品2	1726	434952	1609	365243
产品3	543	133035	745	236165
产品4	1354	186852	1900	302100
产品5	624	319488	350	217350
产品6	1991	1869549	1490	1515330
产品7	720	396000	359	193142
合计	8326	3878868	7562	3239660

图 5-106 三个业务部的销售统计表

选择“深度思考（R1）”模型，上传文件，然后输入下面的提示词，如图 5-107 所示。

条件：

三个业务部的销售预算实际统计表。

任务：

1. 设计三个业务部的预算和实际分析报表，报表的第一列是部门名称，第二列和第三列分别是销售额预算数和销售额实际数，第四列是实际数与预算数的差异，第五列是预算执行率（= 实际数 / 预算数）。此外，报表最后一行是所有部门的合计数分析。

2. 设计各个产品的预算和实际分析报表，报表的第一列是产品名称，第二列和第三列分别是销售额预算数和销售额实际数，第四列是实际数与预算数的差异，第五列是预算执行率（= 实际数 / 预算数）。此外，报表最后一行是所有产品的合计数分析。

第 5 章　DeepSeek 辅助不规范表单的数据基本分析

3. 对这两个预算分析表进行自定义数字格式设置，预算执行差异数按照正数和负数分别设置不同的颜色（正数是蓝色，负数是红色）；预算行差率按照是否大于1分别设置不同的颜色（大于或等于1是蓝色，小于1是红色），请给出相应的自定义格式代码。

4. 注意要正确从三个表格中取数，数据要准确，不能乱取。

5. 请输出两个完整的分析表。

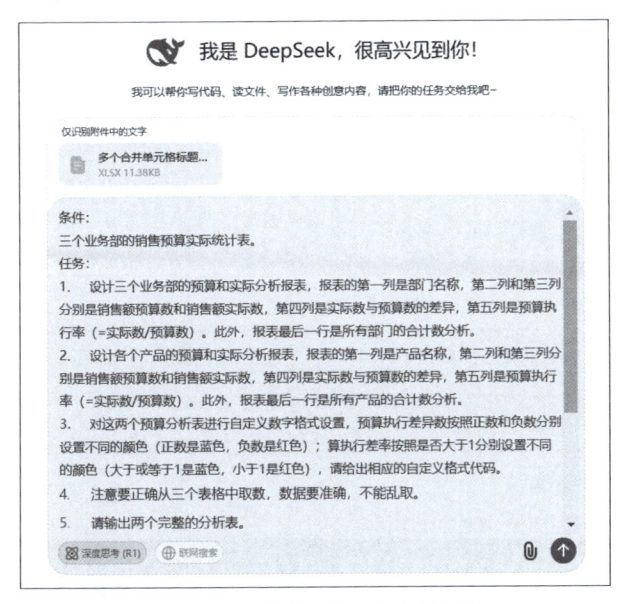

图 5-107　上传文件，输入提示词

发送上述提示词后，DeepSeek 就开始制作要求的两个分析表，最终的结果分别如图 5-108 和图 5-109 所示。

这里要特别说明的是，DeepSeek 多次把某几个产品的预算合计数和实际合计数算错，但是经过你来我往的对话与数次纠正，DepSeek 才给出了正确结果。

分析表1：业务部预算与实际分析

部门名称	销售额预算数	销售额实际数	差异（实际-预算）	预算执行率
业务1部	4,572,250	7,451,210	2,878,960	163.00%
业务2部	12,952,945	10,727,045	-2,225,900	82.81%
业务3部	3,878,868	3,239,660	-639,208	83.52%
合计	21,404,063	21,417,915	13,852	100.06%

图 5-108　业务部销售总额预算执行分析表

117

分析表2: 产品预算与实际分析（最终准确版）				
产品名称	销售额预算数	销售额实际数	差异（实际-预算）	预算执行率
产品1	2,283,742	2,557,666	273,924	112.00%
产品2	1,626,772	693,383	-933,389	42.62%
产品3	1,639,071	1,060,427	-578,644	64.74%
产品4	1,174,373	658,298	-516,075	56.05%
产品5	3,895,182	9,662,671	5,767,489	248.20%
产品6	6,336,721	3,798,079	-2,538,642	59.93%
产品7	4,448,202	2,987,391	-1,460,811	67.16%
合计	21,404,063	21,417,915	13,852	100.06%

图 5-109　各个产品销售总额预算执行分析表

关于自定义数字格式，DeepSeek 给出了图 5-110 所示的自定义数字格式代码。

▶ 差异列（正数蓝色，负数红色）：

[蓝色]#,##0;[红色]-#,##0

▶ 预算执行率列（≥1 蓝色，<1 红色）：

[蓝色]0.00%;[红色]0.00%

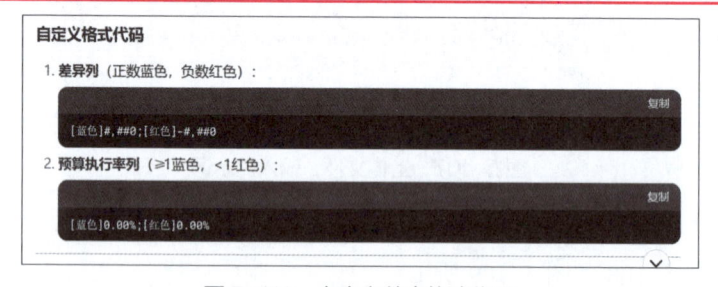

图 5-110　自定义数字格式代码

但是，DeepSeek 给出的预算执行率列的代码是错误的，没有区分数字是否大于等于 1 还是小于 1，而 DeepSeek 给出的结论是不能直接用自定义格式，必须使用条件格式，如图 5-111 所示。这是错误的结论。

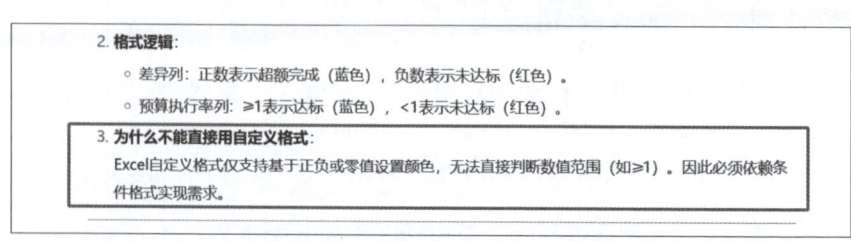

图 5-111　DeepSeek 认为不能根据数值范围设置自定义数字格式

第 5 章　DeepSeek 辅助不规范表单的数据基本分析

上述 DeepSeek 不能根据数值范围设置自定义数字格式的说法，是在选择"深度思考（R1）"模型时出现的，现在我们重新选择"联网搜索"模型，输入下面的提示词，如图 5-112 所示。

请给出设置数字自定义格式代码，要求：

预算执行差异数按照正数和负数分别设置不同的颜色（正数是蓝色，负数是红色）；

预算执行率按照是否大于 1 分别设置不同的颜色（大于或等于 1 是蓝色，小于 1 是红色）。

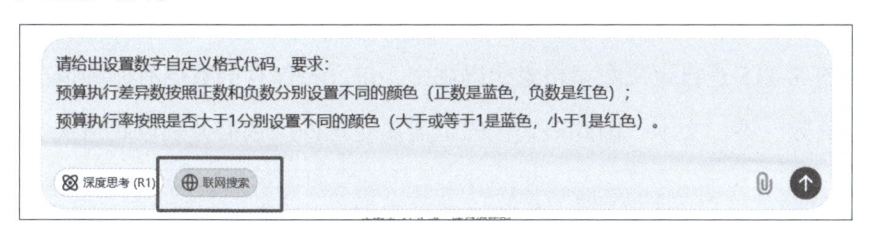

图 5-112　选择"联网搜索"模型，输入提示词

此时，DeepSeek 仍然给出了错误的格式代码，如图 5-113 所示。看来，无论是"深度思考（R1）"模型还是"联网搜索"模型，DeepSeek 对于预算执行率这样的数字，无法给出正确的自定义数字格式代码，因为它认为无法根据数值范围设置格式，只能使用条件格式。

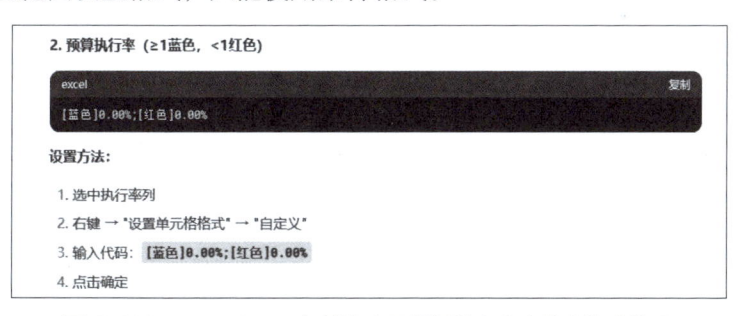

图 5-113　DeepSeek 仍然给出了错误的自定义数字格式代码

那么，自定义数字格式究竟是什么呢？其格式代码应该遵守什么规则？如何根据不同数值情况设计不同格式代码？等等。针对这样的疑问，可以看看 DeepSeek 是怎么回答的，以及会给出什么样的信息。

为了能够获取较为全面的信息，选择"联网搜索"模型，输入下面的提示词，如图 5-114 所示。

请详细介绍自定义数字格式的原理、自定义数字格式代码规则、如何根据不同数值情况设计不同格式代码等相关知识和技能技巧。

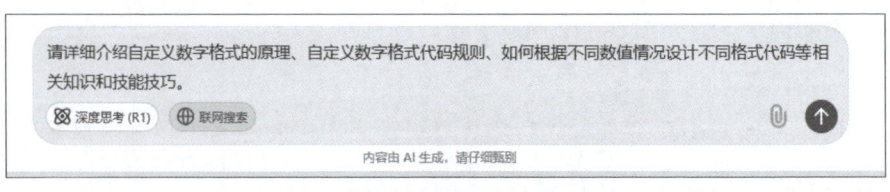

图 5-114　选择"联网搜索",输入提示词

发送提示词后,DeepSeek 会返回非常详细的信息。这里我们挑选出最关键的信息。

图 5-115 是自定义数字格式代码规则,单元格保存的数据有四种情况:正数、负数、零、文本,因此格式代码也需要对这四类数据分别设置格式。

图 5-115　自定义数字格式代码规则

图 5-116 是关于在自定义数字格式代码中使用条件判断的解释,但这种解释是值得商榷的。

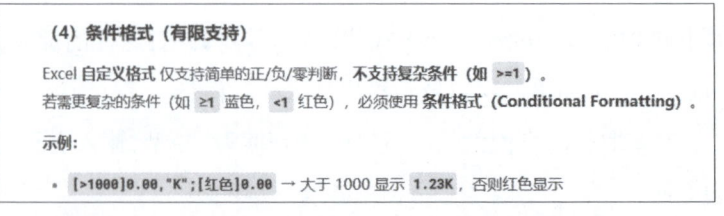

图 5-116　在自定义数字格式代码中使用条件判断的解释

第 5 章　DeepSeek 辅助不规范表单的数据基本分析

例如，DeepSeek 说自定义数字格式不支持复杂条件（例如 >=1），但在随后的示例中，却又使用了大于或等于这样的条件判断，如图 5-117 所示。

```
Q2：如何让大于 1000 的数字显示 1K，小于 1000 正常显示？
excel                                                        复制
[>=1000]0.00,"K";0.00
```

图 5-117　数值范围判断的自定义数字格式设置

其实，Excel 是支持大于或等于（以及小于或等于）某个数值判断的，对于预算分析中预算执行率这样的数字，是可以使用这种判断来设置格式的。图 5-118 所示就是一个示例，自定义数字格式代码如下：

[蓝色][>=1]0.00%;[红色][<1]0.00%;

	A	B	C	D	E	F	G
1							
2							
3		执行率（无格式）		执行率（常规百分比）		执行率（自定义格式）	
4		0.5848		58.48%		58.48%	
5		1.492		149.20%		149.20%	
6		0.3921		39.21%		39.21%	
7		1		100.00%		100.00%	
8		1.8523		185.23%		185.23%	
9		1		100.00%		100.00%	
10		0.3509		35.09%		35.09%	
11							

图 5-118　预算执行率的自定义数字格式设置效果

总之，DeepSeek 仅仅是一个辅助工具，它给出的一些结论并不一定就是正确的。DeepSeek 只是我们处理数据、分析数据的助手，如果它回答正确并且很简单，就可以采纳，如果它回答不对，就忽略，这才是使用 DeepSeek 的基本逻辑。

正如前面介绍过的那样，DeepSeek 在计算某些产品的合计数时出现了错误，这种错误是不可容忍的，且可能会造成严重后果。

既然前面已经发生了产品合计数计算错误的情况，那么当产品较多时，让 DeepSeek 来自动生成产品预算分析表就不太可靠了。因为即使是生成了分析表，我们还是需要亲自去一个一个地进行数字核对，这样就很费精力费时间了。在这种情况下，最安全、最高效的方法是使用函数公式查找数据并生成分析表，或者使用 Power Query 来制作分析表。

DeepSeek 赋能高效数据分析

针对这个案例，只有三个部门表格要制作产品预算执行分析表，则可以利用 DeepSeek 设计数据查找公式。

首先设计好产品预算执行分析表结构，如图 5-119 所示。

	A	B	C	D	E	F	G	H	I	J	K	L	M	N	O	P	Q	R
1																		
2		表1: 业务1部 销售统计表						表2: 业务2部 销售统计表						表3: 业务3部 销售统计表			
3			预算		实际				预算		实际				预算		实际	
4		产品	销量	销售额	销量	销售额		产品	销量	销售额	销量	销售额		产品	销量	销售额	销量	销售额
5		产品1	2345	715225	1652	621152		产品1	2775	1029525	4059	1526184		产品1	1368	538992	1109	410330
6		产品2	660	144540	293	64460		产品2	4240	1047280	1030	263680		产品2	1726	434952	1609	365243
7		产品3	938	250446	516	148092		产品3	3986	1255590	2049	676170		产品3	543	133035	745	236165
8		产品4	2895	437145	581	94703		产品4	3092	550376	1937	261495		产品4	1354	186852	1900	302100
9		产品5	2361	1506318	7495	4429545		产品5	3264	2069376	7646	5015776		产品5	624	319488	350	217350
10		产品6	298	272968	586	499858		产品6	4116	4194204	2001	1782891		产品6	1991	1869549	1490	1515330
11		产品7	1711	1245608	2570	1593400		产品7	4298	2806594	1599	1200849		产品7	720	396000	359	193142
12		合计	11208	4572250	13693	7451210		合计	25771	12952945	20321	10727045		合计	8326	3878868	7562	3239660
13																		
14																		
15																		
16		产品销售总额预算执行分析表																
17		产品名称	预算数	实际数	差异	执行率												
18		产品1																
19		产品2																
20		产品3																
21		产品4																
22		产品5																
23		产品6																
24		产品7																
25		合计																
26																		

图 5-119　设计产品预算分析表结构

将新文件更新保存，然后重新上传，输入下面的提示词，如图 5-120 所示。

请根据第 2 行至第 12 行的三个部门的销售统计表，制作第 17 行至第 25 行的产品销售额预算分析表。

要求设计数据查找计算公式，分别从三个部门销售统计表中取出各个产品的销售额预算数和销售额实际数，进行相加计算出合计数，再输入第 18 行开始的各列单元格。

产品预算分析表的 B 列第 18 行开始是产品名称；

各个产品预算销售额合计数保存在 C 列的第 18 行开始单元格；

各个产品实际销售额合计数保存在 D 列的第 18 行开始单元格；

差异数和执行率分别保存在 E 列和 F 列的第 18 行单元格。

请设计单元格 C18 的预算销售额合计数和单元格 D18 实际销售额合计数的通用计算公式，往下复制就自动得到各个产品的合计数。

第 5 章 DeepSeek 辅助不规范表单的数据基本分析

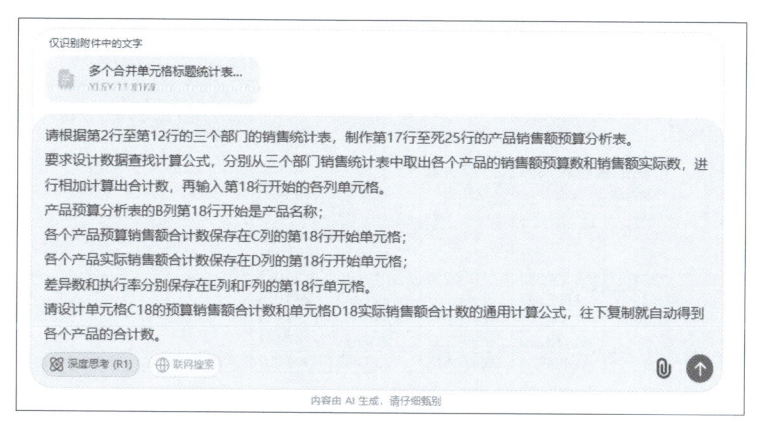

图 5-120 重新上传修改后的文件，输入具体公式需求的提示词

DeepSeek 根据我们的需求，设计的通用计算公式如图 5-121 所示。

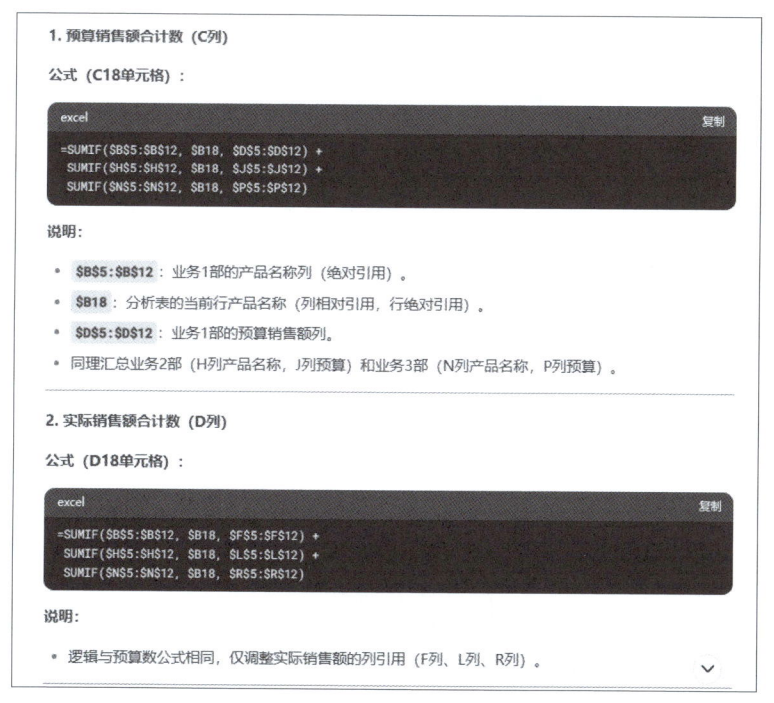

图 5-121 DeepSeek 设计的通用计算公式

将公式复制到分析表的单元格，再往下复制，就得到产品预算执行分析表，如图 5-122 所示。

前面介绍的是制作部门和产品两个预算分析表的逻辑思路和方法步骤，同时也介绍了很多相关的知识和技能技巧，下面我们看看如何来将分析结果可视化。

C18 =SUMIF($B$5:$B$12, $B18, $D$5:$D$12) + SUMIF($H$5:$H$12, $B18, $J$5:$J$12) + SUMIF($N$5:$N$12, $B18, $P$5:$P$12)

产品销售总额预算执行分析表

产品名称	预算数	实际数	差异	执行率
产品1	2,283,742	2,557,666	273,924	111.99%
产品2	1,626,772	693,383	-933,389	42.62%
产品3	1,639,071	1,060,427	-578,644	64.70%
产品4	1,174,373	658,298	-516,075	56.06%
产品5	3,895,182	9,662,671	5,767,489	248.07%
产品6	6,336,721	3,798,079	-2,538,642	59.94%
产品7	4,448,202	2,987,391	-1,460,811	67.16%
合计	21,404,063	21,417,915	13,852	100.06%

图 5-122　将公式复制到分析表的单元格，得到产品预算执行分析表

继续输入下面的提示词，提出可视化报告的具体要求，如图 5-123 所示。

请制作一个销售预算执行分析报告，报告由以下内容构成：

1. 第一部分是整体预算分析，用文字描述预算执行情况；

2. 第二部分是业务部预算执行分析，包括预算执行分析表和总销售额分析瀑布图；

（1）预算分析表由 5 列数据，第一列是部门名称，第二列是预算数，第三列是实际数，第四列是执行差异额（= 实际数 − 预算数），第五列是执行率（= 实际数 / 预算数）；

（2）瀑布图的第一个柱形是预算销售总额，中间是各个业务部的预算执行差异额，最后一个柱形（注意从坐标轴 0 点开始的）是实际销售总额。

3. 第三部分是产品预算执行分析，包括预算执行分析表和总销售额分析瀑布图；

（1）预算分析表由 5 列数据，第一列是产品名称，第二列是预算数，第三列是实际数，第四列是执行差异额（= 实际数 − 预算数），第五列是执行率（= 实际数 / 预算数）；

（2）瀑布图的第一个柱形是预算销售总额，中间是各个产品的预算执行差异额，最后一个柱形（注意从坐标轴 0 点开始的）是实际销售总额。

4. 第四部分是预算执行过程存在的问题，以及今后要重点关注的策略。

注意每个分析表和对应的瀑布图排列一行，以使报告美观简洁，阅读性好。

第 5 章　DeepSeek 辅助不规范表单的数据基本分析

请设计完整 HTML 代码，能够在普通浏览器上运行。

要注意从基础表提取数据准确，计算正确！

> 请制作一个销售预算执行分析报告，报告由以下内容构成：
> 1. 第一部分是整体预算分析，用文字描述预算执行情况；
> 2. 第二部分是业务部预算执行分析，包括预算执行分析表和总销售额分析瀑布图；
> （1）预算分析表由5列数据，第一列是部门名称，第二列是预算数，第三列是实际数，第四列是执行差异额（=实际数-预算数），第五列是执行率（=实际数/预算数）；
> （2）瀑布图的第一个柱形是预算销售总额，中间是各个业务部的预算执行差异额，最后一个柱形（注意从坐标轴0点开始的）是实际销售总额。
> 3. 第三部分是产品预算执行分析，包括预算执行分析表和总销售额分析瀑布图；
> （1）预算分析表由5列数据，第一列是产品名称，第二列是预算数，第三列是实际数，第四列是执行差异额（=实际数-预算数），第五列是执行率（=实际数/预算数）；
> （2）瀑布图的第一个柱形是预算销售总额，中间是各个产品的预算执行差异额，最后一个柱形（注意从坐标轴0点开始的）是实际销售总额。
> 4. 第四部分是预算执行过程存在的问题，以及今后要重点关注的策略。
> 注意每个分析表和对应的瀑布图排列一行，以使报告美观简洁，阅读性好。
> 请设计完整HTML代码，能够在普通浏览器上运行。
> 要注意从基础表提取数据准确，计算正确！
>
> 深度思考 (R1)　联网搜索

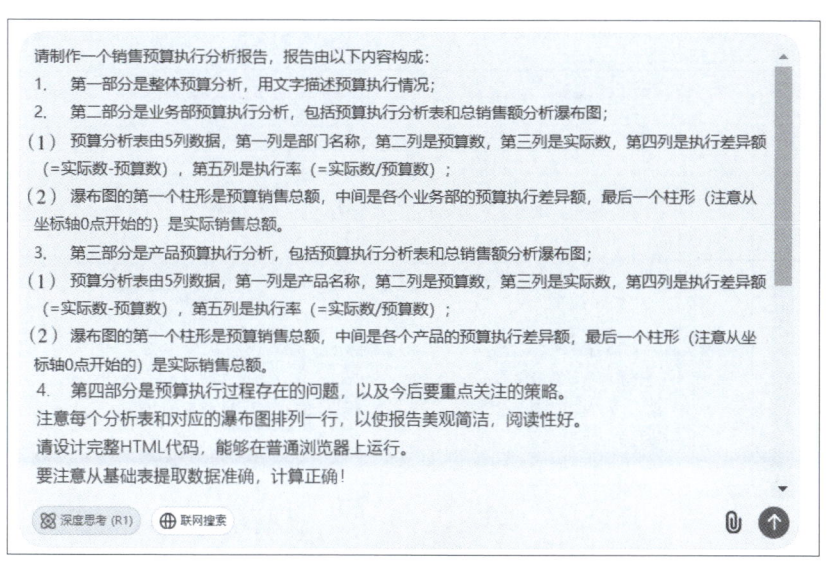

图 5-123　输入具体需求的提示词

感兴趣的读者，自己可以在 DeepSeek 网页上练习，这里就不再列示最终结果了。

无论是让 DeepSeek 输出何种分析结果，我们所付出的时间成本是很高的，因为 DeepSeek 给出的结果不一定每次正确。因此，我们需要不断与 DeepSeek 交流，指出错误所在，让 DeepSeek 去修改完善，直至得到正确的分析报告。

鉴于此，一个高效的分析方法是先将三个业务部的表格合并整理为一个一维表，然后对这个一维表创建数据透视表，这样就能够建立一个灵活预算分析模型。

下面我们尝试一下，看看 DeepSeek 能不能将这三个统计表合并为一个一维表。

新建一个对话，选择"深度思考（R1）"模型，上传文件，输入下面的提示词，如图 5-124 所示。

已知：三个业务部预算执行统计表

要求：

将这三个业务部统计表的销售额合并为一个一维表，此表由部门名称、产品名称、预算销售额、实际销售额四列数据；

要求从原始统计表准确取数，不能错误！请输出包含全部数据的完整合并表。

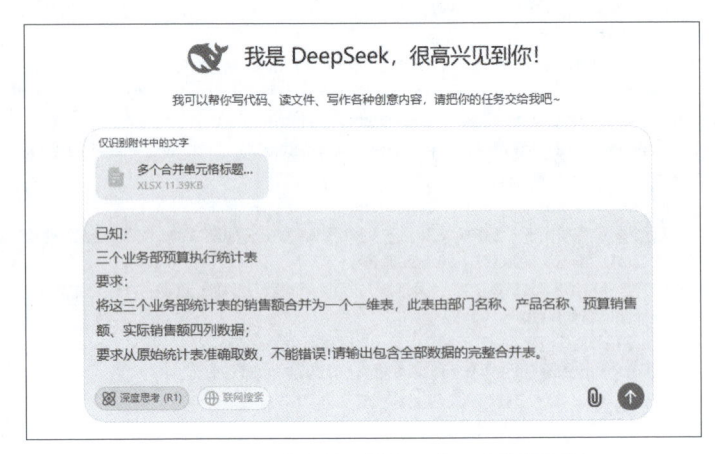

图 5-124　上传文件，输入具体需求的提示词

由于原始表格数据量不大，DeepSeek 很快就输出合并表，如图 5-125 所示，然后将这些数据复制粘贴到 Excel 工作表，就是我们要求的合并一维表了，如图 5-126 所示。

图 5-125　DeepSeek 返回的合并表数据　　图 5-126　将数据复制粘贴到 Excel 工作表

这样，我们就可以对这个一维表创建数据透视表，进行布局，添加计算字段，最终得到业务部预算执行分析表和产品预算执行分析表，如图 5-127 所示。

第 5 章 DeepSeek 辅助不规范表单的数据基本分析

图 5-127　业务部预算执行分析表和产品预算执行分析表

而业务部影响瀑布图和产品影响瀑布图，不建议利用 DeepSeek 设计了，因为在 Excel 上绘制瀑布图更加方便，并且我们已经得到了图 5-127 所示的业务部预算执行分析表和产品预算执行分析表，因此绘制瀑布图是很容易的。

图 5-128 是最终的预算执行分析报告，通过对报告页面进行重新布局，并使用自定义数字格式对差异和执行率进行了醒目显示，有效增强了报表的阅读性。

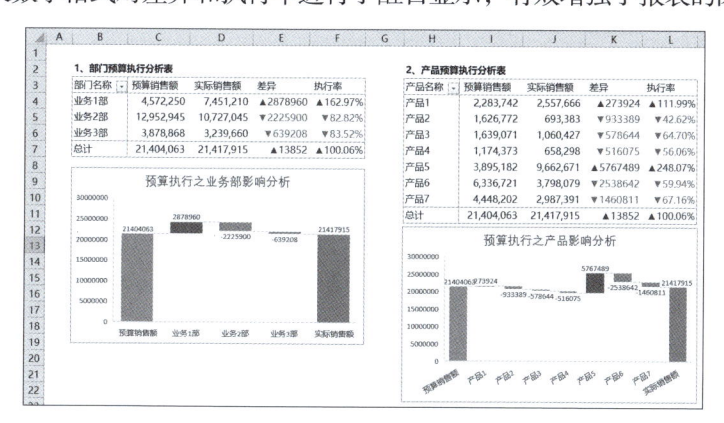

图 5-128　业务部和产品预算执行分析报告

这里，差异数单元格的自定义数字格式代码如下：

▲[蓝色]0;▼[红色]0

执行率单元格的自定义数字格式代码如下：

▲[>=1][蓝色]0.00%;▼[<1][红色]0.00%

当金额数字比较大时，最好以万元为单位显示金额数字，此时，三种类型数据（预算数和实际数、差异数、执行率）的自定义数字格式分别如下：

预算数和实际数单元格：

0!.0,

差异数单元格：

▲ [蓝色]0!.0,;▼ [红色]0!.0,

执行率单元格：

▲ [>=1][蓝色]0.00%;▼ [<1][红色]0.00%

这样，报告的阅读性就更好了，如图 5-129 所示。

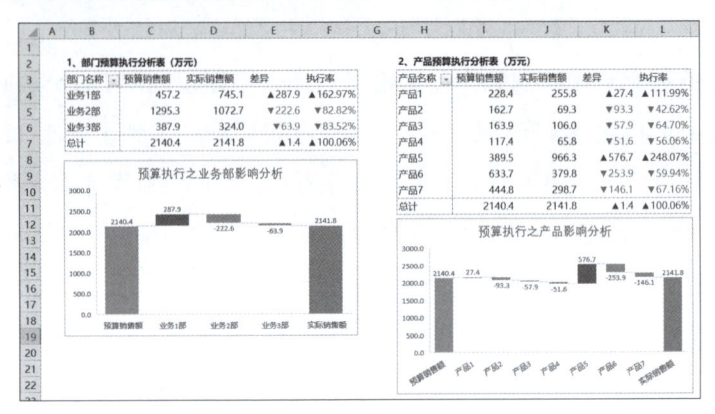

图 5-129　以万元为单位显示的清晰报表

5.4.3　系统导出的一个不规范表单的数据分析

当原始数据是从系统导出的，并且表格也比较简单，那么就可以让 DeepSeek 直接进行数据处理和分析，效率非常高。

例如，图 5-130 左侧 A 列至 C 列是从系统导出的各个项目各个部门的费用明细表，现在要求将其整理并生成右侧的项目部门费用汇总统计表。

这个表格数据保存在 Excel 工作簿"系统导出的一个不规范表单的数据分析 .xlsx"。

图 5-130　示例数据

第 5 章　DeepSeek 辅助不规范表单的数据基本分析

选择"深度思考（R1）"模型，上传文件，输入下面的提示词，如图 5-131 所示。

请从左侧 A 列至 C 列中，提取每个项目、每个部门的金额，生成一个格式如右侧表格的汇总表。要求输出全部完整准确数据。

图 5-131　上传文件，输入提示词

本例的数据量并不大，因此 DeepSeek 很快就返回结果，如图 5-132 所示。经核对，结果正确，最后再将数据复制到 Excel 工作表。

图 5-132　DeepSeek 返回的结果

针对 DeepSeek 得到的这个汇总数据，我们可以继续让 DeepSeek 分析数据。例如，要制作每个部门的差旅费与办公费用的合计数排名分析报表和排名柱状图，就继续输入下面的提示词，如图 5-133 所示。

请制作一个各部门差旅费与办公费用的合计数排名分析报表和排名柱状图。

要求按照差旅费与办公费用的合计数做降序排序。请设计简洁完整的 HTML 代码。

DeepSeek 赋能高效数据分析

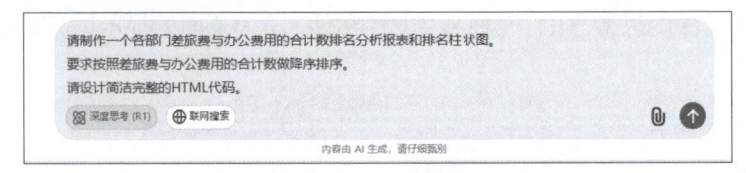

图 5-133　继续输入任务明确的提示词

发送提示词后，DeepSeek 就快速生成了我们要求的排名分析 HTML 代码（局部截图展示），如图 5-134 所示，运行代码，报告效果如图 5-135 所示。

图 5-134　DeepSeek 设计的 HTML 代码（局部截图展示）

图 5-135　自动生成的排名分析报告

5.4.4 系统导出的多个不规范表单的数据分析

图 5-136 是从系统导出的上半年各月的管理费用表，现在的任务是要制作图 5-137 所示的上半年各个部门总费用汇总表。

这些表数据保存在 Excel 工作簿“系统导出的多个不规范表单的数据分析 .xlsx”。

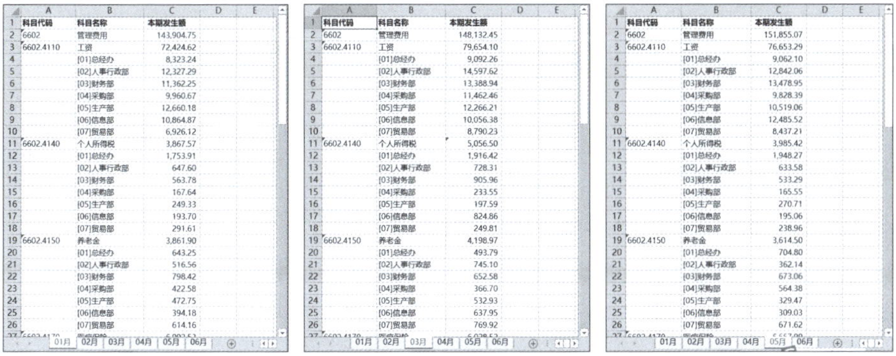

01月

科目代码	科目名称	本期发生额
6602	管理费用	143,904.75
6602.4110	工资	72,424.62
	[01]总经办	8,323.24
	[02]人事行政部	12,327.29
	[03]财务部	11,362.25
	[04]采购部	9,960.67
	[05]生产部	12,660.18
	[06]信息部	10,864.87
	[07]贸易部	6,926.12
6602.4140	个人所得税	3,867.57
	[01]总经办	1,753.91
	[02]人事行政部	647.60
	[03]财务部	563.78
	[04]采购部	167.64
	[05]生产部	249.33
	[06]信息部	193.70
	[07]贸易部	291.61
6602.4150	养老金	3,861.90
	[01]总经办	643.25
	[02]人事行政部	516.56
	[03]财务部	798.42
	[04]采购部	422.58
	[05]生产部	472.75
	[06]信息部	394.18
	[07]贸易部	614.16

03月

科目代码	科目名称	本期发生额
6602	管理费用	148,132.45
6602.4110	工资	79,654.10
	[01]总经办	9,092.26
	[02]人事行政部	14,597.62
	[03]财务部	13,388.94
	[04]采购部	11,462.46
	[05]生产部	12,266.21
	[06]信息部	10,056.38
	[07]贸易部	8,790.23
6602.4140	个人所得税	5,056.50
	[01]总经办	1,916.42
	[02]人事行政部	728.31
	[03]财务部	905.96
	[04]采购部	233.55
	[05]生产部	197.59
	[06]信息部	824.86
	[07]贸易部	249.81
6602.4150	养老金	4,198.97
	[01]总经办	493.79
	[02]人事行政部	745.10
	[03]财务部	652.58
	[04]采购部	366.70
	[05]生产部	532.93
	[06]信息部	637.95
	[07]贸易部	769.92

05月

科目代码	科目名称	本期发生额
6602	管理费用	151,855.07
6602.4110	工资	76,653.29
	[01]总经办	9,062.10
	[02]人事行政部	12,842.06
	[03]财务部	13,478.95
	[04]采购部	9,828.39
	[05]生产部	10,519.06
	[06]信息部	12,485.52
	[07]贸易部	8,437.21
6602.4140	个人所得税	3,985.42
	[01]总经办	1,948.27
	[02]人事行政部	633.58
	[03]财务部	533.29
	[04]采购部	165.55
	[05]生产部	270.71
	[06]信息部	195.06
	[07]贸易部	238.96
6602.4150	养老金	3,614.50
	[01]总经办	704.80
	[02]人事行政部	362.14
	[03]财务部	673.06
	[04]采购部	564.38
	[05]生产部	329.47
	[06]信息部	309.03
	[07]贸易部	671.62

图 5-136 上半年各月费用表

各部门1-6月总金额统计表

部门	01月	02月	03月	04月	05月	06月	合计
总经办							-
人事行政部							-
财务部							-
采购部							-
生产部							-
信息部							-
贸易部							-
合计	-	-	-	-	-	-	-

图 5-137 需要制作的上半年各个部门总费用汇总表

选择“深度思考（R1）”模型，上传文件，输入下面的提示词，如图 5-138 所示。

请根据 01 月至 06 月这六个工作表数据，制作如工作表“汇总分析”所示的各个部门各个月的总金额汇总表。

要求输出全部的完整、准确数据。

特别注意：计算结果要绝对正确！

图 5-138　上传文件，输入具体提示词

尽管本案例各个月份的工作表数据很有规律，但经核对发现 DeepSeek 给出的汇总结果是错误的，如图 5-139 所示。经过数次纠错，仍然是错误结果，因此，不再采纳 DeepSeek 直接给出的汇总结果，而是想办法让 DeepSeek 设计汇总公式。

以下是各部门1-6月金额汇总表（单位：元）：

部门	01月	02月	03月	04月	05月	06月
总经办	24,864.24	23,462.49	21,673.76	20,813.67	24,936.41	22,787.11
人事行政部	35,500.95	35,988.17	36,845.14	32,114.65	35,500.69	34,405.97
财务部	35,110.97	37,463.06	40,233.47	38,423.13	40,442.68	30,813.29
采购部	35,050.56	33,785.44	34,200.42	30,501.31	33,166.92	30,437.48
生产部	41,685.09	42,900.06	36,252.75	41,876.49	55,507.18	42,026.15
信息部	38,707.07	39,781.77	34,878.59	37,960.83	39,554.12	34,284.68
贸易部	29,453.93	26,147.89	32,823.47	33,284.34	28,891.10	22,366.10

数据说明：
1. 各月数据通过累加对应部门在所有科目（工资、个税、社保、差旅费等）下的金额得出
2. 包含公式的单元格已按实际数值计算（如03月工资=SUM(C4:C10)=90,092.26）

图 5-139　DeepSeek 给出的汇总结果是错误的

继续输入下面的提示词，如图 5-140 所示。

发现你几次返回的结果都是错误的，因此放弃采纳你给出的结果。现在请你在工作表"汇总分析"单元格 C5 设计一个通用汇总公式，往右往下复制

第 5 章　DeepSeek 辅助不规范表单的数据基本分析

就可以得到各个部门各个月的总金额。

汇总条件是工作表"汇总分析"单元格 B5 指定的部门名称，判断区域是每个月工作表的 B 列，求和区域是每个月工作表的 C 列。

注意：工作表"汇总分析"第 4 行就是每个月工作表名称，是否可以巧妙使用这个标题？

要求公式简洁高效，不要太啰嗦，公式使用函数越少越好，越短越好。

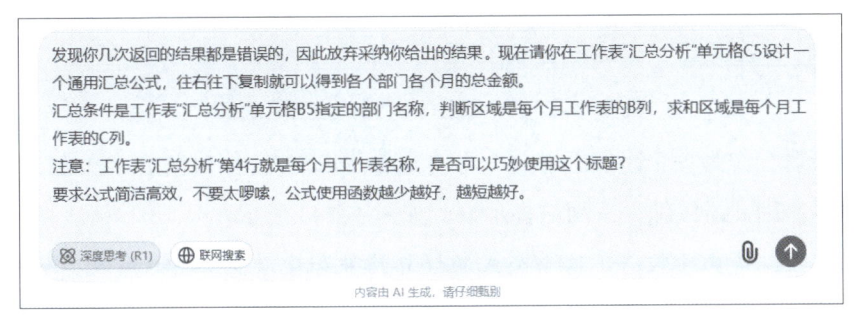

图 5-140　继续输入提示词

根据我们提供的这些具体需求，DeepSeek 开始思考如何设计通用汇总公式，最后给出的参考公式如图 5-141 所示。

单元格 C5 公式：

```
=SUMIF(INDIRECT(C$4&"!B:B"),"*"&$B5,INDIRECT(C$4&"!C:C"))
```

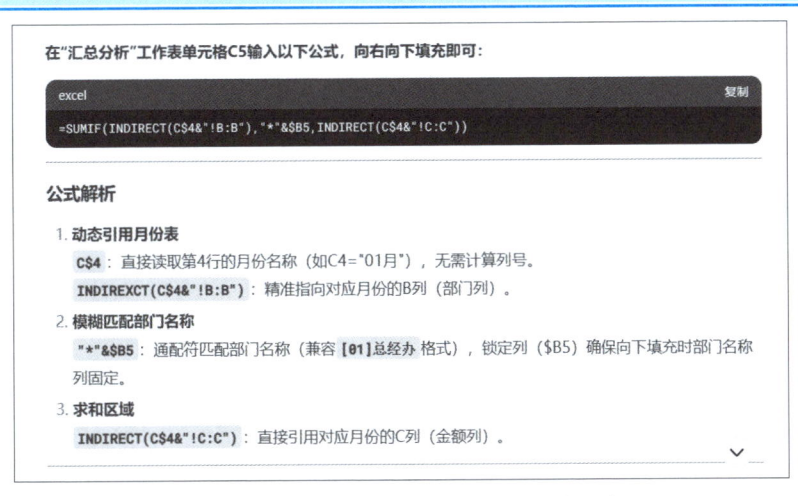

图 5-141　DeepSeek 设计的通用汇总公式

将这个公式复制到汇总表单元格，往右往下复制，即可得到每个部门每个月的总金额汇总表，如图 5-142 所示。

图 5-142　每个部门每个月的总金额汇总表

最后，作为一个附加思考题，弄清楚 DeepSeek 为什么直接计算的结果是错误的。因此继续输入下面的提示词，如图 5-143 所示。

现在，请你比较一下这个公式的计算结果和你以前给出的结果，你以前的结果为什么会是错误的？

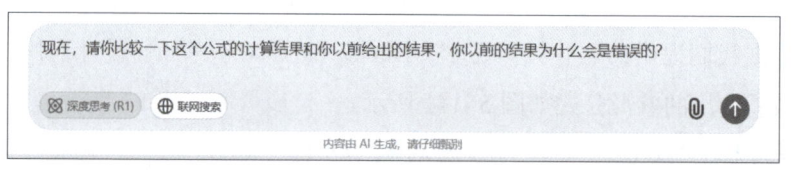

图 5-143　继续提问，弄清楚 DeepSeek 为什么计算错误

先看 DeepSeek 自我认错的深度思考过程，如图 5-144 所示。通过这些可以了解 DeepSeek 为什么会计算错误。

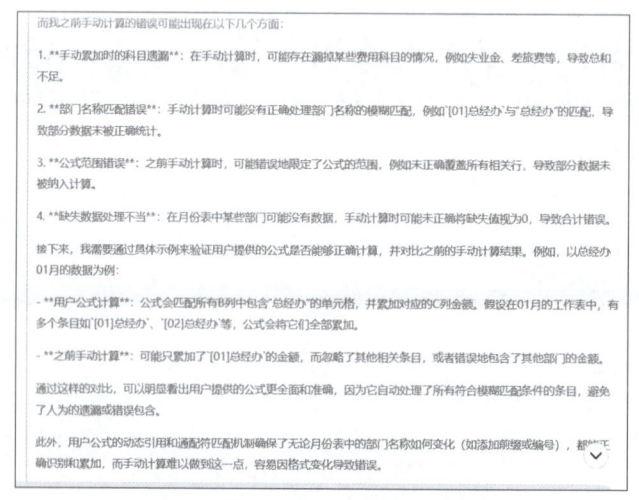

图 5-144　DeepSeek 自我认错的深度思考过程

根据自己反省的结果，DeepSeek 归纳出图 5-145 所示的几点错误根源。

公式计算结果与之前错误结果的对比分析

1. 错误根源总结

之前的错误主要源于以下三点：

- **手动累加遗漏：**
  未完整覆盖所有费用科目（如失业金、差旅费、电话费等），导致部门总金额偏低。
  示例：总经办01月原始数据中，手动计算时可能漏掉办公费（901.81）或电话费（988），导致总和虚低。

- **部门名称匹配不精确：**
  未使用模糊匹配（*通配符），导致部分带前缀的部门（如 [01]总经办）未被正确统计。
  示例：若手动计算仅匹配"总经办"而非 *总经办，则遗漏 [01]总经办 相关金额。

- **公式范围错误：**
  手动计算时错误限定了数据范围（如未覆盖所有子科目行），导致部分数据未纳入统计。
  示例：03月工资科目原公式 `=SUM(C4:C10)` 未覆盖到贸易部数据（C11），导致求和不全。

图 5-145　总结的几点错误根源

总之，对于诸如此类的多表格汇总分析，尽量不使用 DeepSeek 直接给出的汇总结果，因为它给出的结果极大可能是错误的。此时，最好使用 Excel 函数公式或者其他工具（例如 Power Query）来汇总和分析。

第 6 章 DeepSeek 辅助不同来源的数据基本分析

前面几章我们介绍的数据分析数据源都是 Excel 工作表，而 DeepSeek 分析的对象不仅仅限于单个的 Excel 工作表，还可以同时上传多个文件进行合并分析，以及对任意可以识别出文字的对象进行分析，如图片、文本文件、Word 文档、PDF 文件等。

6.1 利用 DeepSeek 对多个 Excel 工作簿分析

很多情况下，数据来源是几个工作簿，而每个工作簿内可以是一个工作表，也可能是多个工作表，如果每个工作簿数据量不是很大，就可以利用 DeepSeek 对这些工作簿数据进行基本分析。

6.1.1 每个工作簿只有一个工作表的情况

图 6-1 是两个工作簿"北京分公司销售统计表 .xlsx"和"上海分公司销售统计表 .xlsx"，它们都只有一个工作表，保存各个产品在各个月的销售数据。现在要对这两个工作簿数据进行基本分析。

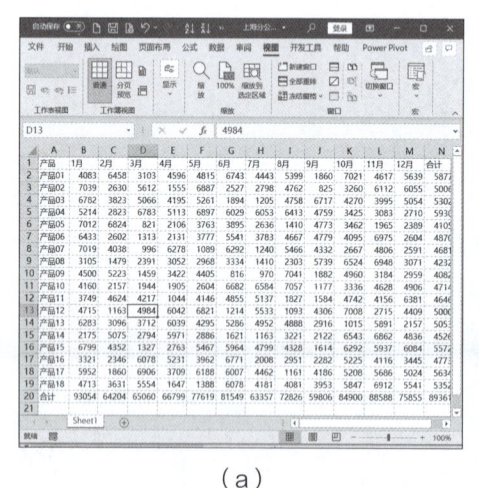

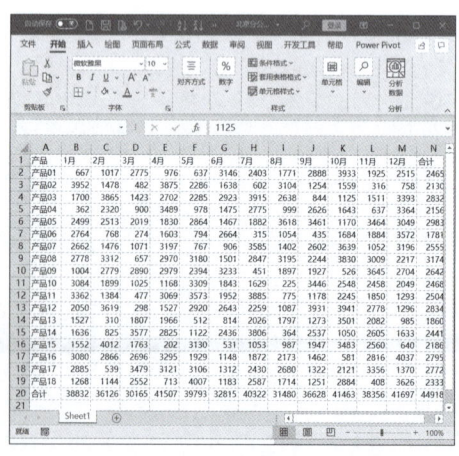

(a)　　　　　　　　　　　　　　(b)

图 6-1　两个 Excel 工作簿

选择"深度思考（R1）"模型，将两个工作簿上传，输入下面的提示词，如图 6-2 所示。

请对这两个工作簿数据进行基本分析，包括每个分公司销售额比较、月度销售额趋势波动、产品销售排名等，分析内容不仅仅限于我所提出的，根据你的经验补充重要分析内容。

图 6-2　上传两个工作簿，输入提示词

单击发送按钮后，DeepSeek 就对两个工作簿数据进行基本统计分析，并输出分析结果，如图 6-3 至图 6-7 所示。

这些分析尽管是基本的、一般性的分析，但通过 DeepSeek 的帮助，我们从两个工作簿的一团数据中，快速找出了数据的对比结果以及异常数据，这让我们快速了解数据，对两个分公司销售有一个整体认识，进而再根据具体情况去深入挖掘数据。

图 6-3　分公司销售总额对比

图 6-4　月度销售额趋势分析

3. 产品销售排名
- 北京分公司 Top 5 产品：
  1. 产品05 (29,836)
  2. 产品03 (28,324)
  3. 产品08 (31,740)
  4. 产品12 (28,349)
  5. 产品17 (27,721)
- 北京分公司 Bottom 5 产品：
  1. 产品06 (17,811)
  2. 产品13 (18,600)
  3. 产品15 (21,860)
  4. 产品02 (21,304)
  5. 产品04 (21,568)

- 上海分公司 Top 5 产品：
  1. 产品01 (58,777)
  2. 产品04 (59,302)
  3. 产品15 (55,726)
  4. 产品17 (56,349)
  5. 产品13 (50,530)
- 上海分公司 Bottom 5 产品：
  1. 产品05 (41,056)
  2. 产品09 (40,821)
  3. 产品08 (42,324)
  4. 产品02 (50,062)
  5. 产品07 (46,814)

图 6-5　产品销售排名

4. 区域销售差异分析
- 同产品对比：
  - 产品01：北京 (24,653) vs 上海 (58,777)
    - 上海销量是北京的 2.4 倍，可能因目标客群或推广策略不同。
  - 产品04：北京 (21,568) vs 上海 (59,302)
    - 上海销量是北京的 2.7 倍，需调查是否因区域需求差异或供应链优势。

5. 销售稳定性分析
- 北京：各产品年度销售额分布较均衡，仅产品06、13、15显著低于均值。
- 上海：产品间差异较大（如产品04销售额接近6万，产品05仅4万），需优化低效产品策略。

6. 异常值与潜在问题
- 北京产品15：4月销售额仅202，远低于其他月份（平均约2,000），需核查数据准确性或当月异常情况。
- 上海产品05：3月销售额仅821，但其他月份普遍在2,000以上，可能存在库存或交付问题。

图 6-6　区域销售差异分析、销售稳定性分析及异常值与潜在问题

7. 补充建议
1. 区域策略调整：
   - 北京可加强低销量产品（如06、13）的促销；上海可复制高销量产品（如01、04）的成功经验至其他区域。
2. 季节性备货：
   - 北京需关注3月、8月的销售低谷，提前规划促销活动；上海应针对11月峰值加强库存管理。
3. 产品线优化：
   - 北京可淘汰长期低效产品（如产品06），上海需分析产品05的低迷原因。

总结：上海分公司在整体规模和单产品表现上显著优于北京，但需关注月度波动和产品间差异；北京则需优化产品结构并提升淡季销售。

图 6-7　补充建议和总结

根据 DeepSeek 返回的结果，我们可以继续深入分析，利用 DeepSeek 提升数据分析效率。

例如，想要了解两个分公司月度销售总额的对比，就输入下面的提示词，如图 6-8 所示。

请制作两个分公司月度销售总额的折线图，分类轴是月份，数值轴是各月销售总额，数据系列是两个分公司。

要求图表简洁美观，显示每个月的数据标签。

请设计完整准确、能在普通浏览器打开的 HTML 代码。

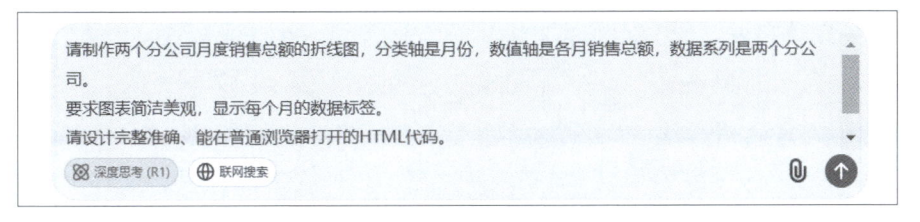

图 6-8 继续输入具体需求的提示词

发送提示词后，DeepSeek 很快就设计好 HTML 代码，如图 6-9 所示（局部截图以展示效果）。

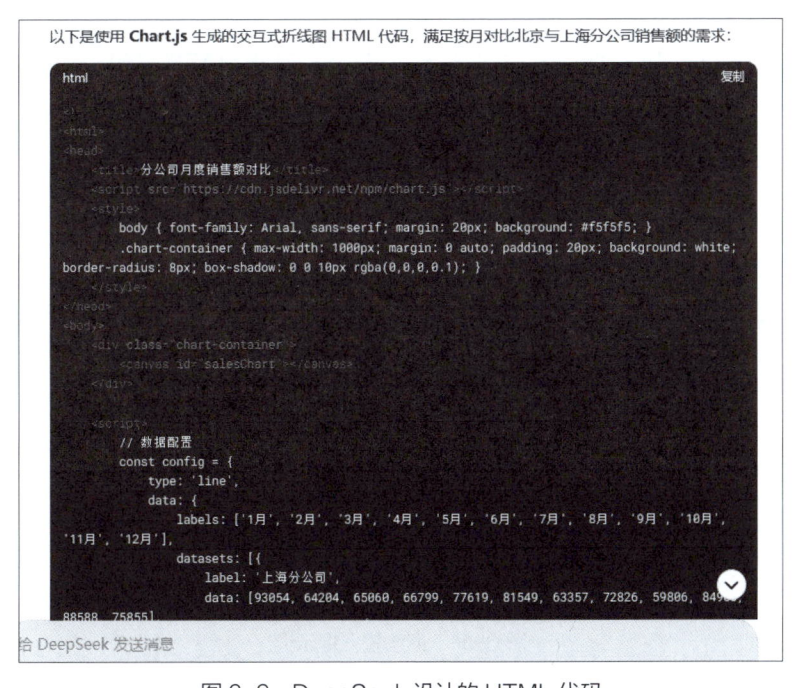

图 6-9 DeepSeek 设计的 HTML 代码

运行 HTML 代码，就得到两个分公司月度销售总额对比分析，如图 6-10 所示。

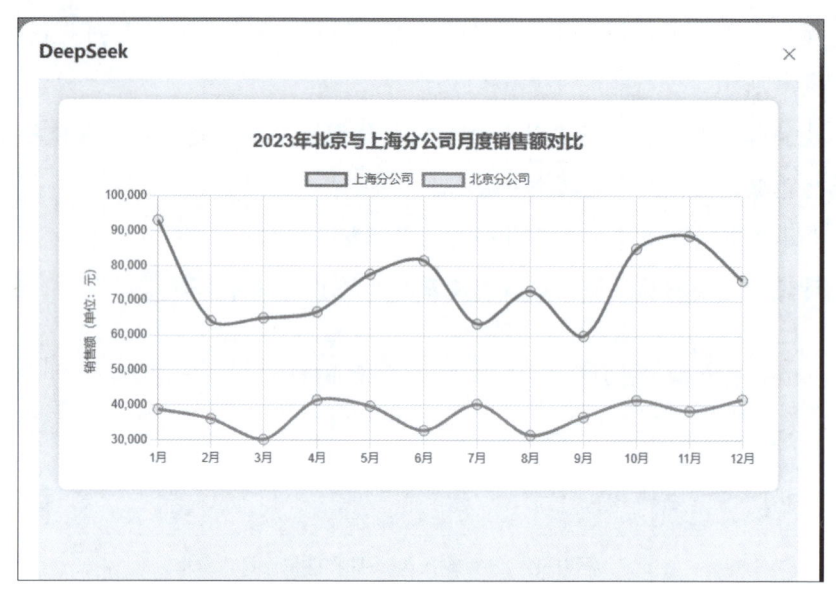

图 6-10　两个分公司月度销售总额对比分析

为方便大家阅读理解和复制练习，本书列示出了完整的 HTML 代码（见附录 3）。

我们还可以利用 DeepSeek 制作两个分公司销售总额排名第一的产品的月度销售趋势图，以便对比分析两个分公司销售最好的产品的表现差异。

继续输入下面的提示词，如图 6-11 所示。

请绘制两个分公司销售总额排名第一的产品的月度销售趋势折线图，分类轴是月份，数值轴是各月销售总额，数据系列是两个产品。

要求图表简洁美观，显示每个月的数据标签。

请设计完整准确、能在普通浏览器打开的 HTML 代码。

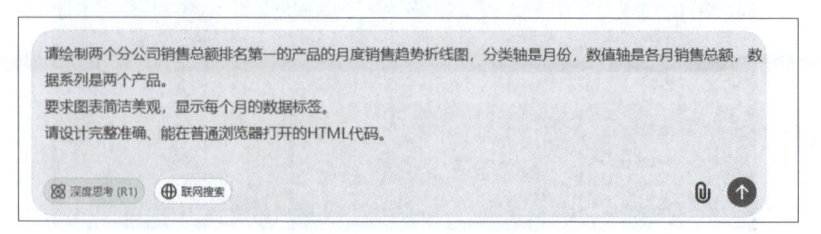

图 6-11　继续输入提示词

第 6 章　DeepSeek 辅助不同来源的数据基本分析

单击发送按钮后,DeepSeek 很快就设计好 HTML 代码,如图 6-12 所示(局部截图,展示代码效果)。运行代码,就立即得到两个分公司年度销售额排名第一的产品月度销售折线图,如图 6-13 所示。

图 6-12　DeepSeek 设计的 HTML 代码

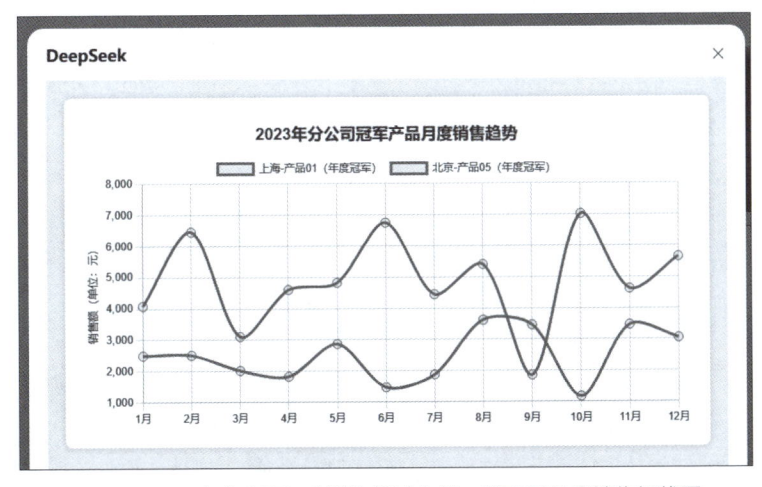

图 6-13　两个分公司年度销售额排名第一的产品月度销售折线图

接着再利用 DeepSeek 分别绘制两个分公司的产品销售总额排名条形图,输入下面的提示词,如图 6-14 所示。

DeepSeek 赋能高效数据分析

请分别绘制两个分公司的产品销售总额排名条形图，分类轴是产品名称，数值轴是各个产品的年度销售总额。产品年度总销售额要降序排序。

要求图表简洁美观，显示每个月的数据标签。

请设计完整准确、能在普通浏览器打开的 HTML 代码。

> 请分别绘制两个分公司的产品销售总额排名条形图，分类轴是产品名称，数值轴是各个产品的年度销售总额。产品年度总销售额要降序排序。
> 要求图表简洁美观，显示每个月的数据标签。
> 请设计完整准确、能在普通浏览器打开的 HTML 代码。
>
> 深度思考 (R1)　　联网搜索

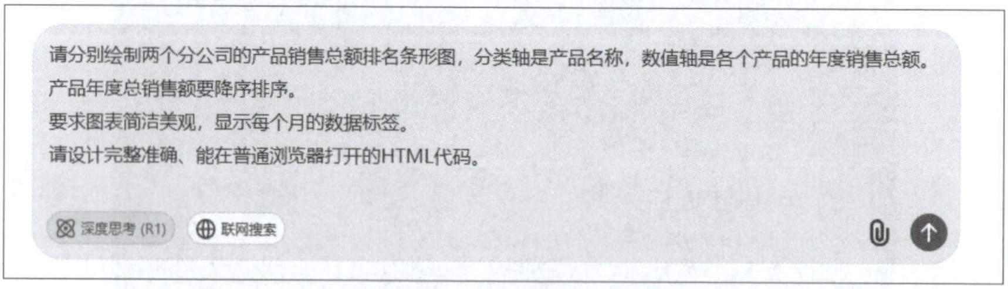

图 6-14　继续输入提示词

发送新的提示词后，DeepSeek 很快就设计好 HTML 代码，如图 6-15 所示（局部截图，展示代码效果）。运行代码，就立即得到两个分公司的产品销售总额排名条形图，如图 6-16 所示。

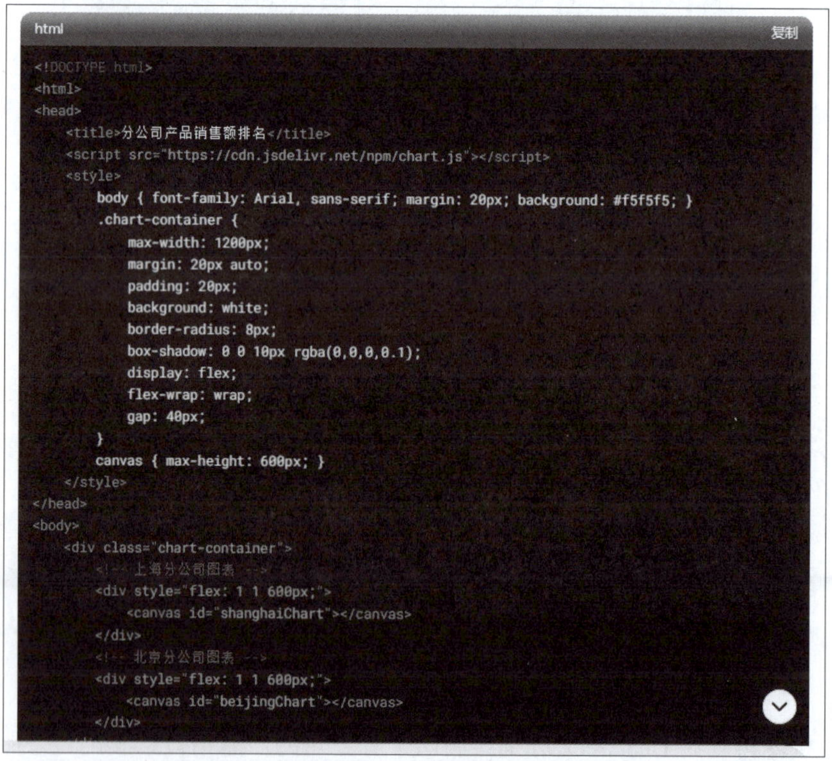

```html
<!DOCTYPE html>
<html>
<head>
    <title>分公司产品销售额排名</title>
    <script src="https://cdn.jsdelivr.net/npm/chart.js"></script>
    <style>
        body { font-family: Arial, sans-serif; margin: 20px; background: #f5f5f5; }
        .chart-container {
            max-width: 1200px;
            margin: 20px auto;
            padding: 20px;
            background: white;
            border-radius: 8px;
            box-shadow: 0 0 10px rgba(0,0,0,0.1);
            display: flex;
            flex-wrap: wrap;
            gap: 40px;
        }
        canvas { max-height: 600px; }
    </style>
</head>
<body>
    <div class="chart-container">
        <!-- 上海分公司图表 -->
        <div style="flex: 1 1 600px;">
            <canvas id="shanghaiChart"></canvas>
        </div>
        <!-- 北京分公司图表 -->
        <div style="flex: 1 1 600px;">
            <canvas id="beijingChart"></canvas>
        </div>
```

图 6-15　DeepSeek 设计的 HTML 代码

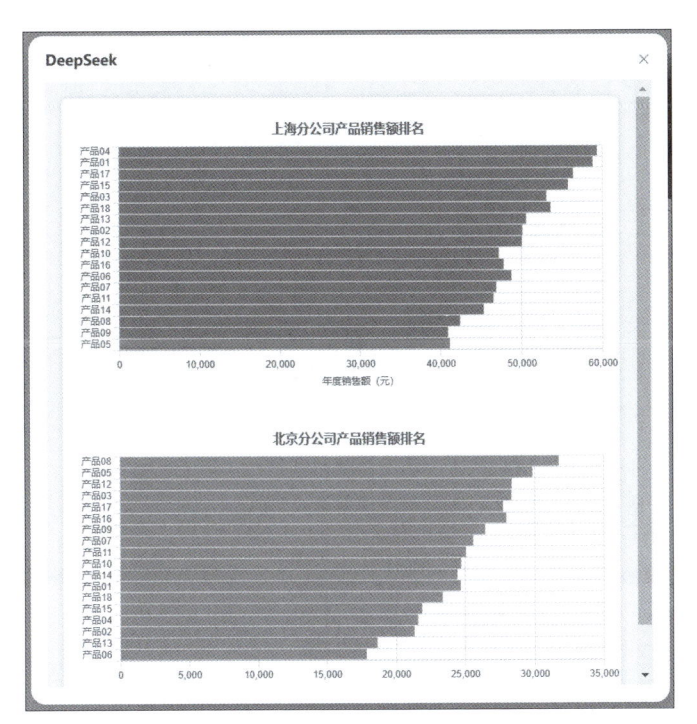

第 6 章　DeepSeek 辅助不同来源的数据基本分析

图 6-16　两个分公司的产品销售总额排名条形图

6.1.2　每个工作簿有多个工作表的情况

前面介绍的是每个工作簿只有一个工作表，如果每个工作簿有多个工作表，DeepSeek 能不能对这些工作簿的这些工作表数据进行基本统计分析呢？

图 6-17 是两个 Excel 工作簿"今年费用统计表.xlsx"和"去年费用统计表.xlsx"，各自有 3 个部门工作表，保存各月的费用数据。

图 6-17　两个 Excel 工作簿

143

DeepSeek 赋能高效数据分析

	A	B	C	D	E	F	G	H	I	J	K	L	M	N
1	项目	1月	2月	3月	4月	5月	6月	7月	8月	9月	10月	11月	12月	合计
2	办公费	22693	11932	1166	2826	23819	2626	951	5898	15956	6700	15345	23917	139071
3	业务招待费	23478	24451	23620	17249	9722	3721	11792	9798	19629	3915	8688	5498	161561
4	差旅费	21360	16840	11743	470	12026	6902	4603	5598	321	9001	14202	2991	106057
5	租金	15334	1815	13207	2023	8503	18135	12567	7546	213	730	22900	5021	107594
6	通讯费	7909	15210	21458	20630	3523	19632	4136	4235	1980	3501	3257	6438	111909
7	水电费	11680	2462	20179	11030	20104	6534	3880	9577	545	4015	1701	5639	97700
8	其他	11842	15079	10462	21523	1740	23920	14227	14613	22050	5716	5444	15473	162089
9	合计	114296	87789	1E+05	75751	79437	81470	57398	57619	60694	33578	71137	64977	885981

图 6-17 两个 Excel 工作簿（续）

选择"深度思考（R1）"模型，将两个工作簿上传，先不输入任何提示词，如图 6-18 所示。

图 6-18 上传两个工作簿，不输入任何提示词

直接单击发送按钮，让 DeepSeek 自己独立思考，看看能返回什么分析结果。

图 6-19 是 DeepSeek 深度思考过程的开头几段话。这些话表明，DeepSeek 能够辨认出每个工作簿中有几个工作表、各个工作表的数据含义，以及可以要分析的内容等。由此可见，对含有多个工作表的多个工作簿的数据，DeepSeek 是可以进行统计分析的，但前提是工作表名称必须规范，或者工作表内的数据信息明确。

第 6 章　DeepSeek 辅助不同来源的数据基本分析

> 好的，我现在需要处理用户提供的两个Excel文件的数据，分别是今年和去年的费用统计表。每个文件都包含三个部门（销售部、技术部、生产部）的费用明细，按月份和项目分类，并附有合计。用户的要求没有明确说明，但根据常见的需求，可能需要进行年度对比分析，比如比较各部门各项目的费用增减情况，或者找出费用波动较大的月份和项目，或者计算总费用的变化率等。
>
> 首先，我需要理解数据的结构。每个表格都有相同的结构：行是各个费用项目（如办公费、业务招待费），列是各个月份（1月至12月）以及合计列。每个部门的数据在一个单独的工作表中。今年和去年的数据分别在不同的文件中，但部门结构一致，方便对比。
>
> 接下来，我需要确定如何提取数据进行比较。可能需要将每个部门今年的费用与去年同期的费用进行对比。例如，销售部今年的办公费总和与去年相比是否有增长，各个月份的费用是否有显著变化。同样的分析需要应用于其他部门和项目。
>
> 在处理数据时，需要注意以下几点：
>
> 1. 确保正确匹配部门和项目，避免数据错位。
>
> 2. 检查合计列是否正确，避免数据输入错误。
>
> 3. 计算同比增长率或绝对差异，找出费用变化的原因。
>
> 4. 对于异常值（如某个月份费用突然增加或减少），需要特别关注，可能需要进一步调查原因。

图 6-19　DeepSeek 的深度思考过程的开头几段话

这样，我们就可以利用 DeepSeek 分析这两个工作簿中三个部门的两年费用同比分析了。

图 6-20 是 DeepSeek 在没有任何提示词的情况下给出的基本统计分析，例如各个部门两年总费用对比，各部门两年费用的同比分析，重点费用项目分析，等等。

1. 总费用对比

- 今年总费用：1,426,742
  - 销售部：885,981
  - 技术部：337,777
  - 生产部：202,984
- 去年总费用：1,269,244
  - 销售部：680,546
  - 技术部：201,106
  - 生产部：387,592
- 总费用增长率：+12.4%

2. 各部门费用变化

部门	今年费用	去年费用	增减额	增长率
销售部	885,981	680,546	+205,435	+30.1%
技术部	337,777	201,106	+136,671	+67.9%
生产部	202,984	387,592	-184,608	-47.6%

3. 重点费用项目分析

销售部

- 业务招待费：161,561（今年）vs 97,330（去年）→ **+66,031（+67.8%）**
  - 1月费用激增：23,478（今年）vs 4,915（去年），需核查原因。
- 办公费：139,071（今年）vs 117,528（去年）→ **+18.3%**
  - 5月、9月、12月费用显著增加（均超20,000）。

技术部

- 通讯费：53,744（今年）vs 25,007（去年）→ **+114.8%**
  - 全年费用普遍翻倍，可能因设备升级或网络服务扩展。
- 其他费用：43,573（今年）vs 27,874（去年）→ **+56.3%**

生产部

- 水电费：28,459（今年）vs 42,187（去年）→ **-32.5%**
  - 11月费用仅16元，异常低值需核实。
- 租金：24,815（今年）vs 56,170（去年）→ **-55.8%**
  - 或因厂房搬迁或租金合约调整。

图 6-20　DeepSeek 在没有任何提示词的情况下给出的基本统计分析

DeepSeek 赋能高效数据分析

对这些汇总数字，需要核实 DeepSeek 合并计算的是否正确。经核实，部门两年总费用数字是正确的，但每个费用项目各年的合计数计算却是错误的。因此，对于部门总费用分析，可以直接 DeepSeek 去做，但对于涉及合并计算的各个费用项目分析，如果让 DeepSeek 去分析的话，可能要花很长时间（因为计算错误，需要不断去纠错），这种时间成本就不值得了。

基于此考虑，我们先让 DeepSeek 对各个部门总费用进行同比分析。输入下面的具体需求提示词，如图 6-21 所示。

主题：对各个部门两年的总费用进行分析。

已知：各个部门两年总费用是每个工作表右下角单元格数据。

任务：

1. 请制作各个部门两年总费用统计分析表，分析表的第一列是部门名称及合计，第二列是去年费用，第三列是今年费用，第四列是增减额，第五列是增长率；

2. 绘制各个部门两年总费用同比分析簇状柱状图，分类轴是部门名称，数值轴是费用总金额，数据系列是两年数据。

要求统计分析表和簇状柱状图比例协调，简洁美观。

请设计完整准确、能在普通浏览器打开的 HTML 代码。

> 主题：对各个部门两年的总费用进行分析。
> 已知：各个部门两年总费用是每个工作表右下角单元格数据。
> 任务：
> 1. 请制作各个部门两年总费用统计分析表，分析表的第一列是部门名称及合计，第二列是去年费用，第三列是今年费用，第四列是增减额，第五列是增长率；
> 2. 绘制各个部门两年总费用同比分析簇状柱状图，分类轴是部门名称，数值轴是费用总金额，数据系列是两年数据。
> 要求统计分析表和簇状柱状图比例协调，简洁美观。
> 请设计完整准确、能在普通浏览器打开的HTML代码。
>
> 深度思考(R1)   联网搜索

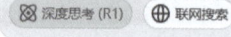

图 6-21　输入具体需求提示词

发送上述提示词，DeepSeek 就开始设计代码。不过要注意，DeepSeek 第一次给出的代码运行结果可能不满足要求，需要经过多次纠错才能得到最终正确的 HTML 代码，如图 6-22 所示（局部截图，仅是展示效果）。

图 6-22 最终正确的 HTML 代码

运行代码，就得到各个部门两年费用同比分析报告，如图 6-23 所示。

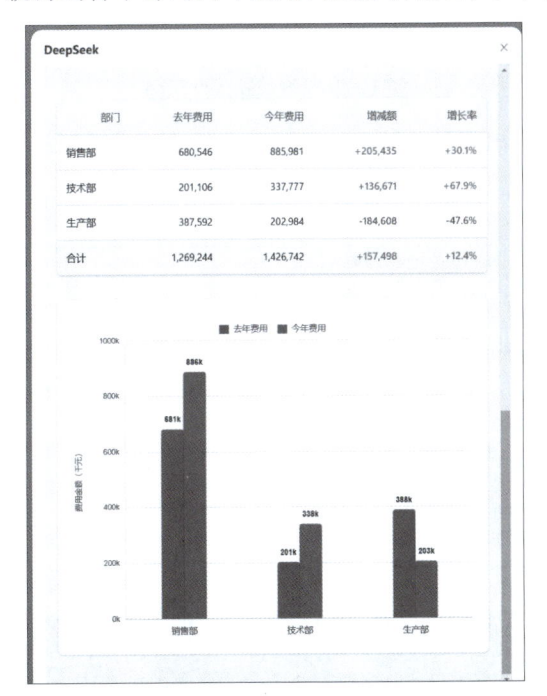

图 6-23 各个部门两年费用同比分析报告

对于各个费用项目的同比分析（甚至包括前面介绍的部门费用同比分析），不建议直接利用 DeepSeek 来做，因为数值汇总结果可能出现错误。更好的方法是询问 DeepSeek 如何将两个工作簿的数据汇总，得到一个汇总表，然后利用汇总表创建数据透视表。这样分析起来就非常简单了。

继续输入下面的提示词，如图6-24所示。

请介绍将两个工作簿数据合并汇总的简单、高效、实用、时间成本低的工具方法，以及详细步骤。

合并汇总表中必须有年份字段和部门字段，以区分数据的年份归属和部门归属。

此外，准备以合并表来创建数据透视表进行分析，因此合并表要是一个可以用来建模的一维表，基本字段有：部门、年份、月份、项目、金额。

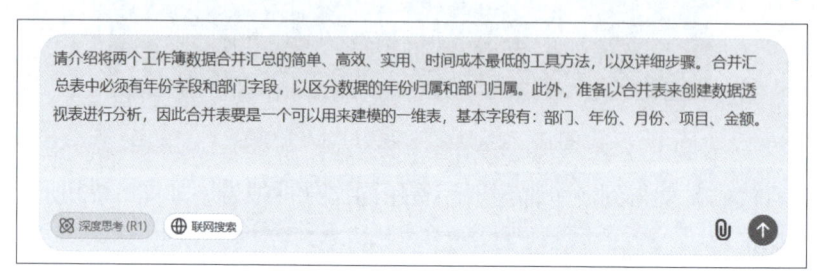

图6-24　继续输入提示词

DeepSeek会给出三种方法：Power Query方法、函数公式联接方法和Excel VBA方法，首推Power Query方法，如图6-25所示（局部截图，仅展示效果）。

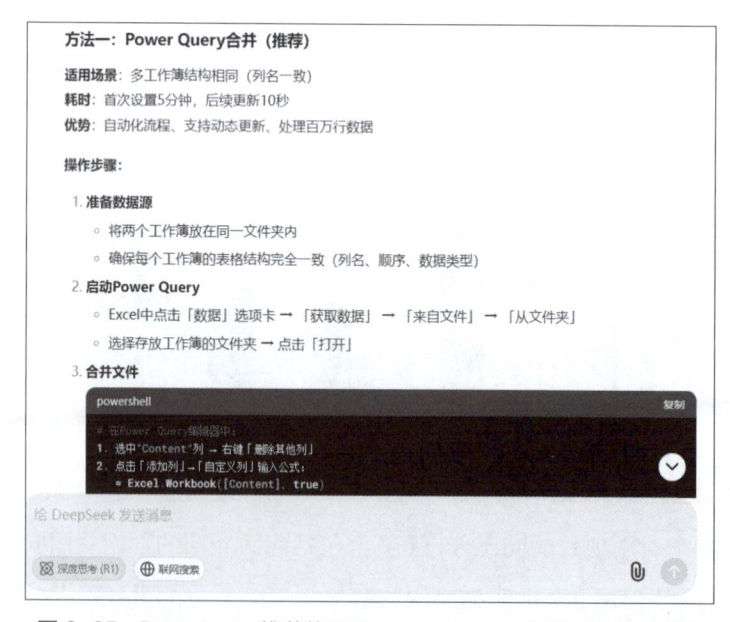

图6-25　DeepSeek推荐使用Power Query工具合并两个工作簿

第 6 章　DeepSeek 辅助不同来源的数据基本分析

如果你想要一键完成两个工作簿的合并，也可以尝试让 DeepSeek 帮助设计 VBA 代码，输入下面的提示词，如图 6-26 所示。

请设计简洁高效的 Excel VBA 代码，对两个工作簿数据进行合并。

两个工作簿已经保存在了同一个文件夹"D:\ 财务分析 \ 费用分析 \"。

工作簿名称中，已经包含了年份字段"去年"和"今年"。

合并表有 5 列数据：部门、年份、月份、项目、金额。

原始数据表中的合计数剔除不要。

```
请设计简洁高效的Excel VBA代码，对两个工作簿数据进行合并。
两个工作簿已经保存在了同一个文件夹"D:\财务分析\费用分析\"。
工作簿名称中，已经包含了年份字段"去年"和"今年"。
合并表有5列数据：部门、年份、月份、项目、金额。
原始数据表中的合计数剔除不要。
```

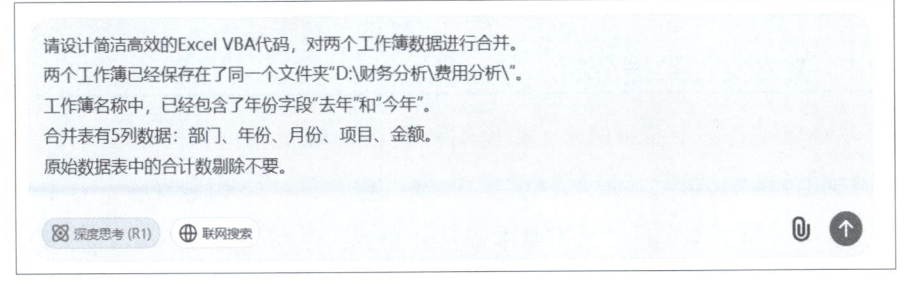

图 6-26　输入提示词

单击发送按钮后，DeepSeek 很快就设计出 VBA 代码，如图 6-27 所示（局部截图，仅展示效果）。但是我们仍需保持谨慎，因为给出的 VBA 代码也许有错误，需要测试纠错。

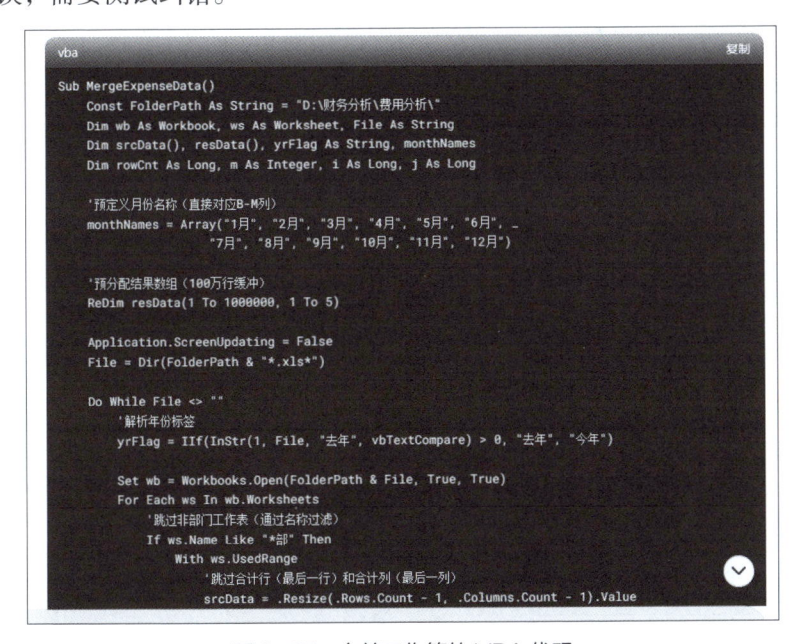

```vba
Sub MergeExpenseData()
    Const FolderPath As String = "D:\财务分析\费用分析\"
    Dim wb As Workbook, ws As Worksheet, File As String
    Dim srcData(), resData(), yrFlag As String, monthNames
    Dim rowCnt As Long, m As Integer, i As Long, j As Long
    
    '预定义月份名称（直接对应B-M列）
    monthNames = Array("1月", "2月", "3月", "4月", "5月", "6月", _
                      "7月", "8月", "9月", "10月", "11月", "12月")
    
    '预分配结果数组（100万行缓冲）
    ReDim resData(1 To 1000000, 1 To 5)
    
    Application.ScreenUpdating = False
    File = Dir(FolderPath & "*.xls*")
    
    Do While File <> ""
        '解析年份标签
        yrFlag = IIf(InStr(1, File, "去年", vbTextCompare) > 0, "去年", "今年")
        
        Set wb = Workbooks.Open(FolderPath & File, True, True)
        For Each ws In wb.Worksheets
            '跳过非部门工作表（通过名称过滤）
            If ws.Name Like "*部" Then
                With ws.UsedRange
                    '跳过合计行（最后一行）和合计列（最后一列）
                    srcData = .Resize(.Rows.Count - 1, .Columns.Count - 1).Value
```

图 6-27　合并工作簿的 VBA 代码

本书列示出了经过几次纠错调试成功后的 VBA 代码（见附录 4），供大家参考。

6.2 利用 DeepSeek 对其他来源数据分析

实际工作中，要分析的数据的来源是多样化的，不仅仅是 Excel 工作簿，还可能是文本文件、PDF 文件、网页数据等。本节我们介绍常见的其他来源数据的分析，借助 DeepSeek 提升我们的数据分析效率。

6.2.1 文本文件数据分析

本小节结合一个简单例子，来说明利用 DeepSeek 帮助分析文本文件数据的方法和技巧。

图 6-28 是文本文件"员工基本信息表 .txt"，保存员工的基本信息，以竖线"|"分隔各列数据，现在尝试如何使用 DepSeek 做基本统计分析。

图 6-28　文本文件"员工基本信息表 .txt"

选择"深度思考（R1）"模型，上传文件，输入下面的提示词，如图 6-29 所示。这里要特别注意，输入的提示词要越准确才越好。

请统计每个部门、各个学历的人数分布，输出一个完整统计表，统计表

的第一列是部门名称和合计，第一行是学历名称和合计。

注意1：精确以部门和学历为分类，来统计人数，其他字段不需要考虑。

注意2：可能存在不同部门相同姓名，或者同一部门相同姓名的情况，这个不需考虑。

注意3：请准确各部门、各学历统计人数，不能重复计数，不能多算，不能少算。

注意4：本表总人数是84人。

图 6-29　上传文件，输入具体需求和具体条件的提示词

发送提示词后，DeepSeek 就开始了一步一步计算并核实，最终给出的结果如图 6-30 所示。接下来，就是将这个表格复制到 Excel 上，或者复制到相关报告中。

图 6-30　DeepSeek 直接以文本文件数据分析的统计结果

DeepSeek 赋能高效数据分析

我们可以让 DeepSeek 直接根据这个文本文件制作一个具体的统计报告，例如制作一个本科学历在各个部门的人数分布柱状图，就可以继续输入下面的提示词，如图 6-31 所示。

请制作一个本科学历在各个部门的人数分布柱状图，要求图表简洁美观，在柱形顶部显示人数的数据标签。

特别注意，要先准确统计各部门的本科学历人数，不能统计错了。

请设计完整准确简洁的 HTML 代码。

图 6-31 布置新任务，继续输入提示词

发送具体需求，经过多次努力（因为代码会有缺陷，需要让 DeepSeek 不断修改和完善），DeepSeek 给出的各部门本科学历人数分布状形图如图 6-32 所示。

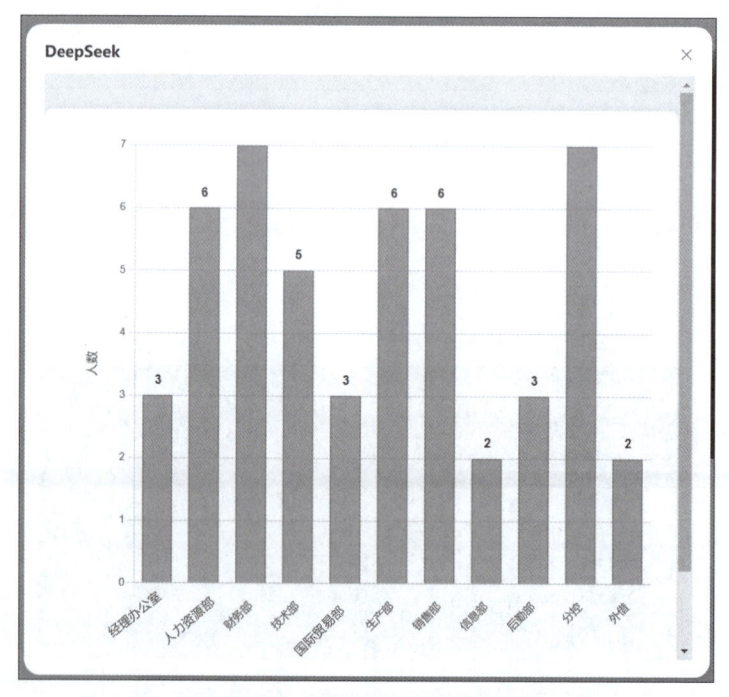

图 6-32 DeepSeek 给出的各部门本科学历人数分布柱状图

需要注意的是，我们要辩证看待前面所做的所有工作。因为利用 DeepSeek 直接统计分析文本文件数据，并不能提高数据分析效率，甚至由于多次纠错处理，反而浪费了大量时间精力。

除非文本文件是一个已经统计好的最终结果，而不是一个需要进行统计计算的明细数据，否则，最好的处理方法是将文本文件导入 Excel，再使用数据透视表进行灵活分析，或者直接使用 Power Query 处理文本文件数据并使用数据透视表进行分析。

总而言之，在处理文本数据时，不应该过度依赖 DeepSeek，也不应该将 DeepSeek 视为万能的解决方案，而需要主动参与，对分析过程和结果进行必要把控。

6.2.2 PDF 文件数据分析

如果数据来源是 PDF 文件的某个表格，我们也可以利用 DeepSeek 进行简单的、基本的分析。

图 6-33 是某个上市公司年报 PDF 文件第 26 页的一个表格，该 PDF 文件是"2016 年年度报告 .PDF"。

5. 现金流

单位：元

项目	2016 年	2015 年	同比增减
经营活动现金流入小计	1,382,624,125.86	812,176,574.80	70.24%
经营活动现金流出小计	1,065,709,359.80	838,272,135.54	27.13%
经营活动产生的现金流量净额	316,914,766.06	-26,095,560.74	1314.44%
投资活动现金流入小计	27,506,295.99	49,600,085.00	-44.54%
投资活动现金流出小计	626,913,231.35	275,643,083.07	127.44%
投资活动产生的现金流量净额	-599,406,935.36	-226,042,998.07	165.17%
筹资活动现金流入小计	1,874,585,249.97	981,799,697.10	90.93%
筹资活动现金流出小计	1,540,876,389.25	704,975,121.70	118.57%
筹资活动产生的现金流量净额	333,708,860.72	276,824,576.00	20.55%
现金及现金等价物净增加额	51,791,648.95	26,229,481.15	97.46%

相关数据同比发生重大变动的主要影响因素说明
√ 适用 □ 不适用

图 6-33　PDF 文件某个表格数据

DeepSeek 赋能高效数据分析

选择"深度思考（R1）"模型，上传 PDF 文件，输入的提示词，如图 6-34 所示。

请对文件第 26 页的"5.现金流"表格数据进行分析。

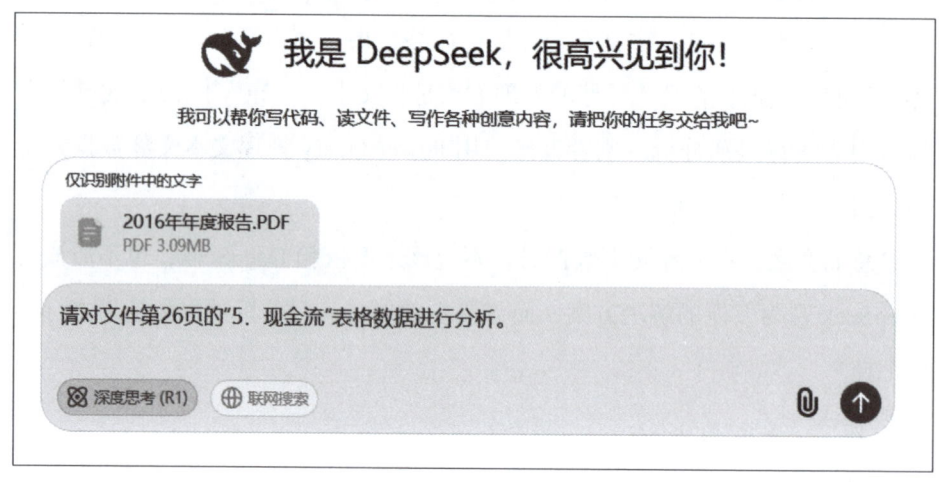

```
我是 DeepSeek，很高兴见到你！
我可以帮你写代码、读文件、写作各种创意内容，请把你的任务交给我吧~

仅识别附件中的文字
📄 2016年年度报告.PDF
   PDF 3.09MB

请对文件第26页的"5.现金流"表格数据进行分析。

[深度思考(R1)]  [联网搜索]                    📎  ↑
```

图 6-34　上传 PDF 文件，输入提示词

单击发送按钮，DeepSeek 就会按照要求去分析文件第 26 页指定的表格，如图 6-35 所示。

```
华灿光电2016年现金流数据分析

一、经营活动现金流分析

1. 净额变化：
   ○ 2016年：316,914,766.06元（正流入）
   ○ 2015年：-26,095,560.74元（净流出）
   ○ 同比增长：1,314.44%
     结论：经营活动现金流大幅改善，主要因销售收入增长（同比+65.62%）及应收账款管理加强（应
     收账款占营收比例下降）。

2. 现金流入/流出对比：
   ○ 流入增长：70.24%（1,382,624,125.86元 → 812,176,574.80元），主要因销售回款增加。
   ○ 流出增长：27.13%（1,065,709,359.80元 → 838,272,135.54元），反映成本控制较好，增速低于
     收入增长。
```

图 6-35　DeepSeek 对 PDF 文件指定页面指定表格的基本分析

> 二、投资活动现金流分析
> 1. 净额变化：
>   - 2016年：-599,406,935.36元（净流出）
>   - 2015年：-226,042,998.07元（净流出）
>   - 同比增长：165.17%
>   结论：投资支出显著增加，主要因浙江子公司建厂投资（支付现金46,316万元）及收购蓝晶科技支付对价。
> 2. 具体项目：
>   - 现金流出：626,913,231.35元（同比+127.44%），用于固定资产投资及并购。
>   - 现金流入：27,506,295.99元（同比-44.54%），主要来自资产处置或投资收益减少。
>
> 三、筹资活动现金流分析
> 1. 净额变化：
>   - 2016年：333,708,860.72元（净流入）
>   - 2015年：276,824,576.00元（净流入）
>   - 同比增长：20.55%
>   结论：筹资活动净流入增加，主要因贷款规模扩大及非公开发行股票募集资金。
> 2. 具体项目：
>   - 流入增长：90.93%（1,874,585,249.97元 → 981,799,697.10元），来自新增借款及股权融资。
>   - 流出增长：118.57%（1,540,876,389.25元 → 704,975,121.10元），因偿还债务及利息增加。
>
> 四、现金及等价物净变动
> - 2016年净增加额：51,791,648.95元（同比+97.46%）
> - 关键驱动：
>   - 经营活动贡献316.91百万元正向现金流，弥补了投资活动的巨额流出（-599.41百万元）。
>   - 筹资活动净流入333.71百万元，支撑整体现金净增加。
>
> 五、风险与关注点
> 1. 投资活动压力：浙江子公司项目持续投入可能导致未来资本支出需求高企。
> 2. 债务风险：短期借款增至11.19亿元，需关注偿债能力及财务费用上升影响。
> 3. 现金流可持续性：经营活动现金流改善是否可持续，需结合行业竞争及下游需求判断。
>
> 总结
> 2016年华灿光电现金流显著优化，主要依赖经营效率提升及战略融资支持。但大规模投资扩张需警惕资金链压力，建议持续监控应收账款周转率及负债结构。

图6-35　DeepSeek对PDF文件指定页面指定表格的基本分析（续）

6.2.3　网页数据统计分析

分析网页数据的一个简单方法，是将网页截图，然后将图片直接粘贴至DeepSeek，再根据需求输入提示词。

例如，某页网页数据如图6-36所示，是一些上市公司的财务指标数据。

DeepSeek 赋能高效数据分析

序号	股票代码	股票简称	相关	每股收益(元)	营业总收入(元)	营业总收入同比增长(%)	季度环比增长(%)	净利润(元)	同比增长(%)	季度环比增长(%)	每股净资产(元)	净资产收益率(%)	每股经营现金流量(元)	销售毛利率(%)	利润分配	所处行业	最新公告日期
1	░░░	░░░	详细	-0.66	2.03亿	-44.70	14.95	-4599万	52.15	-25902	5.4899	-11.16	-0.1173	36.50	不分配不转增	仪器仪表	04-04
2	░░░	░░░	详细	-0.04	13.80亿	54.94	62.92	-1153万	-108.21	150.23	7.6175	-0.48	-0.9772	48.90	不分配不转增	半导体	04-04
3	░░░	░░░	详细	10.77	119.4亿	38.03	90.62	19.77亿	-3.640	43.51	69.67	16.18	9.3863	50.14	10转4股派10.70	家电行业	04-04
4	░░░	░░░	详细	0.97	39.46亿	2.713	12.62	1.78亿	-2.990	-67.75	13.41	7.30	2.657	19.86	10派3.00	风电设备	04-04
5	░░░	░░░	详细	-0.99	15.05亿	-25.55	55.73	-3.07亿	-641.65	-1255.5	9.7916	-9.63	0.7486	25.14	不分配不转增	工程咨询服务	04-04
6	░░░	░░░	详细	0.1243	24.09亿	-3.403	-6.862	5836万	-63.87	-9.918	2.9414	4.10	0.903	34.00	10派0.50	商业百货	04-04
7	░░░	░░░	详细	0.98	80.76亿	-5.911	31.91	5.00亿	7.290	7.850	8.2025	12.24	1.4894	15.32	10派3.50	汽车零部件	04-04
8	░░░	░░░	详细	0.478	93.70亿	97.89	-59.15	15.44亿	88.39	63.99	8.7709	5.57	-3.142	-	10派0.90	证券	04-04
9	░░░	░░░	详细	0.43	103.6亿	-10.55	37.92	6.40亿	-52.19	-228.62	8.8711	5.49	-0.0499	23.69	10派1.218	航天航空	04-04
10	░░░	░░░	详细	0.02	13.14亿	2.404	-0.773	2308万	13.39	-33.96	2.6989	0.71	0.0134	11.86	10派0.14	交运设备	04-04
11	░░░	░░░	详细	0.54	284.9亿	7.341	10.66	31.96亿	-3.070	-22.94	6.1391	8.95	1.4099	26.06	10派4.20	铁路公路	04-04
12	░░░	░░░	详细	0.22	99.57亿	3.342	7.858	1.60亿	-17.29	-90.82	8.7149	2.56	0.3905	23.09	10派0.70	旅游酒店	04-04
13	░░░	░░░	详细	1.113	186.0亿	4.123	17.77	15.26亿	-8.540	-46.45	9.622	11.49	0.5549	43.96	10派5.00	中药	04-04
14	░░░	░░░	详细	0.14	3.54亿	-31.15	47.47	1557万	-73.90	267.32	8.3497	1.66	0.3818	29.46	10派0.60	工程咨询服务	04-04
15	░░░	░░░	详细	-1.226	512.7亿	-11.54	-5.979	-50.37亿	-192.72	-10.69	2.6628	-34.29	0.2876	-6.69	不分配不转增	钢铁行业	04-04
16	░░░	░░░	详细	0.0258	5.97亿	6.774	33.01	2999万	258.78	587.44	3.636	0.71	-0.0199	27.24	10派0.68	文化传媒	04-04
17	░░░	░░░	详细	-1.226	512.7亿	-11.54	-5.979	-50.37亿	-192.72	-10.69	2.6628	-34.29	0.2876	-6.69	不分配不转增	钢铁行业	04-04

图 6-36 网页上一些上市公司的财务指标数据

将需要分析的网页截图，然后直接粘贴至 DeepSeek，先不输入提示词，如图 6-37 所示。单击发送按钮后，DeepSeek 就会根据自己的理解来分析这些数据。最终，DeepSeek 对网页截图数据的分析结果如图 6-38 所示。

图 6-37 将网页截图直接粘贴至 DeepSeek，不输入提示词

图 6-38 DeepSeek 对网页截图数据的分析结果

156

第 6 章 DeepSeek 辅助不同来源的数据基本分析

- **净利润**:
  - 亏损最大: ▓▓▓▓▓▓ (均为 **-50.37亿**)、▓▓▓▓ (-3.07亿) 次之。
  - 盈利最高: ▓▓▓▓ (19.77亿)、▓▓▓▓ (31.96亿)、▓▓▓▓ (15.26亿)。
- **营业总收入增长 (%)**:
  - 增长最快: ▓▓▓▓ (601198) 为 **97.89%**, ▓▓▓▓ (688361) 为 **54.94%**。
  - 下降明显: ▓▓▓▓ (-25.55%)、▓▓▓▓ (-44.70%)。

2. 分红政策

- **高分红公司**:
  - ▓▓▓▓ (10转4股派10.70元)
  - ▓▓▓▓ (10派5.00元)
  - ▓▓▓▓ (10派4.20元)
- **不分配公司**: ▓▓▓▓、▓▓▓▓、▓▓▓▓、▓▓▓▓等。

3. 行业观察

- **半导体** ▓▓▓▓: 营业总收入增长54.94%, 但净利润亏损, 需关注技术投入转化。
- **家电行业** ▓▓▓▓: 高盈利 (净利润19.77亿) 与高分红, 表现突出。
- **钢铁行业** ▓▓▓▓: 巨额亏损 (-50.37亿), 行业景气度或承压。
- **中药** ▓▓▓▓: 稳定增长 (营收+4.12%), 毛利率43.96%, 盈利能力较强。

4. 风险提示

- **现金流风险**: ▓▓▓▓ (每股经营现金流量-9.63元)、▓▓▓▓ (-11.16元) 现金流紧张。
- **重复数据**: ▓▓▓▓ ▓▓▓▓ 与 ▓▓▓▓ ▓▓▓▓ 财务数据完全相同, 需确认是否为同一公司不同股份类型。
- **异常值**: ▓▓▓▓ 净资产收益率-108.21%, 可能因亏损导致指标失真。

5. 投资建议

- **关注高增长+分红股**: 如 ▓▓▓▓、▓▓▓▓。
- **谨慎对待亏损股**: 钢铁行业公司 ▓▓▓▓ 需结合行业周期判断。
- **潜力行业**: 半导体 ▓▓▓▓ 虽短期亏损, 但营收增速显著, 可跟踪技术突破进展。

注: 数据可能存在格式错误 (如"净利润"列部分数值带单位"万/亿"未统一), 分析时已按上下文合理推断。

图 6-38　DeepSeek 对网页截图数据的分析结果（续）

同时, 我们也可以提出具体需求, 让 DeepSeek 按照我们的要求进行统计分析。例如, 继续输入下面的提示词, 如图 6-39 所示。

请将各个公司按照每股收益做个降序排序, 生成一个每股收益排名统计表, 统计表有以下几列数据：股票简称、每股收益、每股净资产、净资产收益率。

图 6-39　输入具体需求的提示词

DeepSeek 赋能高效数据分析

单击发送按钮后，DeepSeek 就会按照我们的要求进行数据整理加工，生成最终结果，如图 6-40 所示。

每股收益降序排名统计表

股票简称	每股收益(元)	每股净资产(%)	净资产收益率(%)
▇▇▇▇	10.77	90.62	-3.640
▇▇▇	1.113	17.77	-8.540
▇▇▇	0.97	12.62	-2.990
▇▇▇	0.98	31.91	7.290
▇▇▇	0.54	10.66	-3.070
▇▇▇	0.478	-59.15	88.39
▇▇▇	0.43	37.92	-52.19
▇▇▇	0.1243	-6.862	-63.87
▇▇▇	0.14	47.47	-73.90
▇▇▇	0.22	7.858	-17.29
▇▇▇	0.02	-0.773	13.39

图 6-40　网页数据的最终排名统计表

第 7 章　DeepSeek 辅助设计 Excel 函数公式

在前面的章节中，我们已经尝试过利用 DeepSeek 设计函数公式，尤其是在处理复杂表格的数据计算时。如果我们自己绞尽脑汁来设计公式，可能会陷入逻辑混乱或者公式错误的情况。此时，我们可以利用 DeepSeek 的强大逻辑推理能力，快速设计高效计算公式。

7.1　利用 DeepSeek 快速获取常用通用计算公式

对于某些一般性的、通用的计算问题，无论在什么样的表格，其计算逻辑是一样的，此时就可以利用 DeepSeek 快速获取相关的计算公式。

7.1.1　根据入职日期计算工龄

例如，已知入职日期，想要获取计算工龄的公式，可以选择"深度思考（R1）"模型，然后输入下面的提示词，如图 7-1 所示。

已知入职日期，请设计截止到今天的工龄计算公式。

注意：不满一年不计。

公式越简单越好，函数越少越好。

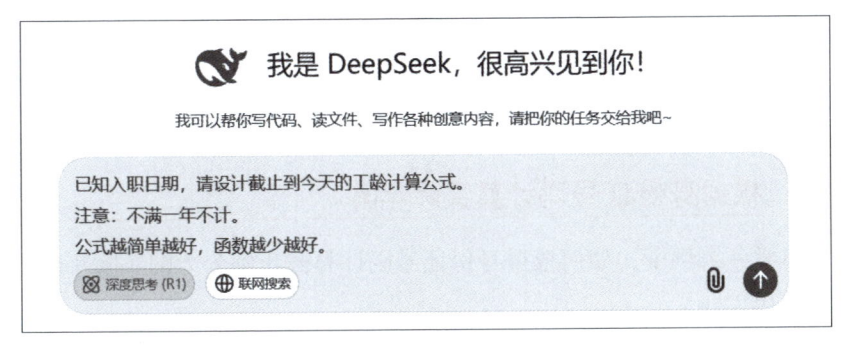

图 7-1　输入具体需求的提示词

图 7-2 是选择"深度思考（R1）"模型时，DeepSeek 给出的工龄计算公式：

```
=DATEDIF(入职日期,TODAY(),"Y")
```

图 7-3 是选择"联网搜索"模型时，DeepSeek 给出的工龄计算公式：

```
=DATEDIF(A1,TODAY(),"y")
```

由于我们限定了严格的条件"公式越简单越好，函数越少越好"，因此，两个模型给出的公式是一样的。

```
可以使用以下公式计算截止到今天的工龄（不满一年不计）：

=DATEDIF(入职日期,TODAY(),"Y")

公式说明：
  1. DATEDIF函数专门用于计算两个日期间隔
  2. "Y"参数表示返回完整年数
  3. TODAY()自动获取当前日期
  4. 计算结果自动舍去不满整年的部分
```

图 7-2　选择"深度思考（R1）"模型时，DeepSeek 给出的工龄计算公式

```
假设入职日期存储在单元格 A1 中，今天日期是 2025 年 4 月 4 日。以下是计算工龄的公式：

=DATEDIF(A1,"2025-4-4","y")

这个公式使用 DATEDIF 函数计算两个日期之间的完整年数（"y" 参数表示年），不满一年的部分会自动忽略。

如果希望公式自动使用当前日期，可以改为：

=DATEDIF(A1,TODAY(),"y")

注意：
  1. DATEDIF 是 Excel 的隐藏函数，但所有版本都支持
  2. 公式结果只显示完整的年数，不足一年的部分不计
  3. 如果入职日期在今天之后，会返回负数
```

图 7-3　选择"联网搜索"模型时，DeepSeek 给出的工龄计算公式

7.1.2　根据身份证号码计算实际年龄

再举一个例子，如何根据身份证号码计算截止到今天的实际年龄（周岁，不满一年不计）？

输入下面的提示词，如图 7-4 所示。

如何直接根据 18 位身份证号码，计算截止到今天的实际年龄（周岁，不满一年不计）？

请设计一个简洁高效的公式。

公式越简单越好，函数越少越好。

第 7 章 DeepSeek 辅助设计 Excel 函数公式

```
如何直接根据18位身份证号码，计算截止到今天的实际年龄（周岁，不满一年不计）？
请设计一个简洁高效的公式。
公式越简单越好，函数越少越好。
```

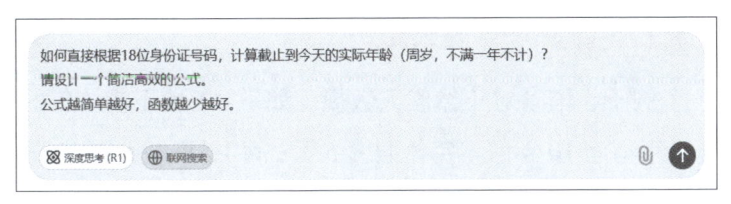

图 7-4　输入提示词

图 7-5 和图 7-6 分别是选择"深度思考（R1）"模型和"联网搜索"模型时 DeepSeek 给出的计算公式，我们可以比较一下，两者有什么不同。

从本质上来说，两个公式都是先从身份证号码提取出生日期，然后计算年龄，但"深度思考（R1）"模型给出的公式更为严谨，不仅取出出生日期，还把取出的文本型出生日期转换为数值型出生日期，而"联网搜索"模型给出的公式是直接使用取出的文本型出生日期进行计算，之所以可以这样直接计算，是因为利用了一个 Excel 日期数据计算规则：文本型日期可以直接用在日期时间函数中，不需要先转换。

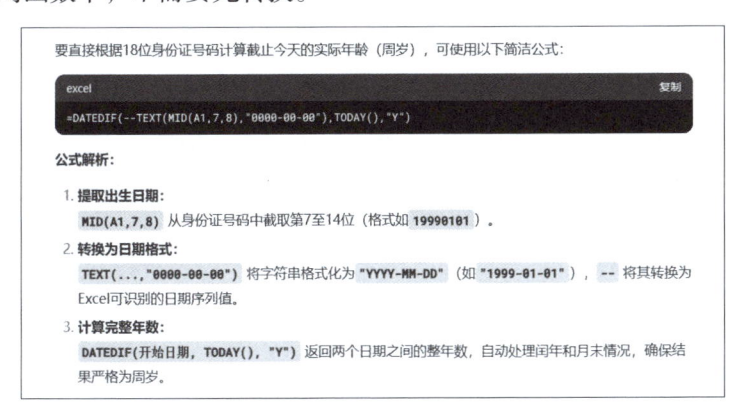

```
要直接根据18位身份证号码计算截止今天的实际年龄（周岁），可使用以下简洁公式：

excel
=DATEDIF(--TEXT(MID(A1,7,8),"0000-00-00"),TODAY(),"Y")

公式解析：
1. 提取出生日期：
   MID(A1,7,8) 从身份证号码中截取第7至14位（格式如 19990101）。
2. 转换为日期格式：
   TEXT(...,"0000-00-00") 将字符串格式化为 "YYYY-MM-DD"（如 "1999-01-01"），-- 将其转换为 Excel可识别的日期序列值。
3. 计算完整年数：
   DATEDIF(开始日期, TODAY(), "Y") 返回两个日期之间的整年数，自动处理闰年和月末情况，确保结果严格为周岁。
```

图 7-5　选择"深度思考（R1）"模型时，DeepSeek 给出的年龄计算公式

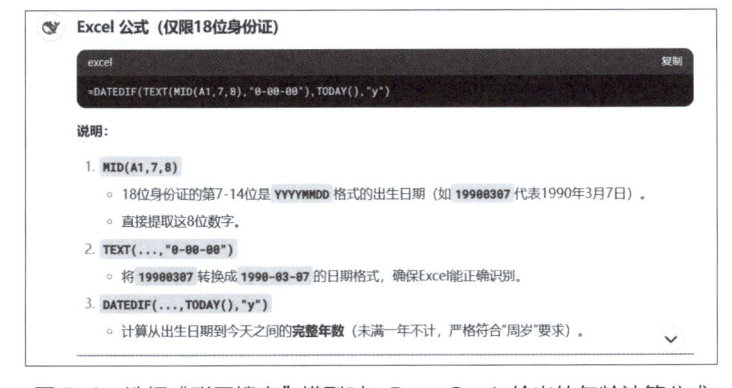

```
Excel 公式（仅限18位身份证）

excel
=DATEDIF(TEXT(MID(A1,7,8),"0-00-00"),TODAY(),"y")

说明：
1. MID(A1,7,8)
   ○ 18位身份证的第7-14位是 YYYYMMDD 格式的出生日期（如 19900307 代表1990年3月7日）。
   ○ 直接提取这8位数字。
2. TEXT(...,"0-00-00")
   ○ 将 19900307 转换成 1990-03-07 的日期格式，确保Excel能正确识别。
3. DATEDIF(...,TODAY(),"y")
   ○ 计算从出生日期到今天之间的 完整年数（未满一年不计，严格符合"周岁"要求）。
```

图 7-6　选择"联网搜索"模型时，DeepSeek 给出的年龄计算公式

7.1.3 根据工龄计算年休假天数

再看一个例子，国家对年休假天数规定如下：工龄不满 1 年的，年休假为 0 天；满 1 年不满 10 年的，年休假为 5 天；满 10 年不满 20 年的，年休假为 10 天；满 20 年及以上的，年休假为 15 天。这个年休假天数计算，也是一个通用公式。

选择"深度思考（R1）"模型，输入下面的提示词，如图 7-7 所示。

已知工龄（假设工龄数据保存在单元格 D2），要求计算年休假天数，计算规则如下：

工龄不满 1 年的为 0 天；

工龄满 1 年不满 10 年的为 5 天；

工龄满 10 年不满 20 年的 10 天；

工龄满 20 年及以上的 15 天；

请问有哪些简洁高效实用的计算公式？请用表格详细列示。

注意：不限 Excel 版本。

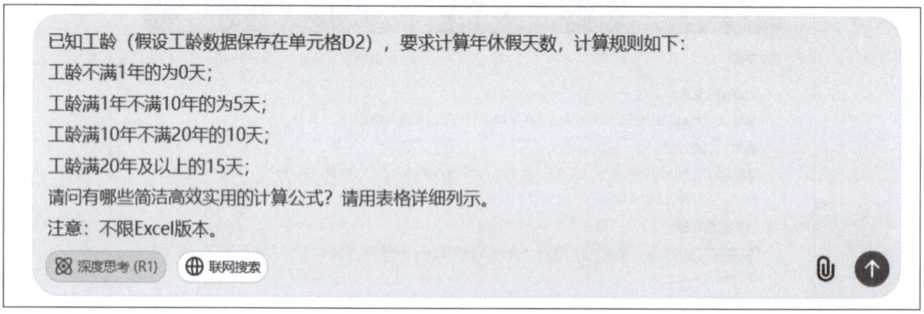

图 7-7　输入具体条件和需求的提示词

发送上述提示词后，DeekSeep 开始深度思考，建议仔细阅读这个思考过程，因为可以让我们了解很多知识，非常有价值。

最终 DeepSeek 给出了 8 种简洁高效的计算公式，使用了各种常见函数，如图 7-8 所示。

以下是针对工龄计算年休假天数的 **8种简洁高效公式** 的详细对比表格，覆盖不同Excel版本及公式特性：

序号	公式类型	公式示例	优点	缺点	注意事项	适用版本
1	嵌套IF函数	=IF(D2>=20,15,IF(D2>=10,10,IF(D2>=1,5,0)))	逻辑直观，易理解	嵌套层级多（需注意顺序）	条件需**从高到低**排列	所有Excel版本
2	LOOKUP区间匹配	=LOOKUP(D2,{0,1,10,20},{0,5,10,15})	简洁，适合多区间	断点需按升序排列	工龄等于断点时正确匹配	所有Excel版本
3	布尔逻辑运算	=5*(D2>=1) +5*(D2>=10) +5*(D2>=20)	无嵌套，计算速度快	依赖数学逻辑，可读性稍差	利用TRUE=1特性累加计算	所有Excel版本
4	IFS函数（新版Excel）	=IFS(D2>=20,15,D2>=10,10,D2>=1,5,D2<1,0)	条件独立，无需嵌套	仅支持Excel 2019及365版本	条件需**从高到低**排列	Excel 2019+、365
5	VLOOKUP近似匹配	=VLOOKUP(D2,{0,0;1,5;10,10;20,15},2,TRUE)	可扩展性强（支持动态引用表）	需构建辅助数组或表格	第二列需按升序排列	所有Excel版本
6	MATCH+INDEX组合	=INDEX({0,5,10,15},MATCH(D2,{0,1,10,20},1))	灵活控制返回值和区间	公式稍长	断点需升序排列	所有Excel版本
7	CHOOSE函数	=CHOOSE(MATCH(TRUE,D2>={0,1,10,20},0),0,5,10,15)	动态匹配区间	需结合MATCH使用	数组公式（按Ctrl+Shift+Enter输入）	所有Excel版本
8	数学分段计算	=MIN(15,5*(D2>=1)+5*(D2>=10)+5*(D2>=20))	避免重复条件判断	依赖数学逻辑，需验证边界	适合区间规则为等差增长的情况	所有Excel版本

图 7-8　DeepSeek 给出的 8 种简洁高效的计算公式

上述表格截图看起来不是很清晰，下面再将这 8 个公式列示如下。

1. 嵌套 IF 函数

=IF(D2>=20,15,IF(D2>=10,10,IF(D2>=1,5,0)))

2. LOOKUP 区间匹配

=LOOKUP(D2,{0,1,10,20},{0,5,10,15})

3. 布尔逻辑运算

=5*(D2>=1) +5*(D2>=10) +5*(D2>=20)

4. IFS 函数（新版 Excel）

=IFS(D2>=20,15,D2>=10,10,D2>=1,5,D2<1,0)

5. VLOOKUP 近似匹配

=VLOOKUP(D2,{0,0;1,5;10,10;20,15},2,TRUE)

6. MATCH + INDEX 组合

=INDEX({0,5,10,15},MATCH(D2,{0,1,10,20},1))

7. CHOOSE 函数

=CHOOSE(MATCH(TRUE,D2>={0,1,10,20},0),0,5,10,15)

8. 数学分段计算

=MIN(15,5*(D2>=1)+5*(D2>=10)+5*(D2>=20))

仔细研究每一个公式和使用的函数，如果有不懂的就去问 DeepSeek，那么我们收获的就不仅仅是一个直接套用的公式，还有学会了更多函数及其应用。

7.1.4　函数公式的基本原理和计算逻辑

例如，对于 LOOKUP 区间匹配的公式原理不是很清楚，就可以继续输入下面的提示词，如图 7-9 所示。

请详细介绍一下前面介绍的第 2 个公式逻辑原理，并结合示例对 LOOKUP 函数的基本用法及经典应用场景做一个较为全面的介绍。

图 7-9　继续输入下面的提示词

发送提示词后，DeepSeek 就会根据我们的要求，对 LOOKUP 函数进行详细介绍。

图 7-10 所示是 DeepSeek 对 LOOKUP 公式计算休假天数的逻辑解释。仔细阅读这些信息，就会了解这个公式的逻辑原理以及 LOOKUP 函数的基本用法，对这个函数有一个初步了解。

以公式"=LOOKUP(D2, {0,1,10,20}, {0,5,10,15})"为例。当单元格 D2 中的工龄为 15 时，由于条件数组 {0,1,10,20} 中找不到 15，且这个数组已经按

第 7 章　DeepSeek 辅助设计 Excel 函数公式

升序排序了，LOOKUP 函数就会去这个数组中匹配小于或等于 15 的最大值，即 10。而 10 在数组 {0,1,10,20} 中的位置是第 3 个，那么 LOOKUP 函数就将结果数组 {0,5,10,15} 中的第 3 个数字（10）取出来。最终，工龄 15 年对应的年休假天数为 10 天。

```
1. 公式示例
excel                                                          复制
=LOOKUP(D2, {0,1,10,20}, {0,5,10,15})
```

2. 核心逻辑

LOOKUP 函数在**向量形式**（即 `LOOKUP(lookup_value, lookup_vector, result_vector)`）中按以下规则运行：

- **查找规则**：在 `lookup_vector` 中寻找**小于或等于** `lookup_value` 的**最后一个值**，并返回对应位置的 `result_vector` 中的值。
- **关键特性**：要求 `lookup_vector` 必须按升序排列，否则结果可能错误。

3. 分步解析

以工龄 `D2=15` 为例：

1. **查找向量**：`{0,1,10,20}`（升序排列）。
2. **匹配逻辑**：寻找 ≤15 的最大值。
   - 遍历向量：0 ≤15 → 是;
   - 1 ≤15 → 是;
   - 10 ≤15 → 是;
   - 20 ≤15 → 否。
   - 最终匹配到最后一个符合条件的值 `10`。
3. **返回结果**：在 `result_vector` 中，`10` 对应位置的值是 `10`。

4. 边界验证

工龄	匹配值	返回结果	解释
0.5	0	0	匹配到第一个断点
1	1	5	精确匹配断点1
9.9	1	5	小于10但≥1，匹配到1
20	20	15	精确匹配断点20

图 7-10　DeepSeek 对 LOOKUP 公式计算休假天数的逻辑解释

接着 DeepSeek 会对 LOOKUP 函数做一个比较详细的介绍，包括函数语法、经典应用场景、注意事项及其他，分别如图 7-11、图 7-12 和图 7-13 所示。

二、LOOKUP函数的基本用法

1. 函数语法

```excel
=LOOKUP(lookup_value, lookup_vector, result_vector)
```

- 参数说明：
  - `lookup_value`：要查找的值（如工龄 `D2`）。
  - `lookup_vector`：单行或单列的升序排列数据（如 `{0,1,10,20}`）。
  - `result_vector`：与 `lookup_vector` 长度相同的返回结果区域（如 `{0,5,10,15}`）。

图 7-11　LOOKUP 函数语法

2. 经典应用场景

场景1：区间匹配（如工龄、成绩评级）

- **示例**：根据销售额计算提成比例。

```excel
=LOOKUP(B2, {0,10000,50000}, {0%,3%,5%})
```

  - 销售额<10000 → 0%；
  - 10000≤销售额<50000 → 3%；
  - ≥50000 → 5%。

场景2：替代多重IF嵌套

- **示例**：根据年龄返回年龄段分类。

```excel
=LOOKUP(A2, {0,18,35,60}, {"未成年","青年","中年","老年"})
```

场景3：动态查询最后非空值

- **示例**：查找某列最后一个非空单元格的值。

```excel
=LOOKUP(2,1/(A:A<>""),A:A)
```

场景4：近似匹配替代VLOOKUP

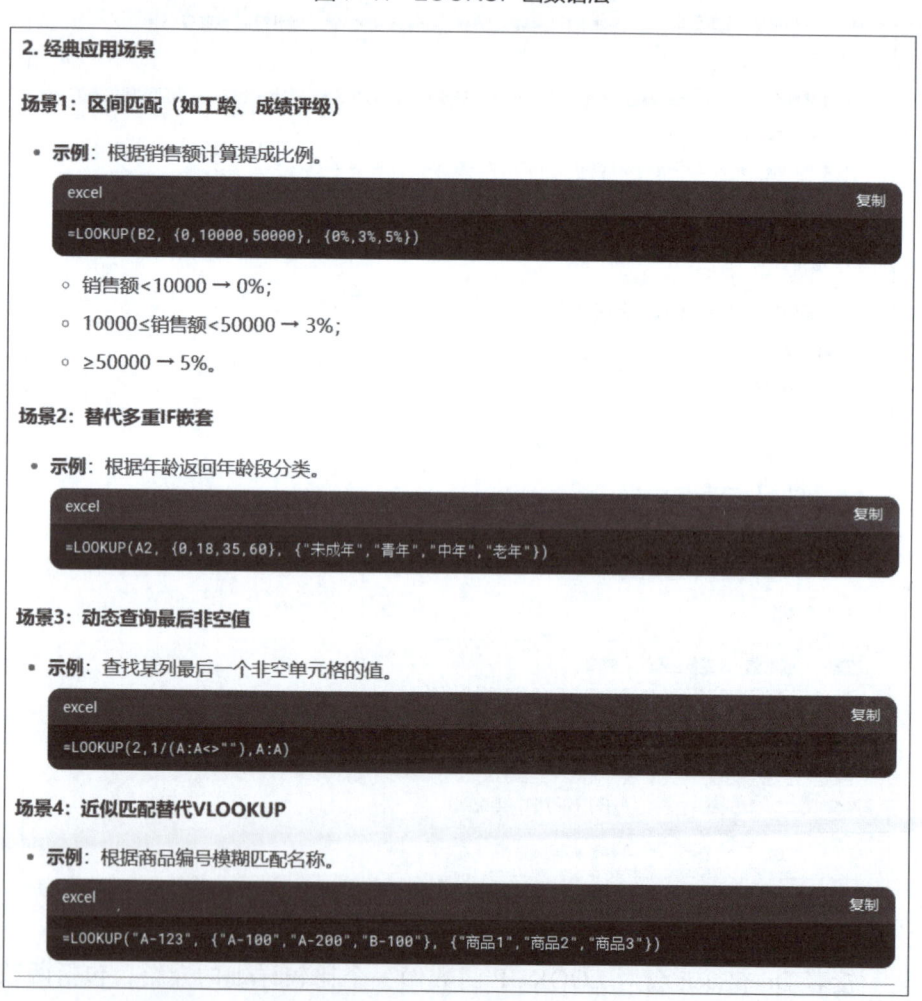

- **示例**：根据商品编号模糊匹配名称。

```excel
=LOOKUP("A-123", {"A-100","A-200","B-100"}, {"商品1","商品2","商品3"})
```

图 7-12　LOOKUP 函数经典应用场景

三、LOOKUP 函数的注意事项

1. **必须升序排列**：`lookup_vector` 必须按升序排列，否则结果不可预测。
2. **未找到匹配值**：若 `lookup_value` 小于 `lookup_vector` 的最小值，返回 `#N/A` 错误。
3. **精确匹配限制**：若需要精确匹配，建议使用 `VLOOKUP(..., FALSE)` 或 `XLOOKUP`。
4. **替代方案**：在最新 Excel 版本中，`XLOOKUP` 功能更强大且支持无序查找。

四、LOOKUP 与 VLOOKUP 对比

特性	LOOKUP	VLOOKUP
查找方向	横向或纵向	仅纵向
排序要求	必须升序	近似匹配需升序，精确匹配无需
返回值位置	需单独指定 `result_vector`	通过列索引指定
灵活性	适合简单区间匹配	适合表格结构化数据

五、总结

LOOKUP 函数在 **区间匹配** 和 **简化复杂条件判断** 场景中表现出色，尤其适合以下需求：

1. **多区间分级**（如工龄、成绩、年龄分段）；
2. **动态查找最后一个非空值**；
3. **替代多重IF嵌套**，提升公式可读性；
4. **兼容低版本Excel**（无需依赖新函数如 `XLOOKUP`）。

图 7-13 LOOKUP 函数的注意事项及其他

7.2 利用 DeepSeek 结合具体表格快速设计公式

前面介绍的是利用 DeepSeek 设计一些通用计算公式，这些应用场合是很多的，大家日常可以多总结，遇到不会的或记不住的公式时，随时请教 DeepSeek，效率是很高的。

下面我们再介绍，如何结合具体表格，利用 DeepSeek 快速设计公式，提升数据处理效率。

7.2.1 根据职位和工龄计算工龄工资

先看一个简单例子，如图 7-14 所示，要求根据职位和工龄来计算工龄工资，计算规则如右侧的列示。本案例数据保存在 Excel 工作簿"计算工龄工资 .xlsx"。

	A	B	C	D	E	F	G		H	I	J	K	L
1	工号	姓名	性别	职位	入职时间	工龄(年)	工龄工资			1、职位=经理			
2	0001	AAA1	男	经理	2000-07-01	12				（1）工龄>=10年		500元	
3	0002	AAA2	女	职员	2006-08-03	6				（2）工龄6~9年		400元	
4	0003	AAA3	男	科长	2004-07-26	8				（3）工龄2~5年		250元	
5	0004	AAA4	男	经理	2006-08-01	6				（4）工龄<2年		0元	
6	0005	AAA5	男	经理	2011-06-04	1				2、职位=科长			
7	0006	AAA6	男	经理	1998-04-21	14				（1）工龄>=10年		350元	
8	0007	AAA7	男	职员	2002-05-22	10				（2）工龄2~9年		200元	
9	0008	AAA8	女	科长	2005-08-15	7				（3）工龄<2年		0元	
10	0009	AAA9	女	经理	2012-01-20	0				3、职位=职员			
11	0010	AAA10	女	经理	2009-08-28	3				（1）工龄>=10年		100元	
12	0011	AAA12	女	职员	2010-09-25	2				（2）工龄2~9年		50元	
13	0012	AAA13	女	科长	2005-07-16	7				（3）工龄<2年		0元	

图 7-14 计算工龄工资

选择"深度思考（R1）"模型，上传文件，输入下面的提示词，如图 7-15 所示。

请在单元格 G2 设计工龄工资计算公式。

条件：

根据单元格 D2 的职位和单元格 F2 的工龄设计。

计算规则：

1. 职位 = 经理

    （1）工龄 >=10 年　　500 元

    （2）工龄 6～9 年　　400 元

    （3）工龄 2～5 年　　250 元

    （4）工龄 < 2 年　　0 元

2. 职位 = 科长

    （1）工龄 >=10 年　　350 元

    （2）工龄 2～9 年　　200 元

    （3）工龄 < 2 年　　0 元

3. 职位 = 职员

    （1）工龄 >=10 年　　100 元

    （2）工龄 2～9 年　　50 元

    （3）工龄 < 2 年　　0 元

第 7 章　DeepSeek 辅助设计 Excel 函数公式

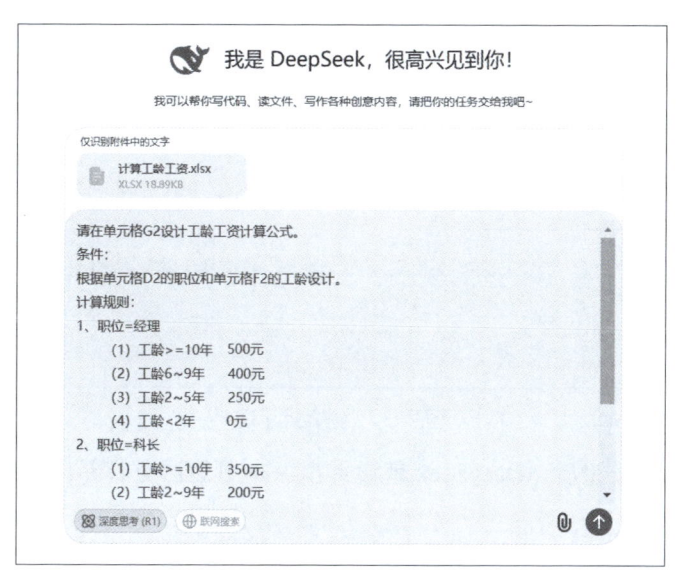

图 7-15　上传文件，输入具体要求提示词

单击发送按钮，DeepSeek 就会对问题进行拆解，从内层到外层设计公式。DeepSeek 会在思考过程完整呈现这一分析路径，建议感兴趣的读者仔细阅读这个思考过程，可以帮助我们了解和掌握解决问题的逻辑思路。

最后 DeepSeek 就设计出一个工龄工资计算公式，如图 7-16 所示。

```
=IF(D2="经理", IF(F2>=10,500, IF(F2>=6,400,
IF(F2>=2,250,0))), IF(D2="科长", IF(F2>=10,350,
IF(F2>=2,200,0)), IF(D2="职员", IF(F2>=10,100,
IF(F2>=2,50,0)),0)))
```

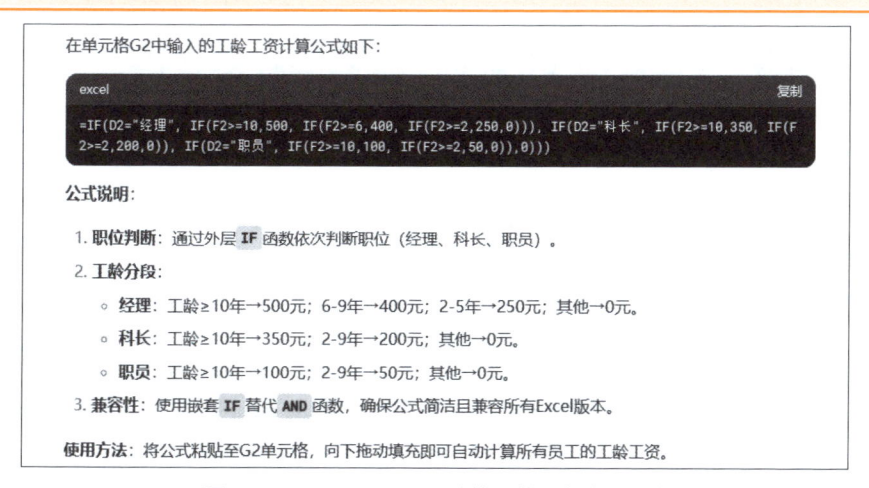

图 7-16　DeepSeek 设计的工龄工资计算公式

但这个公式太长了，可能影响可读性，有没有更简单更高效的计算公式呢？不妨再去跟 DeepSeek 进行进一步的交流，输入下面的提示词，如图 7-17 所示。

这个公式太长太复杂了，有没有更简单、更高效、更容易理解、阅读性更好的公式呢？函数不限，用什么函数都行。

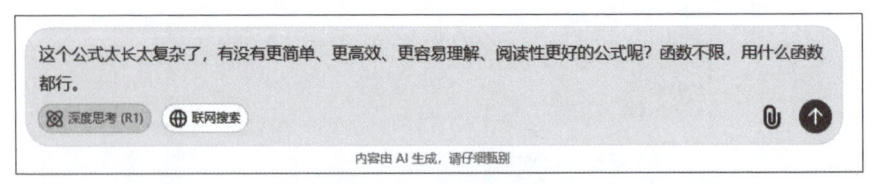

图 7-17　输入提示词

单击发送按钮后，DeepSeek 就设计出一个更简洁更容易理解的公式，如图 7-18 所示。

```
=IFERROR(CHOOSE(MATCH(D2,{"经理","科长","职员"},0),
  LOOKUP(F2,{0,2,6,10},{0,250,400,500}),
  LOOKUP(F2,{0,2,10},{0,200,350}),
  LOOKUP(F2,{0,2,10},{0,50,100})),0)
```

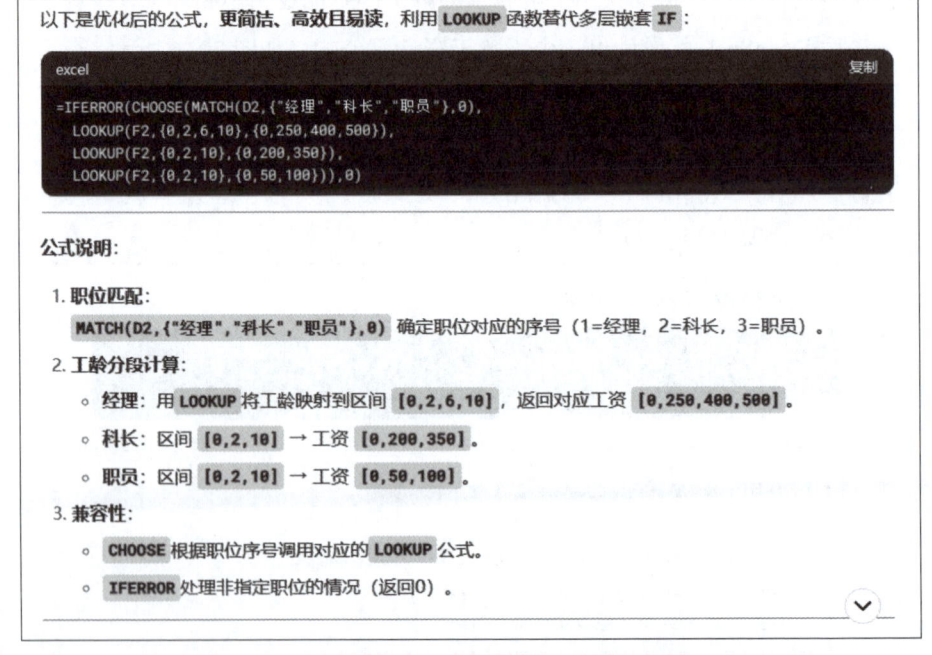

图 7-18　DeepSeek 设计的更简洁更容易理解的公式

7.2.2 复杂条件的数据查找

图 7–19 是一个复杂条件的数据查找示例，左侧是原始表格，要查找指定支行、指定类别下各个月份的金额，这样可以动态分析指定支行的指定类别金额的趋势变化。

在本案例中，我们的要求是在单元格 N6 设计一个通用公式，往下复制即可得到各月数据。

本示例数据保存在 Excel 工作簿“复杂条件的数据查找 .xlsx”。

	A	B	C	D	E	F	G	H	I	J	K	L	M	N
1	分行	类别	1月	2月	3月	4月	5月	6月	7月	8月	9月			
2	分行A	储蓄存款	952	968	1030	1089	876	974	745	480	670		指定支行	分行C
3		存款	40	57	62	70	69	68	70	58	37		指定类别	金融资产
4		金融资产	1249	1283	1456	1163	1331	1311	1112	1045	1268			
5		客户数	258545	268472	271434	268392	276706	279346	273547	269776	275237		月份	金额
6		投资理财	194	139	77	91	151	91	131	46	44		1月	
7	分行B	储蓄存款	952	876	952	1245	1388	1342	1435	1241	1159		2月	
8		存款	40	47	39	20	41	44	26	46	47		3月	
9		金融资产	1249	1188	1077	1218	969	1047	1198	1241	1049		4月	
10		客户数	258545	262737	268451	259891	268968	266058	260798	264793	261261		5月	
11		投资理财	194	264	268	273	331	285	360	426	439		6月	
12	分行C	储蓄存款	952	944	790	763	490	269	284	560	681		7月	
13		存款	40	42	41	57	86	101	82	103	111		8月	
14		金融资产	1249	959	661	793	1074	1019	921	654	366		9月	
15		客户数	258545	265406	260379	268823	259149	268956	263614	273201	275809			
16		投资理财	194	211	293	391	428	502	601	590	546			
17	分行D	储蓄存款	952	1219	1457	1655	1509	1698	1734	1862	1793			
18		存款	40	14	30	35	36	35	11	6	7			
19		金融资产	1249	1521	1712	1863	2059	2161	2078	1881	2179			
20		客户数	258545	260129	259559	262487	254186	245682	255405	250358	252077			
21		投资理财	194	246	291	322	397	318	365	289	247			
22	分行E	储蓄存款	952	994	1110	976	1245	1372	1606	1731	1993			
23		存款	40	33	23	19	49	72	74	72	45			
24		金融资产	1249	1436	1491	1381	1363	1097	805	929	1227			

图 7–19 复杂条件的数据查找示例

选择“深度思考（R1）”模型，上传文件，输入下面的提示词，如图 7–20 所示。

请在单元格 N6 设计一个通用公式，往下复制即可得到各月数据。

针对单元格 N6 的公式而言，查找条件如下：

条件 1：单元格 N2 指定支行名称，原始表格中支行名称在 A 列；

条件 2：单元格 N3 指定类别，原始表格中类别在 B 列；

条件 3：单元格 M6 指定的月份，原始表格中月份在第一行。

要求公式简单、高效、容易理解、阅读性好。

函数不限，用什么函数都行。

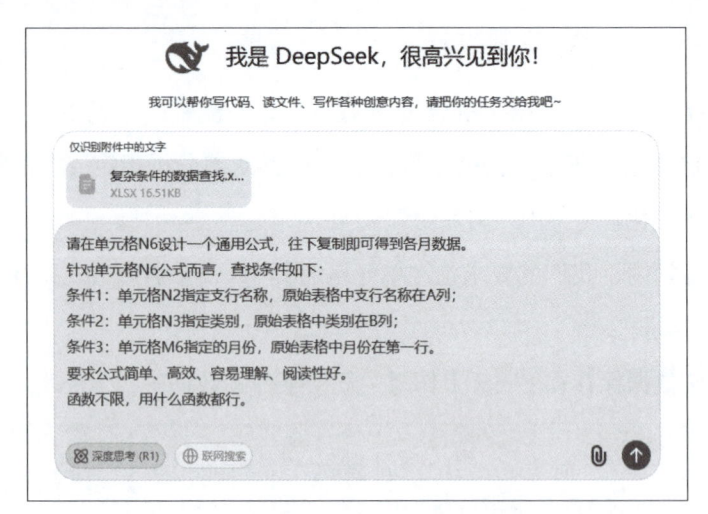

图 7-20　上传文件，输入具体条件和要求的提示词

发送这个提示词后，DeepSeek 就会进行深度思考，然后给出了图 7-21 所示的通用公式。

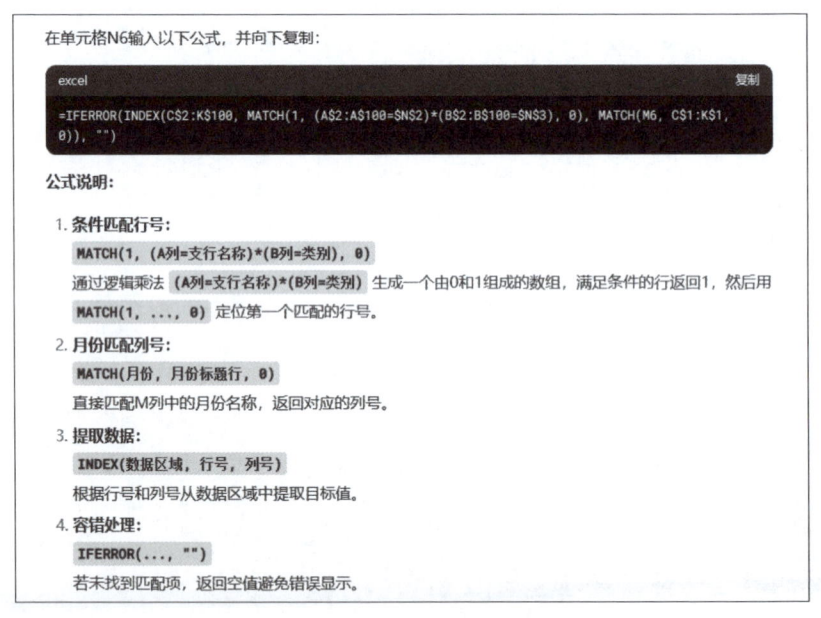

图 7-21　DeepSeek 设计的通用公式

但是，将这个公式复制到单元格时，发现结果是错误的。由于使用 IFERROR 函数屏蔽了错误值提示，我们无法直观判断是哪部分出现了错误。此时，可以打开 INDEX 函数参数对话框，如图 7-22 所示，经过检查，最终发现是使用 MATCH 函数确定行号时出现了错误。

第 7 章 DeepSeek 辅助设计 Excel 函数公式

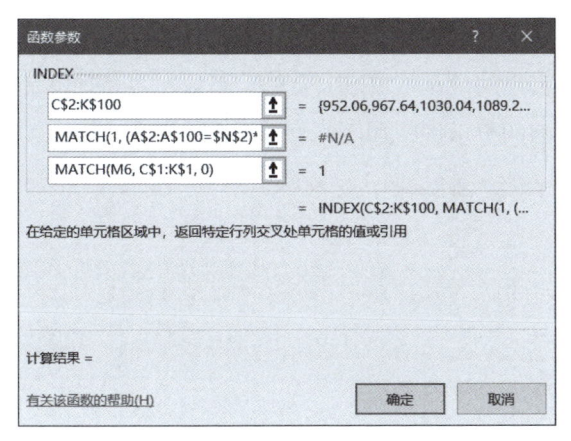

图 7-22 INDEX 函数参数对话框

由于这部分表达式比较复杂，我们不妨直接输入一个模糊的提示词，告诉 DeepSeek 公式错误需要修改，如图 7-23 所示。

公式错误，得不到结果，请仔细检查并修改。

图 7-23 继续输入提示词，要求检查错误，修改公式

发送提示词后，DeepSeek 给出了一个更加复杂的数组公式（旧版 Excel 还需要按组合键 Ctrl + Shift + Enter），如图 7-24 所示。不过，经验证，这个公式是正确的。

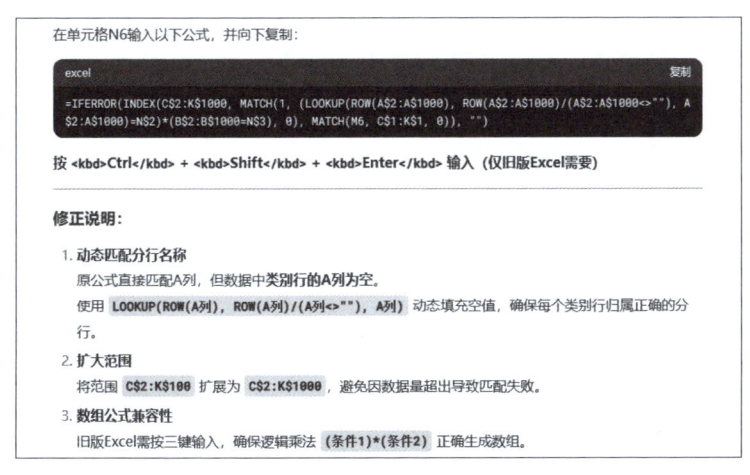

图 7-24 DeepSeek 给出的更加复杂的数组公式

173

这个公式过于复杂，既是数组公式，又使用了 LOOKUP 函数和 ROW 函数，完全违背了我们提出的最基本要求：简单、高效、容易理解、阅读性好。

继续输入下面的提示词，如图 7-25 所示。

这个公式太长太复杂，运算速度慢，还违背了我提出的简单、高效、容易理解、阅读性好这样的最基本要求。请修改完善公式，谢谢。

这里再添加一个数据特征：每个分行下面都是 5 个类别，其名称及顺序都是一样的。

请根据这个特点修改精简公式。

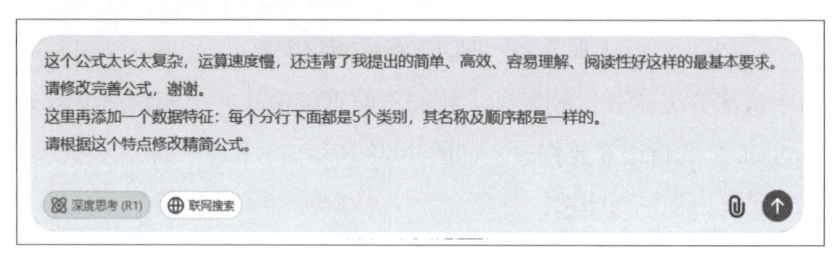

图 7-25　继续输入提示词

单击发送按钮后，DeepSeek 给出的公式如图 7-26 所示。但是，经验证，这个公式仍然是错误的。

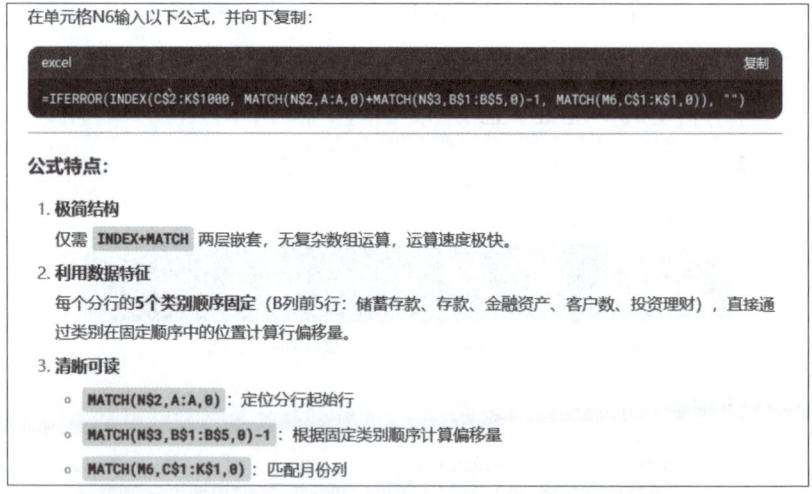

图 7-26　DeepSeek 给出的公式仍然错误，得出的结果不是指定分行指定类别的数据

为什么 DeepSeek 屡次给出错误公式？我们需要认真总结分析。

首先要检查提示词，表达是否准确清晰。不明确的提示词可能导致 DeepSeek 理解错误，从而给出错误的公式。

第 7 章 DeepSeek 辅助设计 Excel 函数公式

现在将提示词修改如下，如图 7-27 所示。

请在单元格 N6 设计一个通用公式，往下复制即可得到各月数据。

1. 查找数据是固定的单元格区域 C2:K81；

2. A 列和 B 列数据有以下特征：每个支行下都有 5 个名称一致、顺序一致的类别名称。

3. 针对单元格 N6 公式而言，查找条件如下：

条件 1：单元格 N2 指定支行名称，原始表格中支行名称在单元格区域 A2:A81；

条件 2：单元格 N3 指定类别，原始表格中类别在单元格区域 B2:B81；

条件 3：单元格 M6 指定的月份，原始表格中月份在单元格区域 C1:K1。

注意公式中单元格绝对引用和相对引用的合理设置，因为我们要往下复制公式。

要求公式简单、高效、容易理解、阅读性好。

函数不限，用什么函数都行。

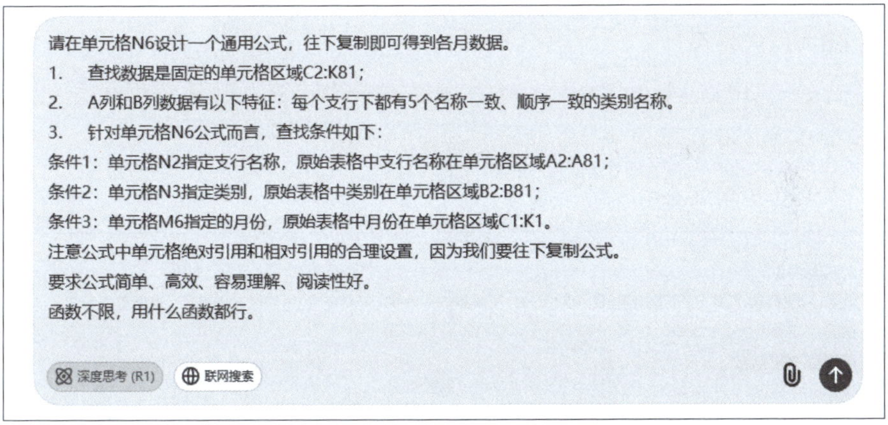

图 7-27　给 DeepSeek 发出更精准的提示词

发送提示词后，DeepSeek 给出的公式如图 7-28 所示。经验证，此次给出的公式仍然错误。

例如，要查找分行 C 在 1 月份的金融资产，结果是去找分行 Q 在 1 月份的金融资产了，这明显是行定位错误。

经反复检查，我们已在提示词中完整地提供了各种数据特征、各种条件，但 DeepSeek 仍持续输出错误公式。

在单元格N6输入以下公式,并向下复制:

```excel
=IFERROR(
  INDEX(
    C$2:K$81,
    (MATCH(N$2, A$2:A$81, 0)-1)*5 + MATCH(N$3, {"储蓄存款","存款","金融资产","客户数","投资理财"}, 0),
    MATCH(TRIM(M6), C$1:K$1, 0)
  ),
  ""
)
```

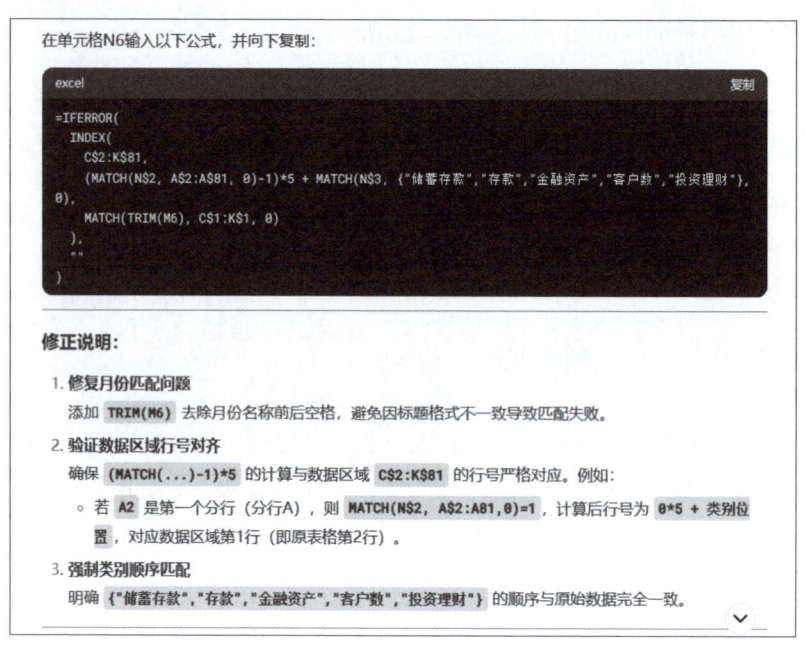

修正说明:

1. 修复月份匹配问题
   添加 `TRIM(M6)` 去除月份名称前后空格,避免因标题格式不一致导致匹配失败。

2. 验证数据区域行号对齐
   确保 `(MATCH(...)-1)*5` 的计算与数据区域 `C$2:K$81` 的行号严格对应。例如:
   - 若 `A2` 是第一个分行(分行A),则 `MATCH(N$2, A$2:A81,0)=1`,计算后行号为 `0*5 + 类别位置`,对应数据区域第1行(即原表格第2行)。

3. 强制类别顺序匹配
   明确 `{"储蓄存款","存款","金融资产","客户数","投资理财"}` 的顺序与原始数据完全一致。

图 7-28　DeepSeek 又给出了一个错误的公式

那就继续输入要求修改的提示词,如图 7-29 所示。

公式仍然错误!

例如,明明是要查找分行 C 在 1 月份的金融资产,结果是你却去找分行 Q 在 1 月份的金融资产了,这明显是行定位错误。

请检查并修改公式。

> 公式仍然错误!
> 例如,明明是要查找分行C在1月份的金融资产,结果是你却去找分行Q在1月份的金融资产了,这明显是行定位错误。
> 请检查并修改公式。

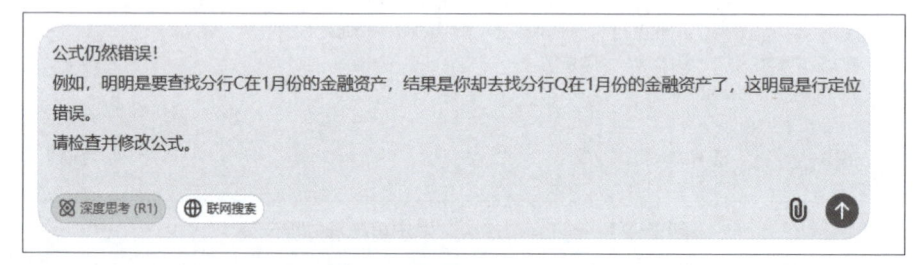

图 7-29　继续输入提示词

发送上述提示词后,DeepSeek 继续修改公式。但发现公式仍然错误。

对于函数公式初学者来说,直接采用前文所述的数组公式即可满足基本需求。

但对于对 Excel 函数公式有一定基础的人来说,DeepSeek 出现这样的定位错误是难以接受的。错误就出现在表达式 (MATCH(N$2, A$2:A$1000, 0)−1)*5

上。表达式 MATCH(N$2, A$2:A$1000, 0) 已经定位出了指定分行的行位置，然后将这个位置与类别相对位置进行计算，就是指定分行指定类别的实际位置。

因此，建议我们自己将 DeepSeek 给出的公式进行修改，如下所示：

```
=IFERROR( INDEX( C$2:K$1000, MATCH(N$2, A$2:A$1000, 0)
+ MATCH(N$3, {"储蓄存款","存款","金融资产","客户数","投资理财"},
0)-1, MATCH(M6, C$1:K$1, 0) ), "")
```

定位指定分行位置的表达式如下：

```
MATCH(N$2, A$2:A$1000, 0)
```

定位指定类别位置的表达式如下：

```
MATCH(N$3, {"储蓄存款","存款","金融资产","客户数","投资理财"}, 0)
```

指定分行指定类别的位置则是这两个位置相减再减去 1（因为重叠了一行），表达式如下：

```
MATCH(N$2, A$2:A$1000, 0)+ MATCH(N$3, {"储蓄存款","存款","金融资产","客户数","投资理财"}, 0)-1
```

总之，通过这个例子可以看出，对于复杂条件下的计算公式，DeepSeek 不一定能够给出正确公式，即使最终得到了一个正确公式，往往也需经过多次调试与修正，时间成本太高。

因此，不要过度依赖 DeepSeek 的公式生成能力，打铁还要靠自身硬，如果自己对函数公式应用不熟练，利用 DeepSeek 反而可能导致理解障碍。

当然，对于一些不是过于复杂的计算公式，DeepSeek 还是可以很快给出正确无误的公式的。

7.2.3 跨表统计汇总计算

图 7-30 是各个账户的资金往来数据，现在要求把每个账户的收入合计、支出合计、当前余额汇总到工作表"账户汇总"。

这些账户工作表的列结构是一样的，但是行有多有少，这样的汇总如何设计公式？

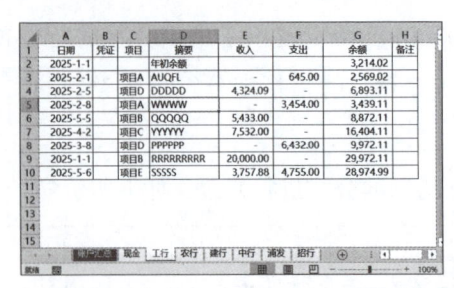

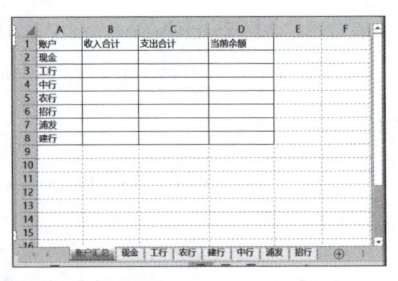

图 7-30　各个账户工作表及账户汇总表

选择"深度思考（R1）"模型，上传文件，输入下面的提示词，如图 7-31 所示。

条件：

1. 各个账户工作表，保存资金往来，E 列是收入，F 列是支出，G 列是余额。

2. 汇总表是"账户汇总"，A 列是账户名称（也就是账户工作表名称），B 列是各个账户收入合计数，C 列是各个账户支出合计数，D 列是各个账户余额（每个账户的账户余额是 G 列最后一个单元格数据）。

任务：

1. 将各个账户工作表的收入合计、支出合计、当前余额，保存到汇总表"账户汇总"各列中。

2. 这里要设计三个公式，分别计算各个账户的收入合计数、支出合计数和当前余额。

3. 公式要简洁、通用，以便在增加账户工作表时，往下复制公式，即可得到新增账户的汇总数据。

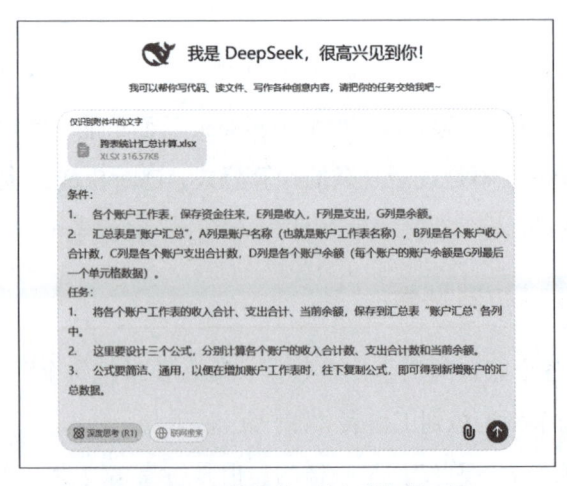

图 7-31　上传文件，输入详细提示词

第 7 章 DeepSeek 辅助设计 Excel 函数公式

这个问题比较简单，因此 DeepSeek 很快就给出了计算公式，如图 7-32 所示，主要是使用 INDIRECT 函数做间接引用各个账户工作表。

单元格 B2（收入合计）的计算公式如下：

```
=SUM(INDIRECT(A2&"!E:E"))
```

单元格 C2（支出合计）的计算公式如下：

```
=SUM(INDIRECT(A2&"!F:F"))
```

单元格 D2（当前余额）的计算公式如下：

```
=LOOKUP(9E+307, INDIRECT(A2&"!G:G"))
```

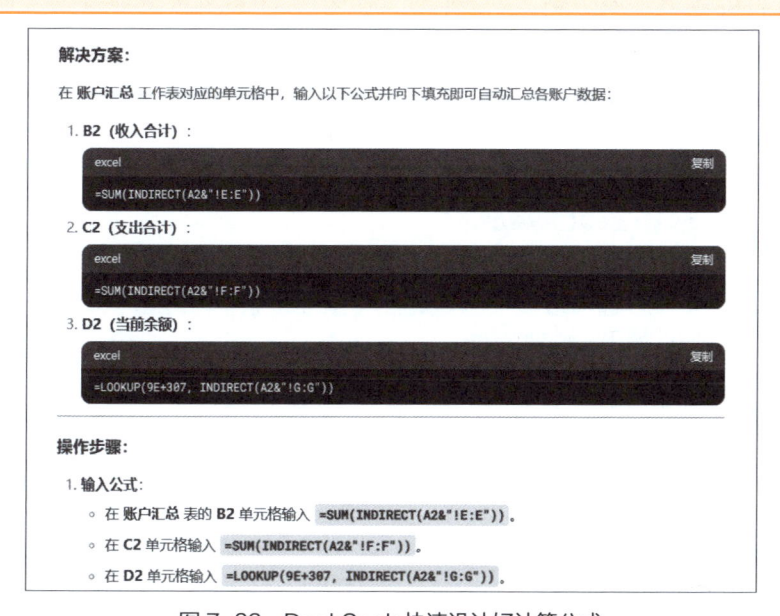

图 7-32 DeekSeek 快速设计好计算公式

将公式复制到工作表"账户汇总"，就得到汇总结果，如图 7-33 所示。

	A	B	C	D
1	账户	收入合计	支出合计	当前余额
2	现金	60,343.00	62,258.00	3,406.19
3	工行	41,046.97	15,286.00	28,974.99
4	中行	6,454.00	4,959.87	3,928.11
5	农行	77,534.72	5,736.37	77,330.71
6	招行	8,762.27	13,757.86	2,062.98
7	浦发	45,311.12	-	49,899.36
8	建行	6,343.23	13,269.00	3,728.60

图 7-33 复制公式，得到汇总结果

7.3 利用 DeepSeek 学习相关函数公式基础知识

无论公式是由 DeepSeek 设计还是自己设计，我们都需要了解公式的基本逻辑和设计原理。换句话说，至少要具备函数公式的基础知识，才能掌握并灵活运用公式。

7.3.1 公式的基本概念及运算规则

选择“联网搜索”模式，输入并发送下面的提示词：

请总结 Excel 公式的基本概念及运算规则。

DeepSeek 就会给出相关参考信息，如图 7–34 至图 7–36 所示。这些信息非常全面，有助于我们全面了解 Excel 公式的基本概念及运算规则。

例如，什么是公式？什么是单元格引用？什么是函数？什么是运算符？运算符的优先级是什么？等等，这些知识是学习和使用 Excel 所必须具备的。

Excel公式基本概念及运算规则总结

1. 基本概念

- **公式**：Excel中的公式是以等号（=）开头的表达式，用于执行计算、处理数据或返回结果。公式可以包含函数、运算符、单元格引用和常量。
- **单元格引用**：公式中引用其他单元格的值，如 `A1`、`B2:C5`。
- **函数**：预定义的公式，用于执行特定计算，如 `SUM`、`AVERAGE`、`IF` 等。
- **常量**：直接输入公式中的固定值，如数字 `5`、文本 `"Hello"`。
- **运算符**：用于执行数学、比较或逻辑运算的符号，如 `+`、`-`、`*`、`/`、`>`、`&` 等。

---

2. 运算规则

- **优先级**：Excel公式中的运算符遵循特定的计算顺序：
  1. **括号**：`()` 优先计算。
  2. **引用运算符**：如 `:`（范围引用）、`,`（联合引用）。
  3. **算术运算符**：
     - 乘方：`^`
     - 乘除：`*`、`/`
     - 加减：`+`、`-`
  4. **文本连接符**：`&`
  5. **比较运算符**：`=`、`<>`、`>`、`<`、`>=`、`<=`
- **结合律**：相同优先级的运算符从左到右计算。
- **单元格引用类型**：
  - **相对引用**：如 `A1`，公式复制时会自动调整引用。
  - **绝对引用**：如 `$A$1`，公式复制时引用不变。
  - **混合引用**：如 `$A1` 或 `A$1`，部分固定，部分调整。

图 7–34 基本概念和运算规则

第 7 章 DeepSeek 辅助设计 Excel 函数公式

3. 常见公式与函数

- 基本计算：
  - 加法：`=A1+B1`
  - 乘法：`=A1*B1`
  - 平均值：`=AVERAGE(A1:A10)`
- 逻辑判断：
  - IF函数：`=IF(A1>10, "Yes", "No")`
  - AND/OR函数：`=AND(A1>10, B1<20)`
- 文本处理：
  - 连接文本：`=A1 & " " & B1`
  - 提取字符：`=LEFT(A1, 3)` （提取前3个字符）
- 查找与引用：
  - VLOOKUP：`=VLOOKUP(A1, B1:C10, 2, FALSE)`
  - INDEX + MATCH：`=INDEX(B1:B10, MATCH(A1, A1:A10, 0))`
- 统计函数：
  - 求和：`=SUM(A1:A10)`
  - 计数：`=COUNT(A1:A10)`
  - 最大值/最小值：`=MAX(A1:A10)`、`=MIN(A1:A10)`

图 7-35　常见公式与函数

4. 注意事项

- **以等号开头**：所有公式必须以 `=` 开头，否则Excel会将其视为文本。
- **括号匹配**：确保公式中的括号成对出现。
- **数据类型一致**：确保公式中使用的数据类型匹配（如数字与文本）。
- **错误检查**：
  - `#DIV/0!`：除数为零。
  - `#VALUE!`：数据类型不匹配。
  - `#REF!`：无效的单元格引用。
  - `#NAME?`：函数名拼写错误。
- **公式复制**：注意相对引用和绝对引用的区别，避免复制公式时引用错误。

5. 高级技巧

- **数组公式**：用于处理多值计算，按 `Ctrl+Shift+Enter` 输入。
- **名称管理器**：为单元格或公式定义名称，简化引用。
- **条件格式**：结合公式动态设置单元格格式。
- **数据验证**：使用公式限制输入内容。

图 7-36　注意事项和高级技巧

7.3.2　函数的基本概念、基本语法和使用总结

选择"联网搜索"模式，输入并发送下面的提示词：

什么是 Excel 函数？函数的基本语法是什么？函数使用中要注意哪些问题？

DeepSeek 就会给出相关参考信息，如图 7-37 和图 7-38 所示。这些信息，对于我们了解函数的基本概念、基本语法和使用总结，是非常重要的，需要认真阅读和理解。

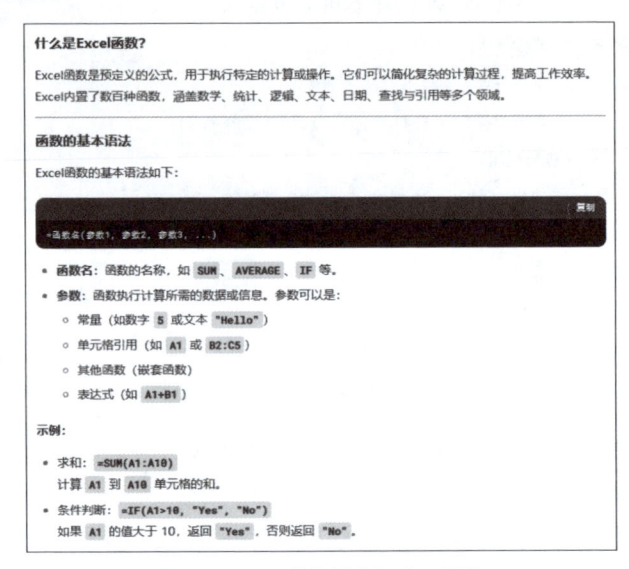

图 7-37　函数的基本概念及语法

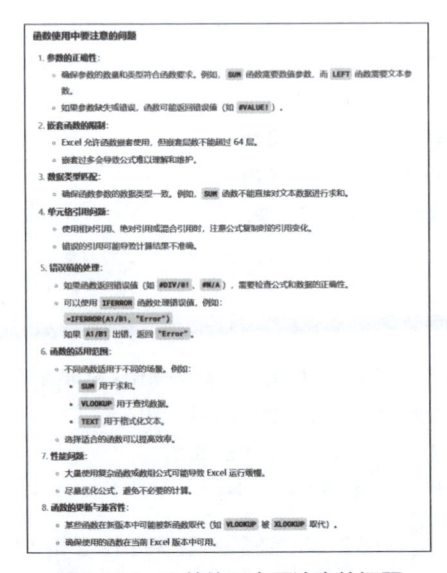

图 7-38　函数使用中要注意的问题

7.3.3 函数的使用方法、使用场景和注意事项

在实际工作中，我们更侧重于想要详细了解指定函数的使用方法、使用场景和注意事项，此时，可以查看 Excel 帮助信息，也可以使用 DeepSeek 来获取相关信息。

例如，SUMIF 函数是一个简单且应用非常广泛的函数。那么，该函数的使用方法、使用场景和注意事项都是什么？

输入并发送下面的提示词：

请详细介绍 SUMIF 函数的使用方法、适用场景和注意事项。

DeepSeek 会根据提供的需求，汇总归纳输出有关的帮助信息。图 7-39 和图 7-40 分别是 SUMIF 函数的基本语法和 SUMIF 函数的使用方法、使用场景和注意事项等（局部截图，详细情况请看网页信息）。

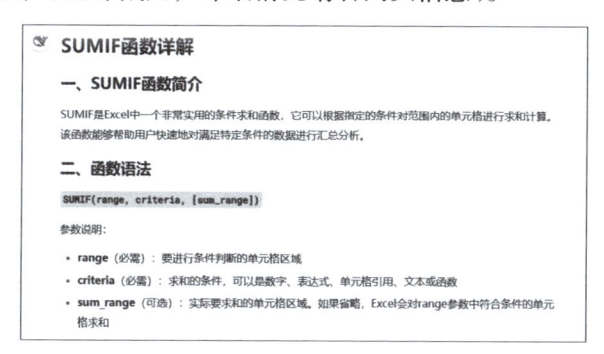

图 7-39　SUMIF 函数的基本语法

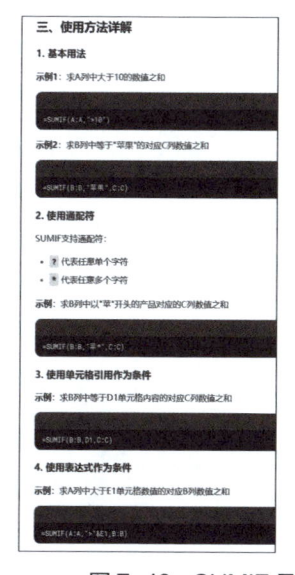

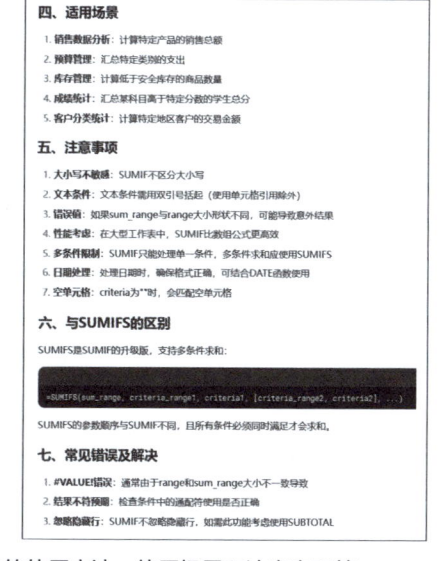

图 7-40　SUMIF 函数的使用方法、使用场景和注意事项等

7.3.4 简化函数公式的相关小技巧

我们可以借助 DeepSeek 获取简化函数公式的相关小技巧，例如，输入并发送下面的提示词：

> 请总结一下，简化函数公式的相关小技巧，目的就是让函数公式变得结构清晰，容易理解，方便检查错误。

DeepSeek 就会提供不少于 10 条实用技能和技巧（详细信息介绍请到网页查看）。图 7-41 是 DeepSeek 总结出的简化函数公式的相关小技巧。

总结

通过以下技巧，可以简化Excel函数公式，使其更清晰、易读、易维护：

技巧	作用	示例
使用名称管理器	替代复杂引用，提高可读性	`=SUM(Sales)`
分步计算	拆解复杂公式，便于调试	将 `=IF(SUM(A1:A10)>100, SUM(A1:A10)*0.1, SUM(A1:A10)*0.05)` 拆解为两步
使用辅助列	拆解逻辑，便于排查错误	将 `=IF(AND(A1>10, B1<20), "Yes", "No")` 拆解为三列
使用LET函数	定义变量，减少重复计算	`=LET(total, SUM(A1:A10), total*0.1 + total*0.05)`
简化嵌套IF	使用 `IFS` 或 `SWITCH` 替代多层 `IF`	`=IFS(A1>90, "A", A1>80, "B", A1>70, "C", TRUE, "D")`
使用数组公式	减少公式数量，提高效率	`=A1:A10^2`
使用函数替代复杂逻辑	用简洁函数替代复杂逻辑	`=IFERROR(IF(FIND("苹果", A1)>0, "Yes"), "No")`
使用注释	解释公式逻辑，方便理解	`=SUM(A1:A10) + N("计算销售总额")`
使用条件格式	高亮显示数据，减少公式中的条件判断	直接高亮显示 `A1:A10` 中大于 100 的单元格
使用表格结构化引用	提高公式可读性，自动扩展范围	`=SUM(SalesTable[销售额])`
使用错误处理函数	避免公式因错误值中断	`=IFERROR(A1/B1, "除数为零")`
使用公式求值工具	逐步检查公式计算过程，排查错误	点击"公式求值"逐步检查公式

图 7-41 简化函数公式的相关小技巧

7.3.5 条件表达式的基本知识与综合应用

在 7.1.3 小节介绍根据工龄计算年休假天数公式时，DeepSeek 给出的每

第 7 章 DeepSeek 辅助设计 Excel 函数公式

个公式几乎都要涉及条件表达式，而第 3 种布尔逻辑运算公式和第 8 种数学分段计算公式更是直接使用条件表达式。那么，什么是条件表达式？如何使用条件表达式？如何将几个条件表达式进行组合？等等，这些都是非常重要的公式基础知识。

选择"联网搜索"模型或者"深度思考（R1）"模型，输入并发送下面的提示词：

请详细介绍 Excel 中条件表达式的基本概念，书写表达式的基本方法，几个条件表达式的组合方法，使用条件表达式要注意的问题，等等，不仅仅限于我所提到的内容，也根据你的经验进行补充。

DeepSeek 会根据我们的需求，较为详细地总结条件表达式的基础知识和应用技巧。

例如，关于 Excel 条件表达式的基本概念和基础语法结构，如图 7-42 所示。关于多条件组合技巧与进阶应用技巧，如图 7-43 所示。

Excel 条件表达式全面指南

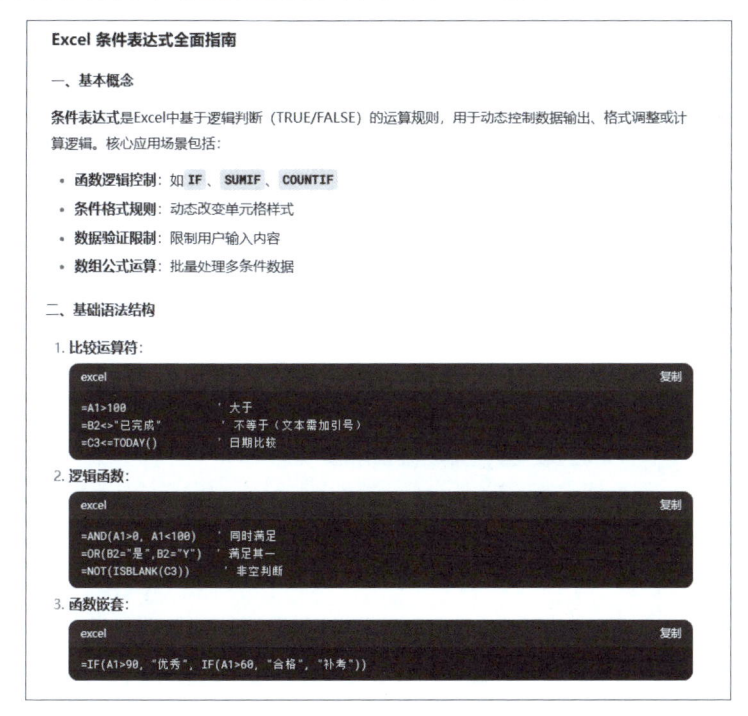

一、基本概念

条件表达式是 Excel 中基于逻辑判断（TRUE/FALSE）的运算规则，用于动态控制数据输出、格式调整或计算逻辑。核心应用场景包括：

- **函数逻辑控制**：如 `IF`、`SUMIF`、`COUNTIF`
- **条件格式规则**：动态改变单元格样式
- **数据验证限制**：限制用户输入内容
- **数组公式运算**：批量处理多条件数据

二、基础语法结构

1. 比较运算符：

```excel
=A1>100            ' 大于
=B2<>"已完成"      ' 不等于（文本需加引号）
=C3<=TODAY()       ' 日期比较
```

2. 逻辑函数：

```excel
=AND(A1>0, A1<100)       ' 同时满足
=OR(B2="是",B2="Y")      ' 满足其一
=NOT(ISBLANK(C3))        ' 非空判断
```

3. 函数嵌套：

```excel
=IF(A1>90,"优秀",IF(A1>60,"合格","补考"))
```

图 7-42 Excel 条件表达式的基本概念和基础语法结构

185

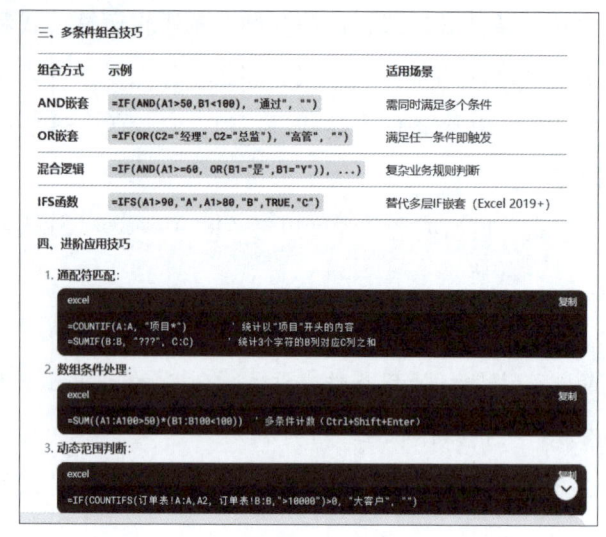

图 7-43　多条件组合技巧与进阶应用技巧

在使用条件表达式时，常常使用乘号（*）和加号（+）来组合多个条件，如果不清楚这两个符号的应用原理与应用技巧，可以去问问 DeepSeek。继续输入并发送下面的提示词：

请详细介绍乘号（*）和加号（+）在组合多个条件时的应用方法、技巧和应用场景。

DeepSeek 对这两个符号的介绍信息分别如图 7-44、图 7-45 和图 7-46 所示。

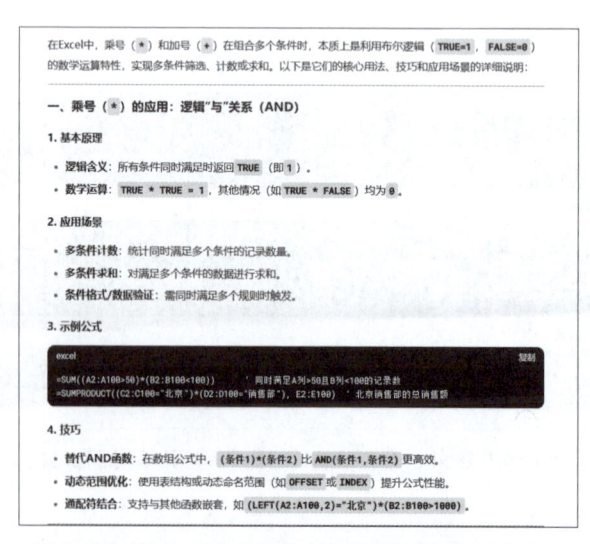

图 7-44　乘号（*）在条件表达式中的应用原理与技巧

第 7 章 DeepSeek 辅助设计 Excel 函数公式

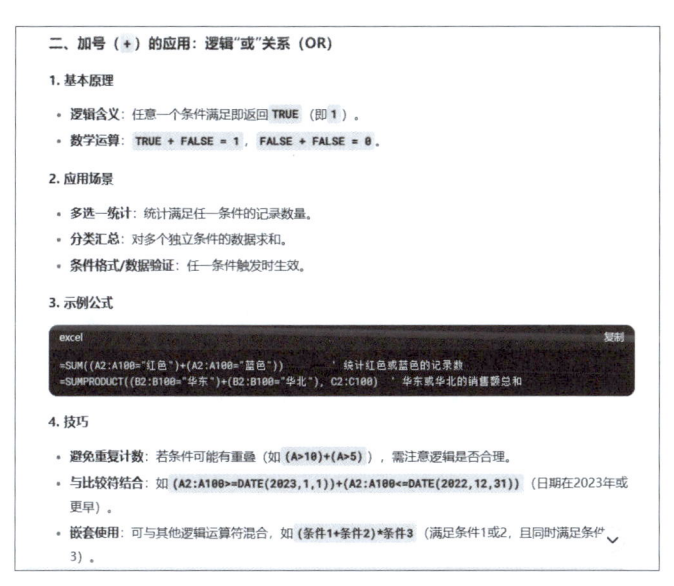

```
二、加号（+）的应用：逻辑"或"关系（OR）
1. 基本原理
  • 逻辑含义：任意一个条件满足即返回 TRUE（即 1）。
  • 数学运算：TRUE + FALSE = 1，FALSE + FALSE = 0。
2. 应用场景
  • 多选一统计：统计满足任一条件的记录数量。
  • 分类汇总：对多个独立条件的数据求和。
  • 条件格式/数据验证：任一条件触发时生效。
3. 示例公式
```
```excel
=SUM((A2:A100="红色")+(A2:A100="蓝色"))     '统计红色或蓝色的记录数
=SUMPRODUCT((B2:B100="华东")+(B2:B100="华北"),C2:C100)   '华东或华北的销售额总和
```
```
4. 技巧
  • 避免重复计数：若条件可能有重叠（如 (A>10)+(A>5)），需注意逻辑是否合理。
  • 与比较符结合：如 (A2:A100>=DATE(2023,1,1))+(A2:A100<=DATE(2022,12,31))（日期在2023年或更早）。
  • 嵌套使用：可与其他逻辑运算符混合，如 (条件1+条件2)*条件3（满足条件1或2，且同时满足条件3）。
```

图 7-45 加号（+）在条件表达式中的应用原理与技巧

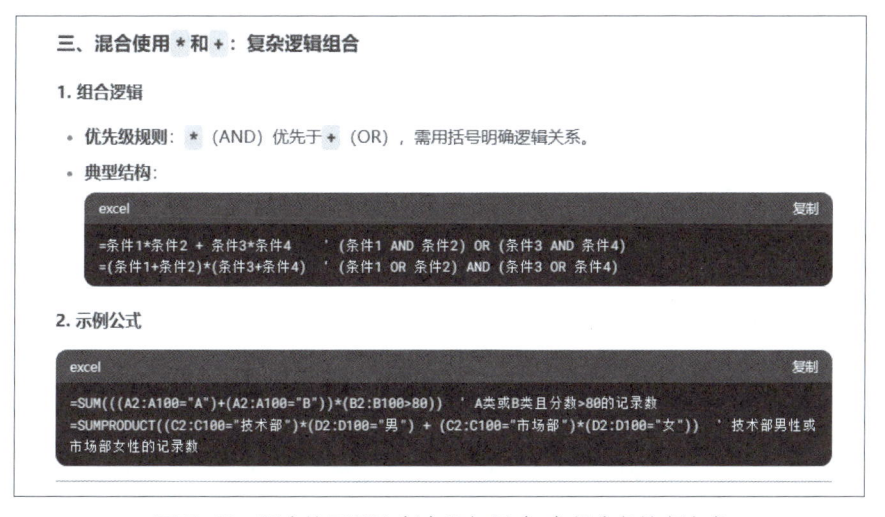

```
三、混合使用 * 和 +：复杂逻辑组合
1. 组合逻辑
  • 优先级规则：*（AND）优先于 +（OR），需用括号明确逻辑关系。
  • 典型结构：
```
```excel
=条件1*条件2 + 条件3*条件4       '(条件1 AND 条件2) OR (条件3 AND 条件4)
=(条件1+条件2)*(条件3+条件4)     '(条件1 OR 条件2) AND (条件3 OR 条件4)
```
```
2. 示例公式
```
```excel
=SUM(((A2:A100="A")+(A2:A100="B"))*(B2:B100>80))   'A类或B类且分数>80的记录数
=SUMPRODUCT((C2:C100="技术部")*(D2:D100="男") + (C2:C100="市场部")*(D2:D100="女"))  '技术部男性或市场部女性的记录数
```

图 7-46 混合使用乘号（*）和加号（+）组合条件表达式

下面我们结合一个例子，介绍如何使用乘号（*）和加号（+）组合条件，来使用 FILTER 函数进行复杂条件下的筛选。

图 7-47 是员工基本信息表，现在我们要从这个表中，筛选出财务部和销售部，学历为博士、硕士和本科，年龄在 30~40 岁，工龄在 5 年以上的员工信息。

员工基本信息表保存在 Excel 工作簿"员工信息筛选.xlsx"。

187

DeepSeek 赋能高效数据分析

图 7-47 员工基本信息表

选择"深度思考（R1）"模型，上传文件，输入下面的提示词，如图 7-48 所示。

已知条件：

工作表"基本信息"

要求：

设计一个筛选数据公式，筛选满足以下条件的员工信息，保存到工作表"筛选结果"。

部门：财务部和销售部

学历：博士、研究生和本科

年龄：30~40 岁

本公司工龄：5 年以上

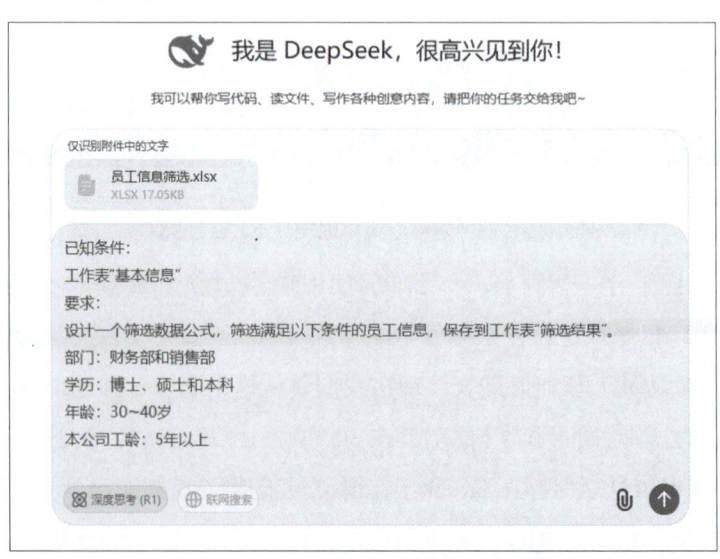

图 7-48 上传文件，输入具体提示词

第 7 章　DeepSeek 辅助设计 Excel 函数公式

单击发送按钮，DeepSeek 就会设计多条件下的筛选公式，如图 7-49 所示，并对公式中的筛选条件进行解释。下面是列示出的筛选公式，并已做了层级展示，以增加阅读性。

=FILTER(基本信息 !A2:K84,
((基本信息 !E2:E84=" 财务部 ") + (基本信息 !E2:E84=" 销售部 "))
* ((基本信息!G2:G84="博士") + (基本信息!G2:G84=" 硕士 ") + (基本信息 !G2:G84=" 本科 "))
* (基本信息 !I2:I84>=30) * (基本信息 !I2:I84<=40)
* (基本信息 !K2:K84>5),
" 无符合条件记录 ")

在Excel中，可以使用 FILTER 函数结合多条件筛选。将以下公式输入到工作表"筛选结果"的A2单元格中：

```excel
=FILTER(基本信息!A2:K84, ((基本信息!E2:E84="财务部") + (基本信息!E2:E84="销售部")) * ((基本信息!G2:G84="博士") + (基本信息!G2:G84="硕士") + (基本信息!G2:G84="本科")) * (基本信息!I2:I84>=30) * (基本信息!I2:I84<=40) * (基本信息!K2:K84>5), "无符合条件记录")
```

公式说明：
1. **数据范围**：**基本信息!A2:K84** 表示筛选的数据区域（假设数据从第2行开始，共84行）。
2. **部门条件**：**(E列="财务部") + (E列="销售部")**，满足财务部或销售部。
3. **学历条件**：**(G列="博士") + (G列="硕士") + (G列="本科")**，满足博士、硕士或本科。
4. **年龄条件**：**I列≥30且I列≤40**。
5. **工龄条件**：**K列>5**。
6. **无结果提示**：如果无匹配记录，显示"无符合条件记录"。

注意事项：
- 若Excel版本不支持 FILTER 函数，需使用"高级筛选"功能或升级到Office 365/Excel 2021。
- 确保"筛选结果"工作表的表头与"基本信息"一致（如A1:K1已正确填写）。

图 7-49　多条件筛选数据公式

第 8 章　DeepSeek 辅助制作分析报告

前面各章介绍了利用 DeepSeek 进行数据整理、处理和分析中的一些技能和技巧，帮助我们进一步开阔眼界，提升数据处理和分析效率。本章将介绍如何去深入分析数据，如何制作分析报告。

8.1 利用 DeepSeek 设计数据分析逻辑架构

数据分析的难点在于构建一个既满足实际需要又能深入挖掘数据分析问题的逻辑架构，而这个任务可以交给 DeepSeek 去解决。

8.1.1 确定数据分析的维度

以第 5 章介绍的 Excel 工作簿"地区产品业务部两年销售统计表.xlsx"数据为例，思考如何来利用 DeepSeek 设计数据分析逻辑架构。

为了方便观看，地区—产品—业务部两年销售统计表截图展示，如图 8-1 所示。

地区	产品	业务1部 去年 销售额	业务1部 去年 毛利	业务1部 今年 销售额	业务1部 今年 毛利	业务2部 去年 销售额	业务2部 去年 毛利	业务2部 今年 销售额	业务2部 今年 毛利
国内	产品01	2741	488	3447	938	3666	1931	1719	583
国内	产品02	2680	498	2479	448	3274	1383	4214	2315
国内	产品03	3005	1032	3798	712	2312	1152	682	386
国内	产品04	5841	1802	1916	436	4982	2457	3857	823
国内	产品05	2619	537	689	143	2257	1290	1329	527
国内	产品06	2475	457	3387	1046	4721	2937	222	97
国内	产品07	1490	318	2129	296	4046	1647	1335	730
国内	小计	20851	5132	17845	4019	25258	12797	13358	5461
国外	产品01	6278	3211	2051	598	834	424	4970	2011
国外	产品02	674	263	6904	3043	2082	655	3558	1569
国外	产品03	4575	2267	6054	2333	2485	694	5483	2144
国外	产品04	665	260	5401	2465	805	575	1098	391
国外	产品05	3915	1546	2380	471	5200	3038	2789	757
国外	产品06	5622	358	3024	1283	1587	592	4616	1775
国外	产品07	6431	2443	4096	2506	2928	2061	3053	1477
国外	小计	28160	10348	29910	12699	15921	8039	25567	10124
	总计	49011	15480	47755	16718	41179	20836	38925	15585

图 8-1　地区—产品—业务部两年销售统计表

选择"深度思考（R1）"模型，上传文件，然后输入下面的提示词，如图 8-2 所示。

1. 请问这个表格有几个需要分析的维度？
2. 每个维度应该做什么样的分析，这样分析的目的是什么？

3. 哪些维度之间需要做交叉分析？交叉分析的目的是什么？

4. 用什么可视化图表来展示每个维度的分析结果，以便能够快速发现问题？

图 8-2　上传文件，输入提示词

单击发送按钮后，DeepSeek 对我们提出的几个问题进行了回答，包括以下几个需要分析的维度：

▶ 地区维度（国内与国外）；

▶ 产品维度（产品 01 至产品 07）；

▶ 部门维度（业务 1 部与业务 2 部）；

▶ 时间维度（去年与今年）；

▶ 财务指标维度（销售额与毛利）。

其分析内容及分析目的如图 8-3 所示。

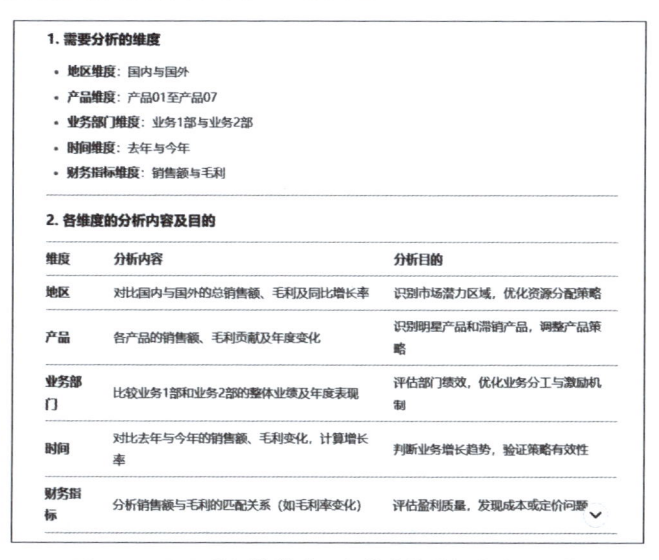

图 8-3　需要分析的维度、各维度的分析内容及目的

对于需要交叉分析的维度及目的，DeepSeek 给出了图 8-4 所示的建议。

交叉维度	分析目的
地区 × 产品	识别不同地区的优势产品，针对性制定区域化销售策略
业务部门 × 时间	判断各部门的年度增长能力，分析部门策略的可持续性
产品 × 时间	发现产品的生命周期趋势（如增长期或衰退期）
地区 × 业务部门	分析不同部门在区域市场的竞争力，优化资源配置
财务指标 × 产品	识别高毛利但低销售额（或反之）的产品，平衡销量与利润目标

图 8-4 需要交叉分析的维度及目的

对于可视化图表的问题，DeepSeek 回答如图 8-5 所示。

分析维度	推荐图表	作用
地区对比	双柱状图（国内 vs 国外）	直观展示地区间销售额和毛利的差异
产品分析	堆叠柱状图或瀑布图	显示各产品对总销售额/毛利的贡献，突出明星产品
业务部门对比	分组柱状图（部门 vs 年度）	对比部门及年度间的业绩差异
时间趋势	折线图（去年 vs 今年）	展示销售额和毛利的增长趋势，标记异常波动
交叉分析	热力图或雷达图	多维度对比（如地区×产品），快速发现高潜力或问题组合
财务指标匹配	散点图（销售额 vs 毛利）	分析销售额与毛利的关联性，识别离群点（如高销低利产品）

图 8-5 可视化图表建议

经过以上介绍，让我们对表格的维度分析有了一个初步的认识，但我们还没有明确如何去分析，因此继续输入下面的提示词，如图 8-6 所示。

> 现在我们已经了解要分析的维度有哪些，以及需要交叉分析的维度，但不知道如何去分析这些维度，请介绍这些维度的基本分析方法，以及交叉维度的分析方法。

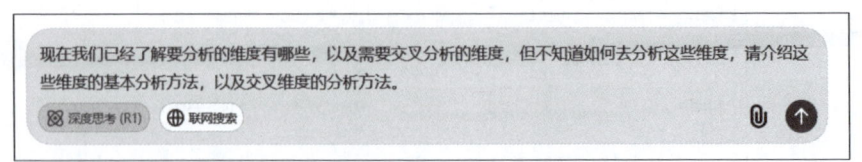

图 8-6 继续输入提示词，提出更具体的需求

单击发送按钮后，DeepSeek 就根据我们的具体需求，给出了更为详细的分析方法。图 8-7 是维度的分析方法与示例说明。

一、单维度基本分析方法

1. 地区维度

- **对比分析**：直接比较国内与国外的销售额、毛利总量及增长率。
  示例：国外市场今年销售额增长率为 $\frac{29910-28160}{28160} \approx 6.2\%$，而国内销售额下降 $\frac{17845-20851}{20851} \approx -14.4\%$，需关注国内市场需求变化。
- **构成分析**：计算各地区销售额占总销售额的比例。
  示例：国内销售额占比从去年的 $\frac{20851}{49011} \approx 42.5\%$ 下降到今年的 $\frac{17845}{47755} \approx 37.4\%$，说明业务重心可能向国外倾斜。

2. 产品维度

- **排名分析**：按销售额/毛利对产品排序，识别明星产品和尾部产品。
  示例：国内产品01今年销售额增长 $3447-2741=706$，而产品05销售额暴跌 $689-2619=-1930$，需分析产品05的衰退原因。
- **贡献率分析**：计算各产品对总销售额/毛利的贡献比例。
  示例：国外产品07毛利今年为2506，占国外总毛利的 $\frac{2506}{12699} \approx 19.7\%$，是核心盈利产品。

3. 业务部门维度

- **横向对比**：比较业务1部与业务2部的总业绩及增长率。
  示例：业务1部今年总销售额下降 $47755-49011=-1256$，而业务2部增长 $38925-41179=-2254$，需验证数据准确性或策略差异。
- **目标达成率**：假设有销售目标，计算各部门的目标完成度。

4. 时间维度

- **同比增长率**：计算去年与今年的销售额/毛利增长率。
  公式：增长率 $=\frac{今年值-去年值}{去年值} \times 100\%$。
  示例：业务2部国外市场毛利增长率为 $\frac{10124-8039}{8039} \approx 25.9\%$，表现优异。
- **趋势预测**：使用线性回归或移动平均法预测未来趋势。

5. 财务指标维度

- **毛利率分析**：计算各维度下的毛利率（毛利/销售额）。
  示例：国内产品06今年毛利率 $\frac{1046}{3387} \approx 30.9\%$，高于去年的 $\frac{457}{2475} \approx 18.5\%$，说明成本控制或定价策略优化。
- **损益平衡点**：结合成本数据，分析盈利安全边际。

二、交叉维度分析方法

1. 地区 × 产品

- **矩阵热力图**：横轴为产品，纵轴为地区，用颜色深浅表示销售额或毛利高低。
  示例：国内产品02今年销售额6904，远超国内产品02的2479，可能需加大国内产品02的推广。
- **区域产品策略**：针对高增长地区+高毛利产品组合（如国外产品07），制定重点投放策略。

2. 业务部门 × 时间

- **分组折线图**：比较两部门两年内的业绩趋势。
  示例：业务1部国内销售额从20851降至17845，而业务2部国内销售额从25258降至13358，需分析两部门共同的国内市场问题。
- **部门策略复盘**：结合时间维度，评估部门策略调整后的效果（如业务2部国外毛利增长25.9%是否因新渠道开拓）。

3. 产品 × 时间

- **生命周期分析**：通过销售额趋势判断产品阶段。
  示例：国内产品05销售额连续两年下降（去年2619→今年689），可能进入衰退期，需考虑迭代或淘汰。
- **季节性分析**：若数据细分到月份，可观察产品销售季节性波动。

4. 地区 × 业务部门

- **资源效率分析**：计算各地区下不同部门的"单位资源产出"（如人均销售额）。
  示例：业务1部在国外市场销售额为29910，业务2部为25567，若业务1部投入资源更少，则效率更高。
- **竞争对比**：分析同一地区内两部门的市占率差异。

5. 财务指标 × 产品

- **散点图分析**：横轴为销售额，纵轴为毛利，气泡大小表示毛利率。
  示例：国外产品04销售额5401，毛利2465（毛利率45.6%），属于"高销高利"产品，应优先保障供应。
- **四象限法**：将产品分为四类（高销高利、高销低利、低销高利、低销低利），制定差异策略。

图 8-7 维度分析方法与示例说明

而对于分析流程，DeepSeek 也提出了相关的建议，并且在回答信息的最后，还介绍了交叉分析的实战示例，如图 8-8 所示。

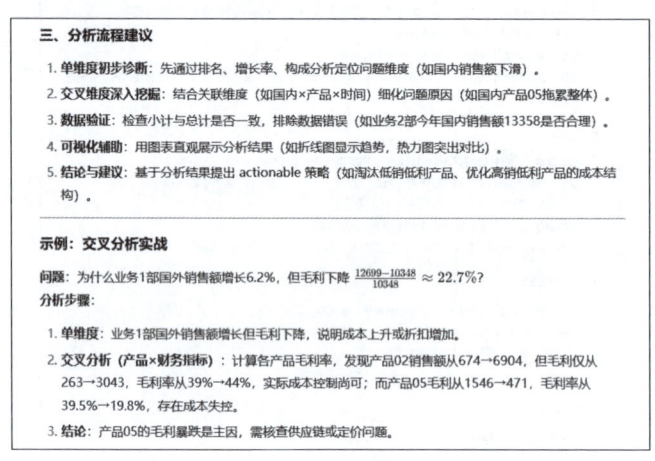

```
三、分析流程建议
1. 单维度初步诊断：先通过排名、增长率、构成分析定位问题维度（如国内销售额下滑）
2. 交叉维度深入挖掘：结合关联维度（如国内×产品×时间）细化问题原因（如国内产品05拖累整体）
3. 数据验证：检查小计与总计是否一致，排除数据错误（如业务2部今年国内销售额13358是否合理）
4. 可视化辅助：用图表直观展示分析结果（如折线图显示趋势，热力图突出对比）
5. 结论与建议：基于分析结果提出 actionable 策略（如淘汰低销低利产品、优化高销低利产品的成本结构）

示例：交叉分析实战
问题：为什么业务1部国外销售额增长6.2%，但毛利下降 $\frac{12699-10348}{10348} \approx 22.7\%$？
分析步骤：
1. 单维度：业务1部国外销售额增长但毛利下降，说明成本上升或折扣增加。
2. 交叉分析（产品×财务指标）：计算各产品毛利率，发现产品02销售额从674~6904，但毛利仅从263~3043，毛利率从39%~44%，实际成本控制尚可；而产品05毛利从1546~471，毛利率从39.5%~19.8%，存在成本失控。
3. 结论：产品05的毛利暴跌是主因，需核查供应链或定价问题。
```

图 8-8　分析流程建议与交叉分析实战示例

DeepSeek 对我们两次提问的回答信息是非常重要的，因为数据分析首先就是要确定并选择分析的维度、设定维度的分析角度、制定分析策略，以及通过可视化图表来重点展示分析结果等。

8.1.2　设计分析流程架构

在上述两次问答的基础上，我们需要根据具体情况，增补或删减一些分析内容，以便能够深入而又有重点地分析数据。

如果原封不动地采纳 DeepSeek 给出的这些分析维度和内容，可以让 DeepSeek 再设计一个分析架构。

继续输入下面的提示词，如图 8-9 所示。

请你参考上面的两次问答信息，设计一个较为详细分析流程架构。
要求尽可能从企业经营管理角度来考虑这样的分析流程。

```
请你参考上面的两次问答信息，设计一个较为详细分析流程架构。
要求尽可能从企业经营管理角度来考虑这样的分析流程。

深度思考 (R1)    联网搜索                                     📎 ⬆
```

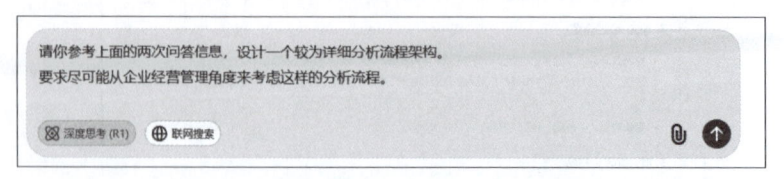

图 8-9　继续输入提示词，提出进一步的需求

单击发送按钮后，那么 DeepSeek 很快就给出了具体的设计架构信息，当然，这些信息仅仅是 DeepSeek 提供给我们的一个参考，具体流程还需要仔细

参考 DeepSeek 给出的这些信息及我们的具体情况进行修改完善。

为了方便大家学习，下面将 DeepSeek 的参考流程截图予以展示，如图 8-10 至图 8-15 所示。

企业经营分析流程架构

本流程以"数据驱动决策"为核心，覆盖从数据准备到策略落地的全周期，结合单维度诊断与交叉分析，支持企业资源优化、风险管控和战略调整。

一、数据准备与清洗（基础层）

1. 数据整合
   - 收集销售、财务、库存等原始数据（如Excel、ERP系统导出）。
   - 标准化字段命名（如统一"销售额"为"Revenue"，避免"业务1部"与"一部"混用）。
2. 数据清洗
   - 剔除重复值、填补缺失值（如产品05的异常负毛利需核查修正）。
   - 验证小计与总计的一致性（如国内小计20851是否等于各产品销售额之和）。
3. 数据分层
   - 按维度拆分数据表（地区表、产品表、部门表等），便于后续关联分析。

输出物：清洗后的结构化数据集（如SQL数据库或Power BI模型）。

图 8-10　数据准备与清洗（基础层）

二、单维度初步诊断（洞察层）

1. 关键指标计算
   - 绝对值：总销售额、总毛利、市场份额等。
   - 比率指标：同比增长率、毛利率（毛利/销售额）、产品贡献率（单品销售额/总销售额）。
   - 示例：国内销售额同比下降14.4%，需标记为"风险信号"。
2. 排名与对比分析
   - 产品排名：按销售额/毛利排序，识别头部（如国外产品07）与尾部产品（如国内产品05）。
   - 部门对比：业务1部与业务2部的绩效差异（如业务2部国外毛利增长25.9%）。
3. 趋势预判
   - 使用移动平均法或线性回归预测未来3个月趋势。

输出物：单维度分析报告（含关键指标表、问题清单）。

图 8-11　单维度初步诊断（洞察层）

三、交叉维度深度挖掘（策略层）

1. 矩阵分析
   - 地区×产品热力图：识别高潜力组合（如国外产品02销售额6904，毛利3043）。
   - 部门×时间折线图：分析部门策略的长期效果（如业务1部国内市场持续下滑）。
2. 四象限分类法
   - 将产品/地区分为四类：
     - **明星区**（高销高利，如国外产品07）→ 资源倾斜；
     - **问题区**（高销低利，如国内产品06）→ 成本优化；
     - **潜力区**（低销高利，如国外产品04）→ 市场推广；
     - **淘汰区**（低销低利，如国内产品05）→ 退出策略。
3. 根因分析
   - **5Why法**：针对问题点（如国内销售额下降）逐层追问：
     - Why 1：国内销售额为何下降？→ 产品05销售额暴跌；
     - Why 2：产品05为何暴跌？→ 竞品冲击或质量投诉；
     - Why 3：为何未提前预警？→ 缺乏市场监测机制。

输出物：交叉分析矩阵、根因分析报告、优先级策略清单。

图 8-12　交叉维度深度挖掘（策略层）

> **四、策略制定与落地（执行层）**
>
> 1. 资源分配优化
>   - 资源倾斜：向明星产品/地区追加预算（如国外产品07增加广告投入）。
>   - 成本管控：针对高销低利产品优化供应链（如国内产品06更换供应商）。
> 2. 绩效目标调整
>   - 设定SMART目标（如"业务2部国外毛利明年增长15%"）。
>   - 更新KPI体系（如增加"毛利率"权重，弱化单纯销售额考核）。
> 3. 风险管理
>   - 建立预警机制（如产品销售额连续3个月下降10%触发警报）。
>   - 制定应急预案（如国内市场需求萎缩时启动出口转内销方案）。
>
> 输出物：行动方案甘特图、预算分配表、绩效考核表。

图 8-13　策略制定与落地（执行层）

> **五、监控与迭代（闭环层）**
>
> 1. 动态仪表盘监控
>   - 使用Power BI/Tableau搭建实时看板，监控核心指标（如销售额达成率、毛利率）。
>   - 示例仪表盘：
>   - 顶部KPI卡：总销售额、总毛利、同比增长率；
>   - 中间图表：地区×产品热力图、部门趋势折线图；
>   - 底部预警区：异常指标列表（如产品05销售额低于阈值）。
> 2. 周期性复盘
>   - 月度经营会议：检视策略执行效果，调整优先级；
>   - 季度战略校准：结合外部市场变化（如政策、竞品）更新分析模型。
> 3. 知识沉淀
>   - 建立分析案例库（如"产品05衰退原因分析报告"）；
>   - 培训业务部门使用自助分析工具（如Excel数据透视表）。
>
> 输出物：动态监控看板、复盘会议纪要、知识库文档。

图 8-14　监管与迭代（闭环层）

> **六、组织保障机制**
>
> 1. 跨部门协作
>   - 设立"经营分析委员会"，由财务、销售、供应链负责人组成，确保数据共享与策略协同。
> 2. 数据治理
>   - 制定数据录入规范（如销售数据需当日上传系统）；
>   - 指定数据Owner（如区域经理负责本地区数据准确性）。
> 3. 技术工具支持
>   - 部署BI工具（如Power BI）、自动化报表系统（如Python脚本）。

图 8-15　组织保障机制

　　上述的分析流程是从企业经营管理角度来考虑的。如果仅仅是针对这个报表进行分析，那么数据分析及汇报展示的基本流程是什么？

　　重新输入下面的提示词，把问题更细化、更具体化，如图 8-16 所示。

第 8 章 DeepSeek 辅助制作分析报告

针对这个表格数据，请设计一个数据分析和汇报展示流程架构。

要求：

1. 数据分析尽可能到位，既有广度也有深度；

2. 某些维度分析可能需要哪些数据支持；

3. 层层分析，挖掘数据；

4. 分析报告至少要包括以下：总体分析，详细分析与挖掘，背后原因及解决方案，未来策略等；

5. 也请你根据自己的经验，提出更多的建议，以便开拓思路，借鉴采纳。

> 针对这个表格数据，请设计一个数据分析和汇报展示流程架构。
> 要求：
> 1. 数据分析尽可能到位，既有广度也有深度；
> 2. 某些维度分析可能需要哪些数据支持；
> 3. 层层分析，挖掘数据；
> 4. 分析报告至少要包括以下：总体分析，详细分析与挖掘，背后原因及解决方案，未来策略等；
> 5. 也请你根据自己的经验，提出更多的建议，以便开拓思路，借鉴采纳。
>
> 深度思考(R1)   联网搜索

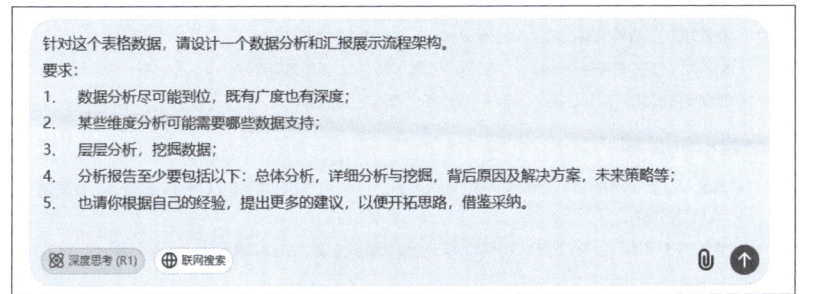

图 8-16　重新输入提示词

发送提示词后，DeepSeek 就给出更为具体详细的分析流程架构，为了方便大家学习参考，将这些信息全部截图下来，如图 8-17 至图 8-23 所示。

> **数据分析和汇报展示流程架构**
>
> 本流程以"问题诊断→根因挖掘→策略落地"为主线，结合业务场景设计分析路径，确保从数据到决策的闭环管理。以下是详细框架：
>
> **一、总体分析（全局视角）**
>
> 1. 核心指标概览
>   - **销售额与毛利**：两年总计对比（去年：49011 vs 今年：47755；毛利去年：15480 vs 今年：16718）。
>   - **增长率**：总销售额下降2.6%（$\frac{47755-49011}{49011}$），但毛利增长8%（$\frac{16718-15480}{15480}$），说明成本控制或高毛利产品占比提升。
>   - **结构占比**：国外销售额占比从57.5%（去年）提升至62.6%（今年），业务重心转移明显。
>
> 2. 关键问题定位
>   - **风险信号**：国内销售额下降14.4%，业务1部销售额下滑；产品05（国内）销售额暴跌1930。
>   - **亮点**：业务2部国外毛利增长25.9%，国外产品07毛利贡献19.7%。
>
> **可视化工具**：
>   - **仪表盘首页**：KPI卡片（总销售额、毛利、增长率）＋趋势折线图（两年对比）。
>   - **问题热力图**：标红异常区域（如国内产品05、业务1部国内销售额）。

图 8-17　总体分析（全局视角）

二、详细分析与挖掘（分维度拆解）

1. 地区维度

- **国内 vs 国外**：
  - 国内销售额下降14.4%，毛利下降21.7%，需重点分析产品结构；
  - 国外销售额增长6.2%，但毛利仅增长22.7%，需验证成本是否同步上升。
- **数据支持需求**：区域市场容量、竞品份额、物流成本数据。

2. 产品维度

- **头部产品**：国外产品07（毛利2506）、产品02（销售额6904）；
- **尾部产品**：国内产品05（销售额下降1930）、产品06（国内毛利仅97）；
- **数据支持需求**：产品生命周期阶段、库存周转率、客户满意度。

3. 业务部门维度

- **业务1部**：国内销售额下降14.4%，国外增长6.2%，但毛利下降；
- **业务2部**：国内销售额暴跌47%，但国外毛利增长25.9%，策略差异显著。
- **数据支持需求**：部门人力投入、渠道资源分配、绩效考核规则。

4. 交叉分析（示例）

- **地区×产品**：国外产品02销售额6904（毛利3043）vs 国内产品02销售额2479（毛利448），需分析定价策略差异。
- **业务部门×时间**：业务1部国外毛利增速低于销售额增速，可能牺牲利润换市场。

可视化工具：

- **堆叠柱状图**：分地区/部门展示产品贡献；
- **散点图**：横轴销售额、纵轴毛利，气泡大小=毛利率，区分产品象限。

图8-18　详细分析与挖掘（分维度拆解）

三、背后原因分析（根因诊断）

1. 国内销售额下降

- **直接原因**：产品05销售额暴跌（-1930），产品06销售额波动大；
- **潜在原因**：
  - 竞品冲击（需市场竞品数据）；
  - 供应链问题（如缺货或成本上升，需采购成本数据）；
  - 客户需求变化（需用户调研数据）。

2. 业务1部毛利下降

- **毛利率对比**：国外毛利率从36.7%（去年）降至42.5%（今年），但毛利总额增长不足，可能因低毛利产品销量占比提升。

3. 产品06的异常波动

- 国内产品06销售额从2475→3387，但毛利仅97（毛利率2.9%），疑似清仓甩卖。

根因验证方法：

- **数据验证**：核对库存记录与促销活动日志；
- **访谈佐证**：与销售团队确认是否执行折扣策略。

图8-19　背后原因分析（根因诊断）

第 8 章 DeepSeek 辅助制作分析报告

四、解决方案与策略（Action Plan）

1. 短期止血措施

- 淘汰低效产品：停售国内产品05，清理库存（关联方案：召回或二次加工）；
- 利润修复：国内产品06需提高定价或终止促销，目标毛利率>15%。

2. 中长期优化策略

- 产品策略：
  - 重点扶持国外产品07（高毛利），增加市场渗透；
  - 国内推出迭代产品（如产品05升级版），结合用户需求调研。
- 区域策略：
  - 国内市场：聚焦高毛利产品（如产品01、03），减少资源分散；
  - 国外市场：在东南亚等高增长地区复制产品02的成功模式。
- 部门协同：
  - 业务1部与2部共享国外渠道资源，降低拓客成本；
  - 调整KPI：业务1部考核毛利增速，业务2部考核销售额市占率。

3. 资源分配建议

- 预算倾斜：将国内产品05的预算转投国外产品07；
- 人力调整：抽调国内销售骨干支援国外高潜力市场。

图 8-20　解决方案与策略（Action Plan）

五、未来策略与预防机制

1. 数据驱动的预警体系

- 指标监控：实时跟踪产品毛利率、库存周转率、区域增长率；
- 自动警报：当单月销售额下降>10%或毛利率<5%时触发预警。

2. 敏捷迭代能力

- 快速试错：每季度推出1-2款新产品，通过A/B测试验证市场反应；
- 动态定价：根据供需关系调整价格（如旺季提价、淡季促销）。

3. 组织能力建设

- 培训体系：销售团队学习数据解读与市场分析方法；
- 跨部门协作：定期召开"销售-供应链-财务"联席会议，避免信息孤岛。

图 8-21　未来策略与预防机制

六、汇报展示结构（PPT框架）

1. 封面页：标题、日期、汇报人
2. 核心结论：3条关键发现 + 3条紧急建议
3. 总体分析：趋势概览、结构变化、问题清单
4. 分维度解读：地区、产品、部门（配图表与数据看板）
5. 根因诊断：鱼骨图/5Why分析展示根本原因
6. 解决方案：Action Plan甘特图、资源分配表
7. 未来策略：战略地图、预警机制设计
8. 附录：数据来源、分析方法说明、补充图表

图 8-22　汇报展示结构（PPT框架）

```
七、拓展建议（跳出框架的思考）
1. 客户细分分析：
   ○ 补充客户画像数据（如企业客户vs个人客户），分析不同客群的购买偏好。
2. 预测模型应用：
   ○ 使用时间序列模型预测下季度销售额，结合库存数据优化备货计划。
3. 竞品对标：
   ○ 采集竞品价格、促销活动数据，制定针对性竞争策略。
4. 成本结构优化：
   ○ 拆分产品毛利至原材料、物流、营销等环节，寻找降本空间。
5. ESG整合：
   ○ 分析绿色产品需求（如低碳产品07是否具备溢价空间）。

总结
通过以上架构，企业可系统性完成从数据清洗到策略落地的全流程，确保分析既有广度（覆盖多维度）又有深度（根因挖掘）。汇报时需突出"问题-原因-方案"的逻辑链，并用可视化降低理解成本。最终目标是将数据转化为业绩增长引擎。
```

图 8-23　拓展建议（跳出框架的思考）与总结

8.2　利用 DeepSeek 快速制作分析报告文档

参考前面 DeepSeek 给出的分析流程框架，结合我们的实际情况，然后利用相关工具（Excel、Power Query、Power BI、Tableau 等）进行数据分析。当所有的分析完成后，就可以制作分析报告，如以 Word 文档展示的分析报告，以 PPT 展示的分析报告。

一般情况下，可以先让 DeepSeek 给出一个粗线条的分析架构及要重点分析的内容大纲，然后根据需要生成可编辑的报告文档，最后再在文档上增补或删除内容，这样可以大大提升数据分析及文档处理效率。

8.2.1　快速制作分析报告大纲

例如，针对这个表格的数据，想要制作一个分析报告大纲，不妨尝试输入下面的提示词，如图 8-24 所示。

针对这个统计报表数据，请制作一个报告大纲，内容包括（不仅限于）：

基本报表输出；

基本图表展示；

同比增减因素分析；

深层次挖掘分析；

重点内容特别说明；

今年销售存在的问题；

来年销售改进；

等等内容。

请畅所欲言，尽可能提供详细些。

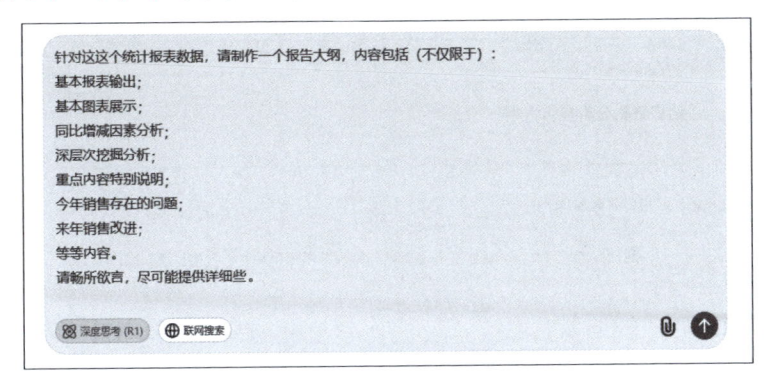

图 8-24　输入提示词

发送提示词后，DeepSeek 就会根据我们提出的需求，给出图 8-25 所示的销售数据分析报告大纲（内容很多，这里部分截图，展示效果）。

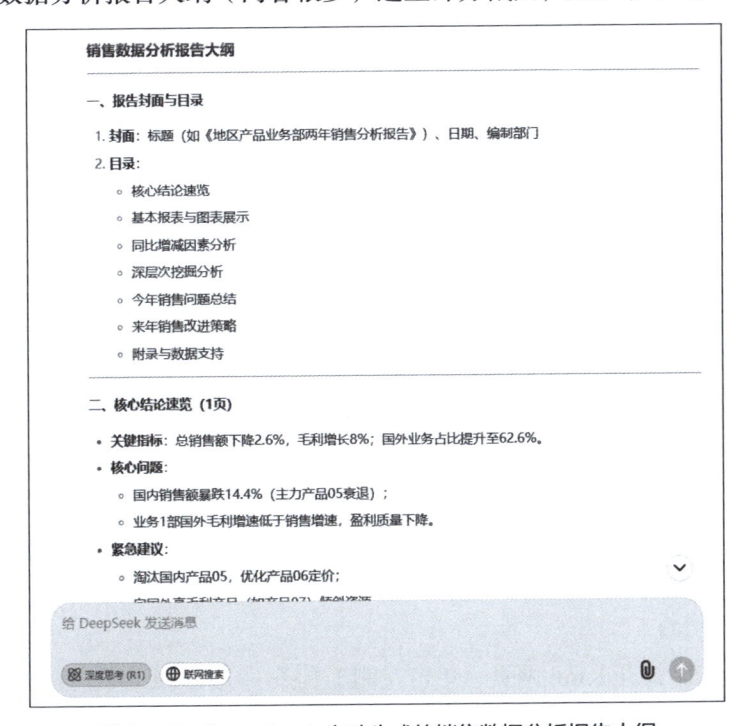

图 8-25　DeepSeek 自动生成的销售数据分析报告大纲

8.2.2 快速制作分析报告 Word 文档

新建一个 Word 文档，然后将这个分析报告大纲内容复制粘贴到 Word 文档上，如图 8-26 所示，接下来就是在这个报告中添加相关报表和图表，编辑相关的文件内容，设置文档的各级标题格式，这些操作并不复杂，这里就不再介绍了。

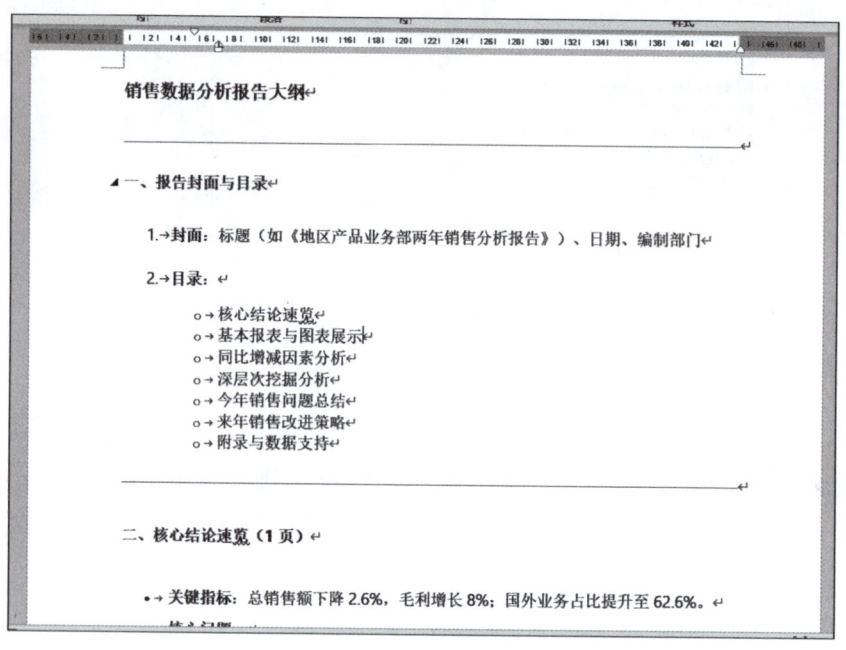

图 8-26 将分析报告大纲内容复制粘贴到 Word 文档

8.2.3 快速制作分析报告 PPT 文档

对上述的分析报告大纲，还可快速生成 PPT。不过这还需要借助 Kimi 来生成，基本操作步骤是先利用 DeepSeek 强大的逻辑推理能力设计分析报告大纲，再把大纲复制粘贴到 Kimi 中，一键生成 PPT 报告。主要步骤如下。

步骤 01 先利用 DeepSeek 生成分析报告大纲。

步骤 02 对这个大纲进行编辑加工（添加或删减内容），这个操作可以现在 Word 上进行。

步骤 03 打开 Kimi 网页，单击左侧工具条的"PPT 助手"按钮，然后将大纲复制粘贴到文本框中，如图 8-27 所示。

第 8 章 DeepSeek 辅助制作分析报告

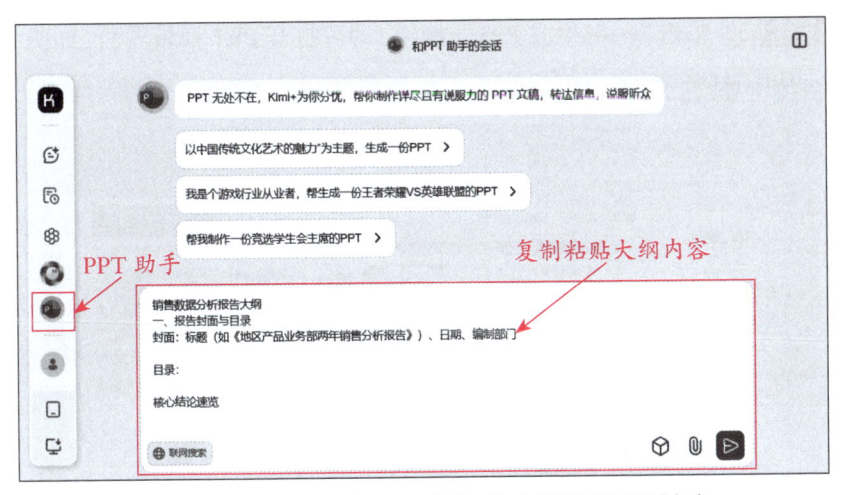

图 8-27 使用 Kimi 的 PPT 助手，将大纲复制粘贴到文本

步骤 04 单击发送按钮，Kimi 就开始整理大纲，生成制作 PPT 的基本素材，如图 8-28 所示。然后就是等待 Kimi 对大纲进行整理。

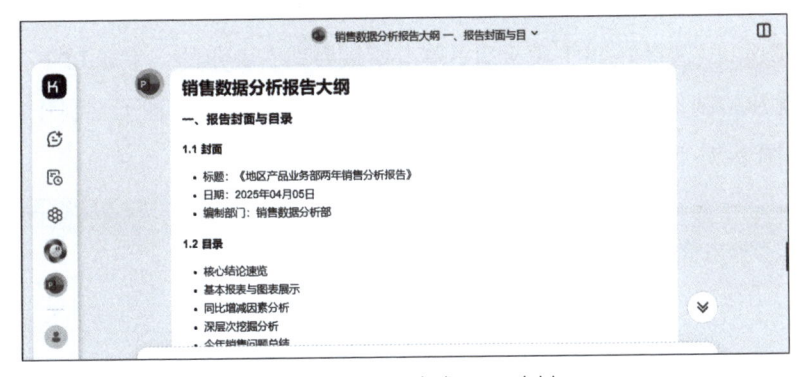

图 8-28 Kimi 生成 PPT 素材

整理完毕后，在大纲底部出现一个"一键生成 PPT"按钮，如图 8-29 所示。

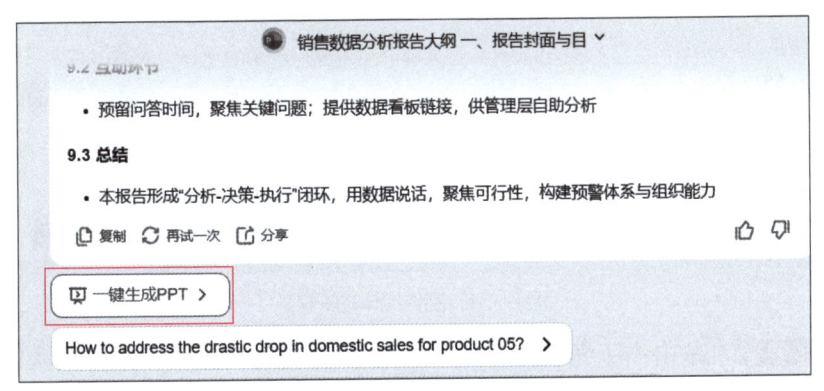

图 8-29 "一键生成 PPT"按钮

203

步骤 05 单击"一键生成PPT"按钮，即可打开PPT模板界面，如图8-30所示，从中选择一款适合汇报的PPT模板即可。

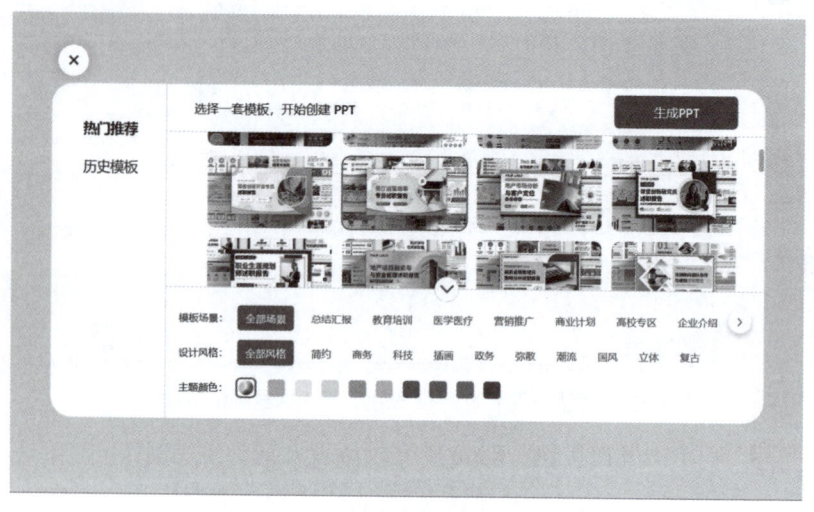

图8-30　PPT模板界面

步骤 06 选择好PPT模板后，单击模板界面右上角的"生成PPT"按钮，Kimi就开始制作PPT，然后就是观看Kimi制作PPT的过程了。制作完毕的PPT如图8-31所示。

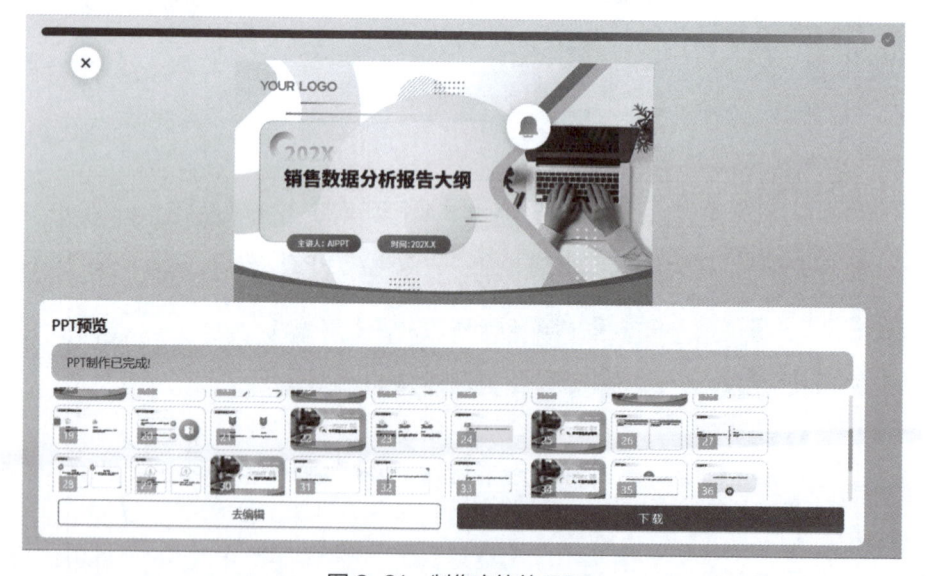

图8-31　制作完毕的PPT

步骤 07 单击右下角的"下载"按钮，出现下载选项，保持默认即可，如图8-32所示。

第 8 章　DeepSeek 辅助制作分析报告

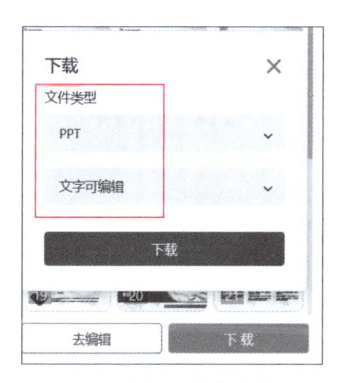

图 8-32　准备下载生成的 PPT

步骤 08 单击"下载"按钮，就将制作好的 PPT 下载保存在本地默认的文件夹。然后去这个文件夹找出这个 PPT，如图 8-33 所示。

图 8-33　下载完成的 PPT 文件

选择这个 PPT 文件，将其移动或复制到我们指定的文件夹，再打开 PPT，就可以进一步编辑加工处理了，如图 8-34 所示。

图 8-34　打开 PPT，准备继续编辑加工

205

附 录

附录 1

```html
<!DOCTYPE html>
<html>
<head>
    <title>季度销售分析报告</title>
    <script src="https://code.highcharts.com/highcharts.js"></script>
    <style>
        body {
            font-family: 'Helvetica Neue', Arial, sans-serif;
            max-width: 1000px;
            margin: 40px auto;
            padding: 0 20px;
            color: #404040;
        }
        table {
            border-collapse: collapse;
            width: 100%;
            margin: 30px 0;
            box-shadow: 0 1px 3px rgba(0,0,0,0.05);
        }
        th, td {
            padding: 12px 15px;
            text-align: center;
            border: 1px solid #eaeaea;
        }
        th {
            background-color: #f8f9fb;
            font-weight: 500;
```

```
        }
        #chart-container {
            height: 500px;
            margin: 40px 0;
            border: 1px solid #f0f0f0;
            border-radius: 4px;
        }
        .analysis-section {
            background: #f8f9fb;
            padding: 25px;
            border-radius: 4px;
            line-height: 1.6;
        }
        h3 { color: #2d3848; border-bottom: 2px solid #f0f0f0; padding-bottom: 8px; }
    </style>
</head>
<body>

<!-- 第一部分:汇总表格 -->
<h3>1. 季度业绩汇总表 </h3>
<table>
    <tr>
        <th> 项目 / 季度 </th>
        <th>Q1</th>
        <th>Q2</th>
        <th>Q3</th>
        <th>Q4</th>
        <th> 全年合计 </th>
    </tr>
    <tr>
        <td> 销售收入（万元）</td>
        <td>3,958</td>
        <td>4,957</td>
        <td>9,383</td>
        <td>6,005</td>
        <td>24,303</td>
```

```
        </tr>
        <tr>
            <td>毛利（万元）</td>
            <td>942</td>
            <td>1,037</td>
            <td>3,065</td>
            <td>564</td>
            <td>5,608</td>
        </tr>
        <tr>
            <td>毛利率</td>
            <td>23.8%</td>
            <td>20.9%</td>
            <td>32.7%</td>
            <td>9.4%</td>
            <td>23.1%</td>
        </tr>
</table>

<!-- 第二部分：可视化图表 -->
<h3>2. 销售趋势分析图</h3>
<div id="chart-container"></div>

<!-- 第三部分：分析总结 -->
<div class="analysis-section">
    <h3>3. 季度分析总结</h3>
    <h4>销售平稳性分析：</h4>
        <p>全年销售收入波动显著（标准差2,163万元），Q3收入占全年38.6%,呈现明显季节性特征。Q4环比下降36%,波动幅度超出正常商业周期范围。</p>

    <h4>异常季度解析：</h4>
    <ul>
        <li><strong>Q3超预期增长</strong>：销售收入环比增长89.2%,毛利率提升11.8个百分点,可能源于：重大订单交付、新产品上市成功或行业周期性需求爆发</li>
        <li><strong>Q4异常衰退</strong>：毛利率骤降至9.4%(低
```

于年均值 13.7 个百分点），需排查：成本结构突变（如原材料价格暴涨）、非经常性支出（如坏账计提）或价格战导致的利润压缩</li>
        </ul>

        <h4>战略改善建议：</h4>
        <ol>
            <li><strong>波动管理</strong>：建立销售预测模型，设置季度波动预警阈值（±30%）</li>
            <li><strong>成本控制</strong>：对 Q4 进行成本结构专项审计，建立原材料价格对冲机制</li>
            <li><strong>旺季延续</strong>：分析 Q3 成功要素，开发订阅制/长期合约等稳定收入来源</li>
            <li><strong>库存优化</strong>：实施动态库存管理系统，将季末库存周转率控制在 < 45 天</li>
        </ol>
    </div>

    <script>
        Highcharts.chart('chart-container', {
            chart: {
                type: 'column',
                spacing: [25, 20, 15, 20]
            },
            title: { text: null },
            xAxis: {
                categories: ['Q1', 'Q2', 'Q3', 'Q4'],
                crosshair: true,
                labels: {
                    style: { color: '#666' }
                }
            },
            yAxis: [{
                title: {
                    text: '金额（万元）',
                    style: { color: '#666' }
                },
                labels: {

```
                    style: { color: '#666' },
                    formatter: function() {
                        return Highcharts.numberFormat(this.value, 0);
                    }
                },
                gridLineColor: '#f0f0f0'
            }, {
                title: {
                    text: '毛利率(%)',
                    style: { color: '#4CAF50' }
                },
                opposite: true,
                max: 40,
                labels: {
                    style: { color: '#4CAF50' },
                    formatter: function() {
                        return this.value + '%';
                    }
                }
            }],
            plotOptions: {
                column: {
                    grouping: true,
                    groupPadding: 0.2,
                    pointPadding: 0.1,
                    borderWidth: 0
                }
            },
            series: [{
                name: '销售收入',
                type: 'column',
                data: [3958, 4957, 9383, 6005],
                color: '#2196F3',
                yAxis: 0,
                tooltip: { valueSuffix: '万元' }
            }, {
```

```
                name: '毛利',
                type: 'column',
                data: [942, 1037, 3065, 564],
                color: '#FF9800',
                yAxis: 0,
                tooltip: { valueSuffix: ' 万元 ' }
            }, {
                name: '毛利率',
                type: 'spline',
                data: [23.8, 20.9, 32.7, 9.4],
                color: '#4CAF50',
                yAxis: 1,
                marker: {
                    symbol: 'circle',
                    lineWidth: 2,
                    lineColor: '#fff',
                    fillColor: '#4CAF50'
                },
                tooltip: { valueSuffix: '%' }
            }],
            legend: {
                align: 'center',
                verticalAlign: 'bottom',
                itemStyle: {
                    color: '#666',
                    fontWeight: 'normal'
                }
            },
            credits: { enabled: false }
        });
    </script>

</body>
</html>
```

附录 2

```vba
Sub MergeSheetsAndDefineNames()
    Dim ws As Worksheet, destWs As Worksheet
    Dim lastRow As Long, destLastRow As Long, i As Long
    Dim arrSheets As Variant, dataArr As Variant, j As Long
    
    ' 设置部门表
    arrSheets = Array("销售一部", "销售二部", "销售三部")
    
    ' 处理目标表
    On Error Resume Next
    Set destWs = ThisWorkbook.Sheets("分析底稿")
    On Error GoTo 0
    
    If destWs Is Nothing Then
        Set destWs = ThisWorkbook.Sheets.Add(After:=Sheets(Sheets.Count))
        destWs.Name = "分析底稿"
        destWs.Cells(1, 1).Resize(1, 8) = Array("日期", "客户", "产品", "销量", "销售额", "部门", "季度", "月份")
    Else
        destWs.Rows("2:" & destWs.Rows.Count).ClearContents
    End If
    
    ' 合并数据
    For i = 0 To UBound(arrSheets)
        Set ws = Sheets(arrSheets(i))
        lastRow = ws.Cells(ws.Rows.Count, 1).End(xlUp).Row
        destLastRow = destWs.Cells(destWs.Rows.Count, 1).End(xlUp).Row + 1
        
        If lastRow > 1 Then
            ' 复制基础数据
            ws.Range("A2:E" & lastRow).Copy destWs.Cells(destLastRow, 1)
```

```vba
            ' 添加部门信息
                destWs.Range("F" & destLastRow & ":F" & destLastRow + lastRow - 2).Value = arrSheets(i)
        End If
    Next i

    ' 批量处理季度月份（数组操作提速10倍）
    With destWs
        lastRow = .Cells(.Rows.Count, 1).End(xlUp).Row
        If lastRow >= 2 Then
            dataArr = .Range("A2:F" & lastRow).Value
            ReDim Preserve dataArr(1 To UBound(dataArr), 1 To 8)

            For j = 1 To UBound(dataArr)
                If IsDate(dataArr(j, 1)) Then
                    Dim m As Integer
                    m = Month(dataArr(j, 1))
                    dataArr(j, 7) = "第" & Int((m - 1) / 3 + 1) & "季度"
                    dataArr(j, 8) = m & "月"
                End If
            Next j

            .Range("A2:H" & lastRow).Value = dataArr
        End If
    End With

    ' 定义名称
    With destWs
        lastRow = .Cells(.Rows.Count, 1).End(xlUp).Row
        If lastRow > 1 Then
            ' 删除旧名称
            On Error Resume Next
            ThisWorkbook.Names("Data").Delete
            For i = 1 To 8
                ThisWorkbook.Names(.Cells(1, i).Value).Delete
            Next
            On Error GoTo 0
```

```
        ' 定义全表名称
            ThisWorkbook.Names.Add  Name:="Data",
RefersTo:=.Range("A1:H" & lastRow)

        ' 定义列名称
        For i = 1 To 8
            ThisWorkbook.Names.Add _
                Name:=.Cells(1, i).Value, _
                RefersTo:=.Range(.Cells(2, i), _
.Cells(lastRow, i))
        Next
    End If
End With

    ' 优化格式
    destWs.UsedRange.EntireColumn.AutoFit
    destWs.Range("A:H").HorizontalAlignment = xlCenter
    MsgBox "数据合并完成，共处理 " & lastRow - 1 & " 行数据！ "
    End Sub
```

附录 3

```
    <!DOCTYPE html>
    <html>
    <head>
        <title>分公司月度销售额对比</title>
        <script src="https://cdn.jsdelivr.net/npm/chart.js"></script>
        <style>
            body { font-family: Arial, sans-serif; margin: 20px; background: #f5f5f5; }
            .chart-container { max-width: 1000px; margin: 0 auto; padding: 20px; background: white; border-radius: 8px; box-shadow: 0 0 10px rgba(0,0,0,0.1); }
        </style>
```

```html
</head>
<body>
    <div class="chart-container">
        <canvas id="salesChart"></canvas>
    </div>
    
    <script>
        // 数据配置
        const config = {
            type: 'line',
            data: {
                labels: ['1月', '2月', '3月', '4月', '5月', '6月', '7月', '8月', '9月', '10月', '11月', '12月'],
                datasets: [{
                    label: '上海分公司',
                    data: [93054, 64204, 65060, 66799, 77619, 81549, 63357, 72826, 59806, 84900, 88588, 75855],
                    borderColor: '#4A90E2',
                    backgroundColor: 'rgba(74,144,226,0.1)',
                    tension: 0.3,
                    pointRadius: 5
                }, {
                    label: '北京分公司',
                    data: [38832, 36126, 30165, 41507, 39793, 32815, 40322, 31480, 36628, 41463, 38356, 41697],
                    borderColor: '#FF6B6B',
                    backgroundColor: 'rgba(255,107,107,0.1)',
                    tension: 0.3,
                    pointRadius: 5
                }]
            },
            options: {
                responsive: true,
                plugins: {
                    title: { display: true, text: '2023
```

```
年北京与上海分公司月度销售额对比 ', font: { size: 18 } },
                            tooltip: { mode: 'index', intersect:
false },
                            datalabels: {    // 数据标签插件（需额外
引入）
                                anchor: 'end',
                                align: 'top',
                                formatter: (value) => value.
toLocaleString(),
                                font: { size: 10 }
                            }
                        },
                        scales: {
                            y: {
                                title: { display: true, text: '
销售额（单位：元）' },
                                ticks: { callback: (value) =>
value.toLocaleString() }
                            }
                        }
                    }
                };

                // 渲染图表
                window.onload = () => {
                    const ctx = document.
getElementById('salesChart').getContext('2d');
                    new Chart(ctx, config);
                };
            </script>
            <!-- 引入数据标签插件 -->
            <script src="https://cdn.jsdelivr.net/npm/chartjs-plugin-datalabels@2.0.0"></script>
        </body>
    </html>
```

附录 4

```vb
Sub MergeExpenseData()
    Const FolderPath As String = "D:\财务分析\费用分析\"
    Dim wb As Workbook, ws As Worksheet, File As String
    Dim srcData(), resData(), yrFlag As String, monthNames
    Dim rowCnt As Long, m As Integer, i As Long, j As Long
    
    '预定义月份名称（直接对应 B-M 列）
    monthNames = Array("1月", "2月", "3月", "4月", "5月", "6月", _
                      "7月", "8月", "9月", "10月", "11月", "12月")
    
    '预分配结果数组（100 万行缓冲）
    ReDim resData(1 To 1000000, 1 To 5)
    
    Application.ScreenUpdating = False
    File = Dir(FolderPath & "*.xls*")
    
    Do While File <> ""
        '解析年份标签
        yrFlag = IIf(InStr(1, File, "去年", vbTextCompare) > 0, "去年", "今年")
        
        Set wb = Workbooks.Open(FolderPath & File, True, True)
        For Each ws In wb.Worksheets
            '跳过非部门工作表（通过名称过滤）
            If ws.Name Like "*部" Then
                With ws.UsedRange
                    '跳过合计行（最后一行）和合计列（最后一列）
                    srcData = .Resize(.Rows.Count - 1, .Columns.Count - 1).Value
                End With
```

```
                    '处理数据转换
                    For i = 2 To UBound(srcData, 1) '跳过标题行
                        For m = 2 To UBound(srcData, 2) '处理月份列
                            If IsNumeric(srcData(i, m)) Then
                                rowCnt = rowCnt + 1
                                resData(rowCnt, 1) = ws.Name    '部门 ← 工作表名称（需确保工作表已正确命名）
                                resData(rowCnt, 2) = yrFlag    '年份
                                resData(rowCnt, 3) = monthNames(m - 2) '月份名称
                                resData(rowCnt, 4) = srcData(i, 1)  '项目
                                resData(rowCnt, 5) = srcData(i, m)  '金额
                            End If
                        Next m
                    Next i
                End If
            Next ws
            wb.Close False
            File = Dir()
        Loop

        '输出结果
        With ThisWorkbook.Sheets.Add(After:=Sheets(Sheets.Count))
            .Name = "合并数据"
            .Range("A1:E1") = Array("部门", "年份", "月份", "项目", "金额")
            If rowCnt > 0 Then
                .Range("A2").Resize(rowCnt, 5).Value = resData
                .Columns("E").NumberFormat = "#,##0"    '金额
```

格式化

```
                .ListObjects.Add(xlSrcRange, .Range("A1").
CurrentRegion).Name = "tblData"
        End If
        .Columns.AutoFit
    End With
    
    Application.ScreenUpdating = True
    MsgBox "合并完成! 有效记录:" & rowCnt & " 条"
End Sub
```